非線形波動の物理

PHYSICS OF NONLINEAR WAVES

田中光宏［著］ Mitsuhiro Tanaka

森北出版株式会社

はじめに

我々人類は，実にさまざまな波動現象に囲まれて生きている．人の話や鳥のさえずりが聞こえるのも空気中を伝わる音波のおかげであるし，太陽からのエネルギーや放送局の番組を届けてくれたり，電子レンジで食べ物を温めてくれたりするのも電磁波という波動である．海で大風が吹けば海面に波が立ち，それはうねりとなって遠方まで伝わる．地殻が歪みに耐えられなくなって動けば，それは地震波となって伝わり，多くの人や構造物に被害をもたらす．波動現象は，我々の日々の生活から，より長期にわたる地球環境変動にも大変重要な役割を果たしている．本書は，そのような多彩な波動現象の多くが共通してもっている二つの性質―「非線形性」と「分散性」―にスポットを当てて，初学者にもわかりやすく解説したものである．

「線形」とは，直線的，あるいは正比例的な関係を意味する言葉であり，したがって「非線形」とは文字どおり，比例関係からずれていることを表す言葉である．例として，ばねを考えてみよう．高校では，「ばねを引っ張る力とばねの伸びは比例する」と習う．おなじみのフックの法則である．しかし，力が弱い間はそうかもしれないが，もっと強く引っ張れば，ばねはダラーンと伸びたままもとに戻れなくなってしまうのも経験的事実である．そこまで考えると，ばねを引っ張る力と伸びの関係は，単純な正比例で表すことはできないことがわかる．

電気でおなじみのオームの法則 $V = RI$ も然りである．これも，流れる電流が弱い間は正しいかもしれないが，電流がより大きくなると，発生するジュール熱のために抵抗自体の温度が上昇し，その結果，抵抗値 R が変わる．このような効果まで含めれば，R は電流 I の関数と考えるべきであり，したがって電圧 V は I の正比例では表せなくなる．

「非線形」という言葉は，まずは「線形」が中心にドーンとあって，「そうじゃないもの」という，何となく少数派か脇役という印象を与えかねない呼び方である．しかし，上のばねや電気抵抗で見るように，線形が通用する対象や範囲は限られており，実際の我々の身の回りの現象のほとんどは非線形なのである．波動に限らず，非線形性が重要な役割を果たすような現象を研究する科学は，総称して「非線形科学」(nonlinear science) とよばれるが，この「脇役的なネーミング」と「偏在性ゆえの重要性」のアンバランスを皮肉って，著名な数学者のウラム (Ulam, U.)[†1] は「このように『線形でないものの研究』を『非線形科学』とよぶのは，まるで動物学の大部分を『非ゾウ学』(non-elephant study) とでもよぶようなものだ」と述べたという逸話もある．波動に関していえば，非線形性は，波の伝播とともに波形を変形させたり，波と波の間のエネルギー交換を可能にしたりと，線形の枠組みではとらえることができないさまざまな重要な役割を果たす．

本書を通して重要となるもう一つのキーワードが「分散性」である．分散性とは，波長や振動数によって波の伝わる速さが異なるという性質である．高校からなじみのある音波や光（電磁波）は，分散性をもたない．「光（電磁波）の速さは？」と聞かれれば，多くの人は「秒速 30 万 km」とか「1 秒間に地球 7 周半」と即答できるであろう．また，「音の速さは？」と聞かれれば，高校で物理を習った人ならば「秒速 340 m くらい」と答えられる人も少なくないであろう．このとき，「何色の光なら」とか「何 Hz の音なら」とかの条件を付けることはない．それは，これらの波の速さが周波数や波長によらないからである．

では，「水の波の速さは？」と聞かれて答えられる人はどのくらいいるだろうか．水面の波は，台所のシンクの中，風呂の中，川面や海岸など，いたるところで日常的に目にすることができる．目に見えるという意味では，むしろ光や音よりも身近な波といえるかもしれない．しかし，その速さがどれほどなのか，習ったことも考えたこともない人が大部分なのではないだろうか．実は，水面波は分散性の波動で，その速さは波長に大きく依存している．大洋を渡る津波は秒速 200 m（時速にして 700 km 以上）という速さなのに対し，湯船の中の波は秒速 1 m にも満たない．音波や電磁波のように分散性をもたない波動はむしろ例外的であり，水面波を含む我々の身の回りの多くの波動は分散性を有している．そしてこの分散性も，波の伝播に伴って波形を変形させたり，波形が伝わる速さと波のエネルギーが伝わる速さに差を生み出したりと，非線形性に劣らず，複雑で興味深い性質を波動現象にもたらす．

かのファインマン (Feynman, R.P.)[†2] も，有名な物理学教程 [17] の中で，光や音

---

†1 アメリカの数学者．モンテカルロ法やセルオートマトンの創始者．第 2 次世界大戦中は原爆の開発にも貢献した．第 5 章や付録 G で紹介する「フェルミ－パスタ－ウラム再帰現象」の発見者の一人でもある．

†2 アメリカの物理学者．朝永振一郎らとともに 1965 年にノーベル物理学賞を受賞．ファインマンダイアグラムや経路積分などを考案した．物理学教程『ファインマン物理学』が有名．人間としても魅力的な人物であったようで，『ご冗談でしょう、ファインマンさん』[16] などの逸話集も出版されている．

波に続いて水面波を取り上げている．そこで彼は，水面波の分散性を念頭に，以下のように述べている．「初等的なコースの中で波の例としてよく取り上げられるものに水面波がある．しかし，これは考えうる中で最悪の例である，なぜなら，それ（水面波）は音波や光と似ても似つかないから．それは，波動がもちうるすべての複雑性を持ち合わせている．」

本書では，多くの波動が共通してもつ「非線形性」と「分散性」が生み出す興味深い波動現象と，その背景に潜む物理的なメカニズムをわかりやすく解説していく．多くの場合，この両方の性質を合わせ持ち，なおかつなじみの深い水面波の現象という形で説明する．しかし，水面波はあくまでも現象の理解やイメージづくりを助けるための「切り口」として活用するのであり，本書で取り上げる現象の大部分は，「分散性」と「非線形性」をもつ多くの波動現象において共通して見られるものばかりである．

「非線形波動」と名の付く書籍の中には，その数学的側面に興味の中心を置いたものが少なくないが，本書はそれらの書籍とは一線を画すものである．本書では，たとえばKdV方程式（第5章）や非線形シュレディンガー方程式（第6章）といった，非線形波動研究で中心的役割を果たす有名な波動方程式が，どのような考え方や近似のもとに導かれているのか，またそれらの解が見せるふるまいが，どのような理由や仕組みから起こってくるのか，そういった非線形波動の「物理的背景」の理解に主眼を置いている．したがって，本書の理解には多くの数学的知識は必要ない．

筆者が所属する学科（コース）の学生は，「仮配属」と称して，3年生後学期に研究室に配属される．配属されてきた学生達に非線形波動現象の基礎知識を学んでほしくて，毎年あれこれとゼミ用の本を探すのであるが，専門書は数々あるものの，初学者向けの入門書がなかなか見つからない．そのような経験が本書執筆の一番の動機になっている．したがって，理工学系学部の初年度で学ぶ偏微分（多変数関数の微分）とフーリエ解析の初歩的な知識，それに少しの意欲さえあれば，十分に読み進めることができるように書いたつもりである．また，専門書の多くが英語で書かれていることを考慮して，「専門書一歩手前」を目指す本書では，ほとんどの専門用語に英訳を併記した．

本書を通してしばしば用いていくテクニックが二つある．「次元解析」と「摂動法」である．「次元解析」は，物理量の単位（より正確には次元）に基づいて，物理量の間の関係を探ったり，大雑把な大きさを見積もったりするのに使われる手法である．「摂動法」は，解くべき方程式の中に小さなパラメータが含まれているときに，その小ささを利用して，近似的な解を求めたり，方程式自体をより簡単なものに変換していったりする際に用いられる手法である．これらは波動現象に限らず，広い分野において活用される汎用性の高い重要な解析手法である．理工系学部であっても，学部生の段階でこれらを学んでいる読者はあまり多くないと思われるので，「摂動法」については第4章で，「次元解析」については付録Eで詳しく述べた．それらを読めば，他書に頼らずとも本書の内容は十分に理解できると思う．

日常生活でなじみの深い水面波を切り口とすることで，読者には，身の回りの何気ない波動現象の中にも，さまざまな興味深い現象やメカニズムが隠されているという事実を認識してほしい．また，本書を契機にして，今後いままで以上に「科学的な観察の心」をもって，身の回りの自然現象や社会現象に触れることができるようになってもらえれば望外の幸せである．

なお，本書執筆の機会を与えていただいた森北出版の福島崇史氏には，企画の段階から出版に至るまで，筆者の遅筆ゆえに予定以上の長期間にわたり，貴重なご助言やご支援を頂いた．ここに篤くお礼申し上げる．また，原稿を丁寧に読んで，「学生の目線」でいろいろと助言をくれた，本研究室所属の馬淵浩希君にも感謝する．本書執筆や本務で疲れたときなどに，おいしい手料理と持ち前のバイタリティーでいつも元気づけてくれる妻真由美にも心から感謝する．

2016年11月

著　者

目　次

第1章 もっとも簡単な非線形波動方程式

この章では，「波」とは何か，それを記述するもっとも単純な方程式とはどのようなものか，その方程式を解いて時間が経過した後の波形を予測するにはどのようにすればよいか，「非線形性」はどのような効果を生み出すか，などについて説明していく．

1.1 理想的な波：もっとも簡単な波動方程式

「波って何？」と問われたら，人それぞれいろいろな答え方があるかもしれない．しかしここでは，「ある時刻にある場所で発生した何らかの変化（信号もしくは情報といってもいい）が，時間とともに空間的に離れた場所に伝わる現象」を「波」(wave) とよぶことにする．この定義に従えば，スタジアムでの熱戦のときに観客席を伝わるあの「ウェイブ」もれっきとした波といえる．

波をこのような意味でとらえるならば，もっとも理想的な波とは，ある信号（波形）が形を変えずに一定速度 c で伝わるというものであろう．場所 x，時刻 t における着目する量（「ウェイブ」の場合なら，たとえば観客の頭の高さとか）の値を $f(x,t)$ で表すことにする．このとき，このような理想的な波においては，初期時刻 $t=0$ における波形が $F(x)$ という関数で与えられたとき，図 1.1 のように，任意時刻 t での波形 $f(x,t)$ は単に初期波形を ct だけ平行移動したもの，すなわち $f(x,t)=F(x-ct)$ となる．

この一定速度で伝わる，すなわち平行移動することを表現するもっとも簡単な数式はどのようなものになるだろうか．$x-ct$ を ξ と書けば，$f(x,t)=F(\xi)$，すな

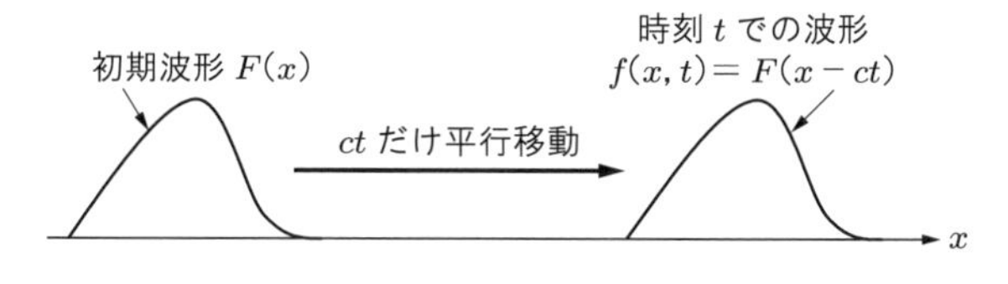

図 1.1　波の並進運動

わち $f(x,t)$ は ξ のみの関数であり，ξ を通してのみ x, t に依存する．このとき，偏微分の連鎖の法則より，

$$\frac{\partial f}{\partial t} = \frac{dF}{d\xi}\frac{\partial \xi}{\partial t} = -c\frac{dF}{d\xi}, \qquad \frac{\partial f}{\partial x} = \frac{dF}{d\xi}\frac{\partial \xi}{\partial x} = \frac{dF}{d\xi} \tag{1.1}$$

が成り立つ．したがって，x と t の関数 $f(x,t)$ が速さ c で平行移動する場合，その波形 $F(\xi)$ がどのような形であろうとも，$f(x,t)$ は必ず

$$\frac{\partial f}{\partial t} + c\frac{\partial f}{\partial x} = 0 \tag{1.2}$$

という偏微分方程式を満たす．すなわち，式 (1.2) は「何らかの信号が波形を変えずに速度 c で x 方向に伝わる」という典型的な波動現象を表現するもっとも簡単な偏微分方程式であるといえる．$\partial/\partial t + c(\partial/\partial x)$ という演算を見たら，条件反射的に「これは c という速さで x 方向に伝播することを表現する演算なんだ」と思えばいい．

なお，波はある場所 x で起こったある物理量 f の変化が，時間 t とともに別の場所に伝わる現象なので，それを数式で表現する場合，f は必ず $f(x,t)$ という多変数関数になる†．また，波動現象において注目されるのは，波の到達や通過に伴って起こる $f(x,t)$ の変化分（微分）であり，したがって波動現象を数式で表現すると，必然的に式 (1.2) のように多変数関数に対する微分方程式，すなわち**偏微分方程式** (partial differential equation, PDE) が現れてくる．

ところで，身長は「長さ」という次元，体重は「質量」という次元というように，我々の身の回りの物理量のほとんどは「**次元**」(dimension) をもっている．そして，「1 m と 1 kg はどちらが重い？」などの質問がナンセンスであるように，次元の異なる量の大小を比べたり，足したり引いたりすることはできない．式 (1.2) の場合，時間の次元を T，長さの次元を L，c と f の次元をそれぞれ $[c]$，$[f]$ で表すと，左辺第 1 項の次元は $[f]/T$，第 2 項の次元は $[c][f]/L$ であり，これらが同じ次元であるためには $[c] = L/T$ でなければならない．すなわち，$\partial/\partial t + c(\partial/\partial x)$ という演算子があるとき，空間微分 $\partial/\partial x$ の前の係数 c は，必ず「速度」の次元をもつ量になる．なお，次元については，より詳細な議論を付録 E にまとめたので参照されたい．

† より一般的な 3 次元 xyz 空間内の波を考える場合は，$f(x,y,z,t)$ のように 4 変数関数を扱うことになる．

1.2 保存則から波動方程式へ

まえがきでも述べたように，我々の身の回りにはさまざまな波動現象があふれている．このことは，近似的に式 (1.2) のような式で表現される現象がいたるところに生じていることを示唆している．式 (1.2) のような式が現れてくる典型的なルートの一つとして，「保存則＋構成方程式（状態方程式）」というパターンがある．原子スケールから宇宙のスケールに至るまで，この世界のあらゆる運動や現象を根底で支配している法則は，質量保存則，運動量保存則，エネルギー保存則などの**保存則** (conservation law) である．以下では，**図 1.2** で示すような導線中の電気の流れを例にして，連続媒質を対象とした保存則の考え方を紹介しよう．

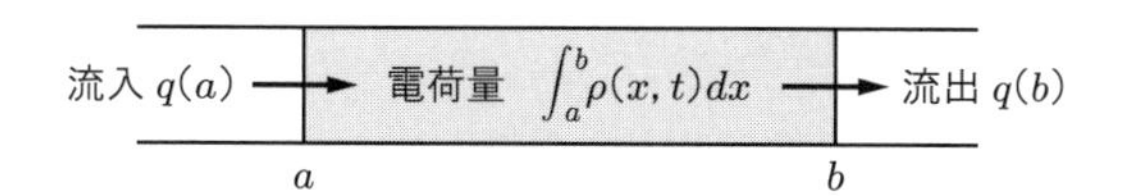

図 1.2　導線の一部分における電荷の流入と流出

電荷は保存される．すなわち，何もないところから突如出現したり，突然虚空に消えてなくなるということはない．導線のある特定の区間に着目すれば，そこにある電荷量は時間的に増えたり減ったりするかもしれないが，それは単にその区間の端を通って，ほかのところから流入したり，ほかのところへ流出したりするからにすぎない．導線に沿った電荷の分布がどのような方程式に従うべきかを考えるうえで重要な物理量は，電荷の（線）密度 $\rho(x,t)$[C/m] と，電荷のフラックス $q(x,t)$[C/s] の二つである（m はメートル，s は秒，C はクーロン）．ここで，電荷のフラックスとは，着目した点 x において x の正方向に 1 秒間に通過する電荷量である†．

いま，導線の任意の区間 $a \le x \le b$ に注目して，ごく微小時間 Δt の間のこの区間に含まれる電荷量の変化について考えてみよう．時刻 t および $t+\Delta t$ においてこの部分に含まれる電荷は，それぞれ

$$\int_a^b \rho(x,t)\,dx, \qquad \int_a^b \rho(x,t+\Delta t)\,dx \tag{1.3}$$

で与えられ，したがって Δt の間の増加分は

† したがって，電荷のフラックスとは電流にほかならない．ちなみに，1 アンペア [A] の定義は 1 クーロン/秒である．

$$\int_a^b [\rho(x, t + \Delta t) - \rho(x, t)]\, dx \tag{1.4}$$

である．一方，この間に $x = a$ を通ってこの領域に流入する電荷量，および $x = b$ を通ってこの領域から流出する電荷量は，それぞれ

$$q(a, t)\Delta t, \qquad q(b, t)\Delta t \tag{1.5}$$

であり，したがって正味の流入量は

$$[q(a, t) - q(b, t)]\, \Delta t \tag{1.6}$$

で与えられる．

ここでは，Δt が非常に短い時間間隔であることを仮定している．もしそうでなければ，Δt の間の流入量は $\int_t^{t+\Delta t} q(a, t')\, dt'$ のように積分で書かなければならなくなる．つまり，Δt が「非常に短い」というのは，「$q(x, t)$ や $\rho(x, t)$ などが大きく変化してしまうような時間間隔に比べて非常に短い」という意味である．今回に限らず，「大きい」，「長い」，「重い」などの言葉を用いる際には，何に比べてそうなのかを常にはっきり自覚したうえで用いる必要がある．

電荷の保存則は，電荷の増加分 (1.4) が外部からの正味の流入量 (1.6) に等しいこと，すなわち，

$$\int_a^b [\rho(x, t + \Delta t) - \rho(x, t)]\, dx = [q(a, t) - q(b, t)]\, \Delta t \tag{1.7}$$

を要求する．両辺を Δt で割って，$\Delta t \to 0$ の極限をとり，偏微分の定義

$$\lim_{\Delta t \to 0} \frac{\rho(x, t + \Delta t) - \rho(x, t)}{\Delta t} = \frac{\partial \rho(x, t)}{\partial t} \tag{1.8}$$

を考慮すると，

$$\int_a^b \frac{\partial \rho}{\partial t}\, dx = q(a, t) - q(b, t) \tag{1.9}$$

となる．ここで，右辺を

$$q(a, t) - q(b, t) = -\int_a^b \frac{\partial q}{\partial x}\, dx \tag{1.10}$$

のように積分で書いて左辺にまとめると，

$$\int_a^b \left(\frac{\partial \rho}{\partial t} + \frac{\partial q}{\partial x} \right) dx = 0 \tag{1.11}$$

が得られる．着目する区間 $[a,b]$ は任意であり，式 (1.11) の積分は a, b によらず常に 0 にならなければならない．これより，いたるところで

$$\frac{\partial \rho(x,t)}{\partial t} + \frac{\partial q(x,t)}{\partial x} = 0 \tag{1.12}$$

が成り立たなければならないことがわかる．

上では導線内の電荷の流れを例にして話をしたが，その導出法からわかるように，ある物理量（単位を◎とする）が保存される場合，その線密度 $\rho(x,t)$[◎/m] と，そのフラックス $q(x,t)$[◎/s] の間には，必ず式 (1.12) の関係が成立する．より一般的な 3 次元空間の場合に同様のことを行えば，密度 $\rho(\boldsymbol{x},t)$ [◎/m^3]，フラックスを表すベクトル $\boldsymbol{q}(\boldsymbol{x},t)$ [◎/m$^2\cdot$s] の間に 3 次元版の保存則

$$\frac{\partial \rho}{\partial t} + \nabla\cdot\boldsymbol{q} = 0 \tag{1.13}$$

が成り立つ．ここで，$\nabla\cdot\boldsymbol{q}$ は「ベクトル $\boldsymbol{q}$ の発散」とよばれる量である（詳細は付録 A を参照されたい）．

保存則 (1.12) は，密度 $\rho(x,t)$ とフラックス $q(x,t)$ という二つの未知量を含んでおり，このままでは式の数が不十分で，初期状態が指定されてもその後の時間発展を追跡していくことはできない．この不都合を解消する典型的な方法として，次の二つがある．

1. $q(x,t)$ の時間発展を記述する新たな方程式 $\partial q/\partial t = g(\rho,q)$ を，ほかの保存則など何らかの物理法則から導出し，式 (1.12) と連立させて「閉じた」初期値問題を構成する．
2. 何らかの法則や観測結果などから，ρ と q を結びつける代数的な関係式 $q = q(\rho)$ を導出する．このような関係式は，**状態方程式** (equation of state) や**構成則** (constitutive law) などとよばれる†.

後者の場合，この状態方程式 $q = q(\rho)$ を式 (1.12) に代入すると，ただちに

$$(1.12) \quad\longrightarrow\quad \frac{\partial \rho}{\partial t} + c(\rho)\frac{\partial \rho}{\partial x} = 0, \quad c(\rho) \equiv \frac{dq(\rho)}{d\rho} \tag{1.14}$$

---

† このような時間微分を含まない代数的な関係が存在するためには，ρ がどんなに速く変化しても q は瞬時にそれに追随する能力がなければならない．厳密にいえば，このような関係が成立するのは，ρ や q が時間的に変化しない「平衡状態」(equilibrium state) か，もしくは変化が非常に遅い「準静的」(quasi-static process) な過程に限られる．

と，式 (1.2) のような波動方程式が得られる．このように，保存則と状態方程式の結合によって波動方程式 (1.2) に帰着される問題の簡単な例として，交通流 (traffic flow) に対する簡易モデルを以下で紹介しよう．

交通流の簡易モデル

図 1.3 のような合流も分岐もない1車線の道路について，その混雑状況が時間や場所についてどのように変化していくかを考えてみよう．車の密度を $\rho(x,t)$[台/km]，フラックスを $q(x,t)$[台/h] とする[†]．ここで，x は道路に沿った座標を表す．合流も分岐もなければ車の数は保存量であり，ρ と q の間には保存形の方程式 (1.12) が成り立つ．また，車が走る速さを $v(x,t)$[km/h] とすると $q=\rho v$ が成り立ち，これを式 (1.12) に代入すれば，

$$\frac{\partial \rho}{\partial t}+\frac{\partial(\rho v)}{\partial x}=0 \tag{1.15}$$

と書くこともできる．

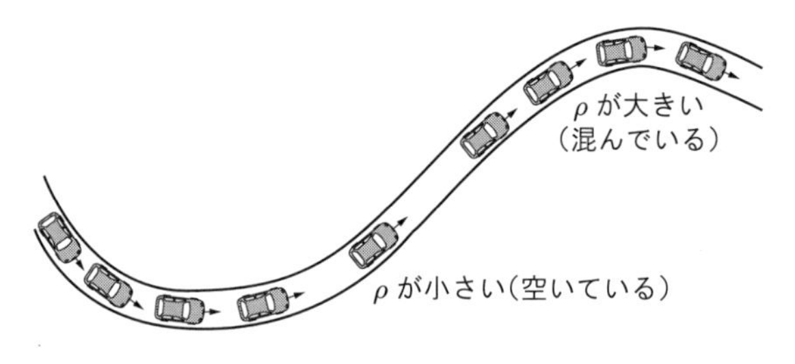

図 1.3　1車線道路を走る車

式 (1.15) は，ρ，v という二つの未知数を含んでいて問題が閉じていない．これを閉じた問題にするためのもっとも簡単なモデルは，速度 v が混み具合 ρ で決まる，すなわち $v=v(\rho)$ のように v が ρ のある関数と考えるものである．この場合 v は，**図 1.4** のように，$\rho=0$ では制限速度目一杯の速度 v_0 になり，完全な渋滞状態で車が動けなくなるときの密度 ρ_{jam} では 0 になり，間の ρ に対しては ρ の単調減少

† ここでは，車1台1台が識別できるような近距離から道路を見ているのではなく，たとえばはるか上空から車の粗密のパターンを見ているような，そんな見方を想像してほしい．流体力学で空気を扱うときも，ミクロに見れば真空中を多数の窒素や酸素のつぶつぶが飛び回っているにもかかわらず，空気の密度 $\rho(\boldsymbol{x},t)$ や流速 $\boldsymbol{v}(\boldsymbol{x},t)$ が $\boldsymbol{x}$ や t の連続関数のように思って扱うが，ちょうどこれに似た扱い方といえよう．流体力学における気体や液体のこのような扱い方の背景には，**連続体** (continuum) という概念がある．

関数になっていると考えるのが自然であろう．また，このとき対応するフラックス $q = \rho v$ の概形は**図 1.5** のようになる．図 1.5 に示す場合では，q はある密度 $\rho_{\rm m}$ のときに極大値 $q_{\rm m}$ をとるが，この状態が道路がもっとも有効に活用されている状態といえる．

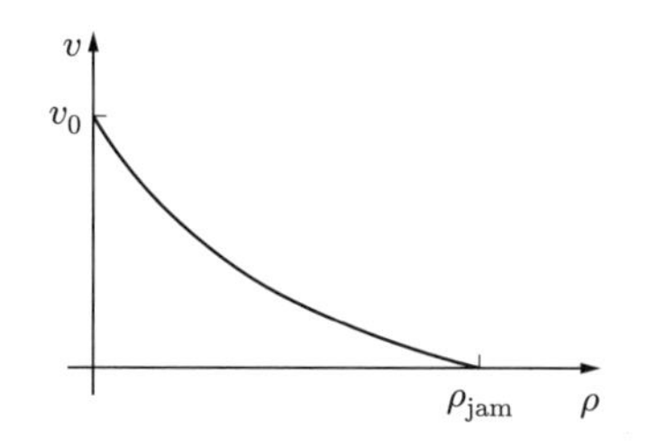

図 1.4　典型的な密度 ρ と車速 v の関係

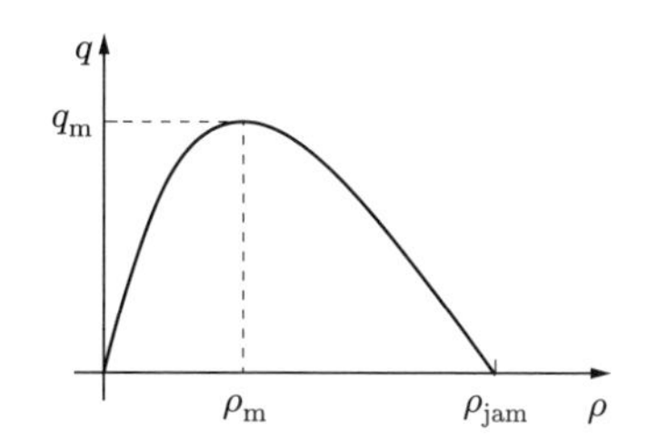

図 1.5　典型的な密度 ρ とフラックス q の関係

式 (1.14) が示すように，車の密度 ρ が伝わる速度 c は $c = dq(\rho)/d\rho$ で与えられ，その概形は**図 1.6** のようになる．この図は，道路に対して静止している観測者から見ると，ρ の変化の情報は，$\rho > \rho_{\rm m}$ の状態では $c < 0$，すなわち道路の後方に向かって伝わるのに対し，$\rho < \rho_{\rm m}$ の状態では $c > 0$，すなわち逆に道路の前方に向かって伝わることを示している．また，

$$c(\rho) = \frac{dq(\rho)}{d\rho} = \frac{d[\rho v(\rho)]}{d\rho} = v(\rho) + \rho\frac{dv(\rho)}{d\rho} \tag{1.16}$$

と，$dv(\rho)/d\rho < 0$ であることから，必ず $c < v$ が成り立つ．これは，車が走る速度 v は ρ の変化が伝わる速度 c より常に速く，したがって車は ρ の変化の「波」に後ろから追いつくこと，すなわち車のドライバーの立場からすれば，ρ の変化の情報（道路が混んできたとか空いてきたとか）は必ず自分の前方からやってくることを意味する．これは日常の経験とも合致しているように思われる．

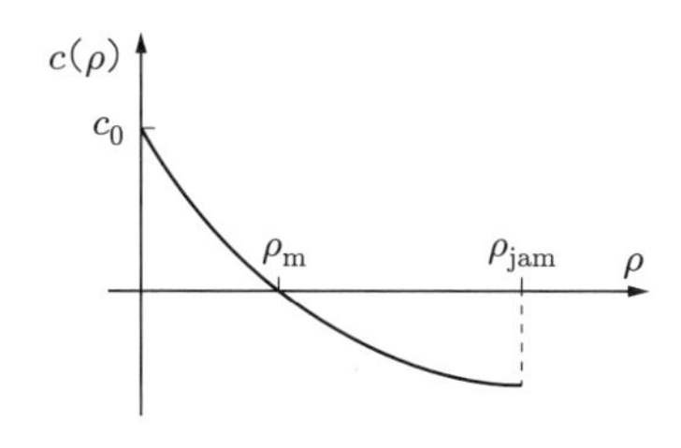

図 1.6　典型的な密度 ρ と，密度 ρ が伝わる速度 c の関係

1.3 特性曲線法

伝播速度 c が定数 $(= c_0)$ の場合，波動方程式は

$$\frac{\partial \rho}{\partial t} + c_0 \frac{\partial \rho}{\partial x} = 0 \tag{1.17}$$

となる．この方程式は未知関数 $\rho(x, t)$ について 1 次式であり，したがって**線形** (linear) の偏微分方程式である．この場合，本章冒頭で述べたように，任意の初期波形は単に速度 c_0 で平行移動するのみである．したがって，初期波形が $\rho = \rho_0(x)$ で与えられたとき，任意時刻 t における波形は $\rho(x, t) = \rho_0(x - c_0 t)$ で求めることができる．

しかし，式 (1.14) のようにして導出される場合，波動方程式は

$$\frac{\partial \rho}{\partial t} + c(\rho) \frac{\partial \rho}{\partial x} = 0 \tag{1.18}$$

のように，一般には伝播速度 c が従属変数 ρ の関数になっている．この式は ρ の 1 次式ではなく，したがって**非線形** (nonlinear) の偏微分方程式である†．この場合に任意時刻の $\rho(x, t)$ を求めるのは，それほど単純ではない．以下では，この問題の解法について考えてみよう．

$\rho(x, t)$ は x と t の関数であり，x-t 平面の上半平面 $-\infty < x < \infty, t \geq 0$ の各点でその値が定義される．我々には初期分布 $\rho(x, 0)$ を x 軸上（すなわち $t = 0$）で与える自由があるだけで，$t > 0$ における $\rho(x, t)$ は初期条件と式 (1.18) から自動的に決定される．x-t 上半平面上の曲線 $C : x = X(t)$ で，その上の各点において

$$\frac{dX}{dt} = c[\rho(X, t)] \tag{1.19}$$

が成り立つとき，C を式 (1.18) の**特性曲線** (characteristics) とよぶ．すなわち特性曲線とは，その上の各点 $(X(t), t)$ における「接線の傾きの逆数」$dX(t)/dt$ が，その点における ρ に対応する c の値 $c[\rho(X(t), t)]$ に等しいような曲線である．問題が解ける前には $\rho(x, t)$ がわかっていないので，このような曲線をあらかじめ知ることはできないが，このような性質の曲線が存在することは間違いない．

式 (1.19) より，曲線 C に沿っては，t の微小変化 Δt と x の微小変化 Δx の間に

---

† 微分方程式の「線形」「非線形」をいうときは，従属変数 ρ が微分されているかどうかは気にしない．また，独立変数が掛かっていても関係ない．たとえば，$\rho\rho'$ は 2 次の項，$x^5\rho'$ は線形項である．非線形微分方程式に対しては，線形微分方程式に対して成り立つ「解の重ね合わせ」という強力な方法が成り立たず，解くことが格段に困難になる．

は $\Delta x = c(\rho)\Delta t$ が成り立ち（図 1.7 参照），したがって微小時間 Δt の間の C **に沿っての** $\rho(x,t)$ の変化分 $\Delta\rho$ は，

$$\begin{aligned}\Delta\rho = \rho(X+\Delta x, t+\Delta t) - \rho(X,t) &= \frac{\partial\rho}{\partial t}\Delta t + \frac{\partial\rho}{\partial x}\Delta x \\ &= \left[\frac{\partial\rho}{\partial t} + c(\rho)\frac{\partial\rho}{\partial x}\right]\Delta t = 0 \end{aligned} \tag{1.20}$$

よりゼロとなる．ここで，最後の部分には式 (1.18) を用いた．このことから，特性曲線 C に沿っては ρ は変化しない，すなわち，特性曲線 C は ρ の一定値を運ぶ曲線であることがわかる．ところで，C の傾きは $c(\rho)$ で与えられるので，C に沿って ρ が一定であれば，C の傾きもまた一定であり，したがって C は直線になる．

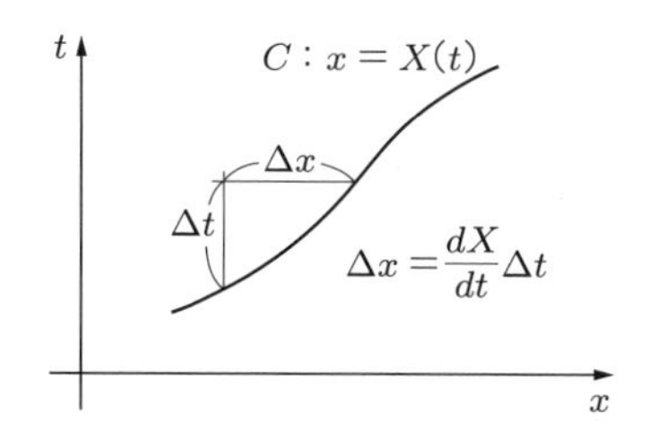

図 1.7　x-t 平面と特性曲線 $x = X(t)$

以上のことより，非線形波動方程式 (1.18) の初期値問題は，以下のような手順で解くことができる．

1. ρ の初期分布 $\rho_0(x)$ から，c の初期分布 $c_0(x) = c[\rho_0(x)]$ を求める．
2. x 軸上の任意の点 $(x,t) = (\xi, 0)$ を通り，傾き $c_0(\xi)$ の直線 $x = \xi + c_0(\xi)t$ を引く．これは特性曲線であり，その上では ρ は一定値 $\rho_0(\xi)$ をとる．
3. このとき，時刻 t における $\rho(x,t)$ の波形は，特性曲線の出発点 ξ をパラメータとするパラメータ表示

$$\rho(\xi) = \rho_0(\xi), \qquad x(\xi) = \xi + c_0(\xi)t \tag{1.21}$$

　　で与えられる．

この解法は**特性曲線法** (the method of characteristics) とよばれる．

例題 1.1 ：特性曲線法 ....

特性曲線法に基づいて，非線形波動方程式の初期値問題

$$\rho_t + \rho\rho_x = 0, \qquad -\infty < x < \infty, \qquad t > 0, \qquad \rho(x,0) = \begin{cases} 0 & (x \leq 0) \\ \mathrm{e}^{-1/x} & (x > 0) \end{cases} \tag{1.22}$$

の $t = 5$ における $\rho(x,t)$ の波形を描け．

解答

たとえば Microsoft Excel を使う場合，手順は以下のようになる．

1. スプレッドシートの 1 列目に ξ という名前を付けて，たとえば -5 から 10 まで，0.1 間隔で数値を入れる（範囲や間隔は適当にとる）．
2. 第 2 列目に ρ という名前を付けて，1 列目の $\xi \leq 0$ なら $\rho = 0$, $\xi > 0$ なら $\rho = \mathrm{e}^{-1/\xi}$ という値を入れる．
3. 第 3 列目に c という名前を付けて，各 ρ に対応する特性曲線の速度を入れる．この方程式の場合，$c = \rho$ なので，第 2 列目と同じ値をそのまま第 3 列目に入れる．
4. 第 4 列に x という名前を付ける．ここには，第 1 列目の各 ξ から出発した特性曲線が $c(\xi)$ という速さで時刻 $t = 5$ に到達する x 座標，すなわち $x = \xi + c(\xi) \times 5$ という数式で数値を入れる．

これだけの準備をすれば，第 1 列の ξ を横軸として第 2 列の ρ のグラフを描けば初期波形が得られるし，第 4 列の x を横軸として第 2 列 ρ のグラフを描けば $t = 5$ における波形が得られる．**図 1.8** はスプレッドシートの一部分と，上の手順で得られた波形を示す．

線形波動方程式 (1.17) では初期波形が平行移動するだけで，波形は変わらない．ここで見たような波形の変化は，ひとえに「非線形性」，すなわち伝播速度 c が従属変数 ρ に依存

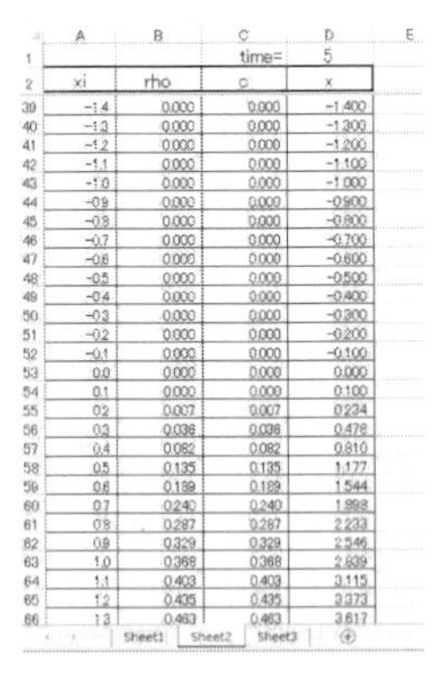

	A	B	C	D
1			time=	5
2	xi	rho	c	x
39	−1.4	0.000	0.000	−1.400
40	−1.3	0.000	0.000	−1.300
41	−1.2	0.000	0.000	−1.200
42	−1.1	0.000	0.000	−1.100
43	−1.0	0.000	0.000	−1.000
44	−0.9	0.000	0.000	−0.900
45	−0.8	0.000	0.000	−0.800
46	−0.7	0.000	0.000	−0.700
47	−0.6	0.000	0.000	−0.600
48	−0.5	0.000	0.000	−0.500
49	−0.4	0.000	0.000	−0.400
50	−0.3	0.000	0.000	−0.300
51	−0.2	0.000	0.000	−0.200
52	−0.1	0.000	0.000	−0.100
53	0.0	0.000	0.000	0.000
54	0.1	0.000	0.000	0.100
55	0.2	0.007	0.007	0.234
56	0.3	0.036	0.036	0.478
57	0.4	0.082	0.082	0.810
58	0.5	0.135	0.135	1.177
59	0.6	0.189	0.189	1.544
60	0.7	0.240	0.240	1.898
61	0.8	0.287	0.287	2.233
62	0.9	0.329	0.329	2.546
63	1.0	0.368	0.368	2.839
64	1.1	0.403	0.403	3.115
65	1.2	0.435	0.435	3.373
66	1.3	0.463	0.463	3.617

Sheet1　Sheet2　Sheet3

（a）ξ, ρ, c, x の値をスプレッドシートに入力

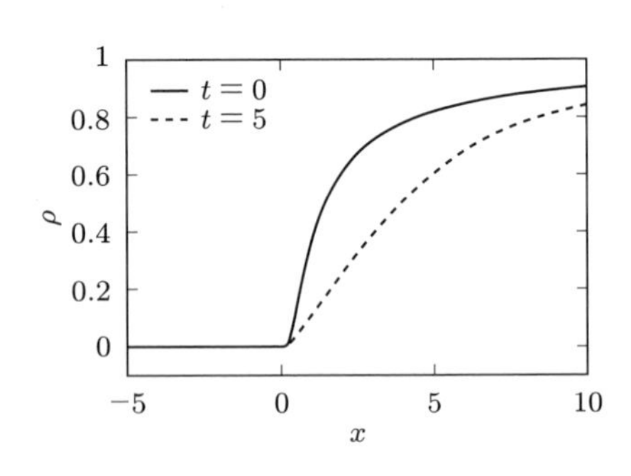

（b）（a）から得られた波形

図 1.8　特性曲線法

していることから生じていることに注意されたい．

上で示した特性曲線法を交通流に応用して，信号が赤から青に変わったとき，信号待ちをしていた車列の時間変化について考えてみよう．信号の場所を $x=0$ とすると，車の密度 ρ の初期分布は

$$\rho_0(x)=\begin{cases}0 & (x>0)\\ \rho_{\mathrm{jam}} & (x<0)\end{cases} \tag{1.23}$$

で与えられる．なお，$x=0$ では，ρ は $0<\rho<\rho_{\mathrm{jam}}$ の間のすべての値をとるものと解釈する．

車列の先頭，すなわち $\rho=0$ と $\rho\neq 0$ の境目を示す特性曲線 C^+ は，$\rho=0$ に対する c，すなわち $c(0)$ という一定速度で伝わる．一方，青になっても依然として停止したままの部分と，すでに移動が始まった部分の境目を示す特性曲線 C_- は，ρ_{jam} に対応する c，すなわち $c(\rho_{\mathrm{jam}})$ という一定速度で伝播する．$c(\rho_{\mathrm{jam}})<0$ なので C^- は後方に伝わる．C^+ と C^- の間には，$0<\rho<\rho_{\mathrm{jam}}$ に対応する無数の特性曲線がおのおのの速度 $c(\rho)$ で原点を出発点として伝わり，扇状の領域を形成する†．

特性曲線の様子は**図 1.9** のようになり，対応する $\rho(x,t)$ の波形は時間的に**図 1.10** のように変化していくことがわかる．信号待ちの車列の中 $x=-D$ のところにいる車は，たとえ信号が青に変わっても，特性曲線 C^- が自分のところに伝わるまでは動くことができない．動き出せるのは，信号が青に変わってから $D/|c(\rho_{\mathrm{jam}})|$ 時

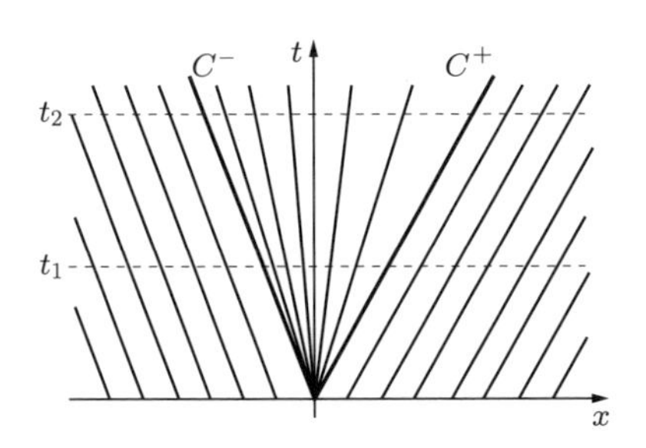

図 1.9　信号が青になったときの特性曲線の様子

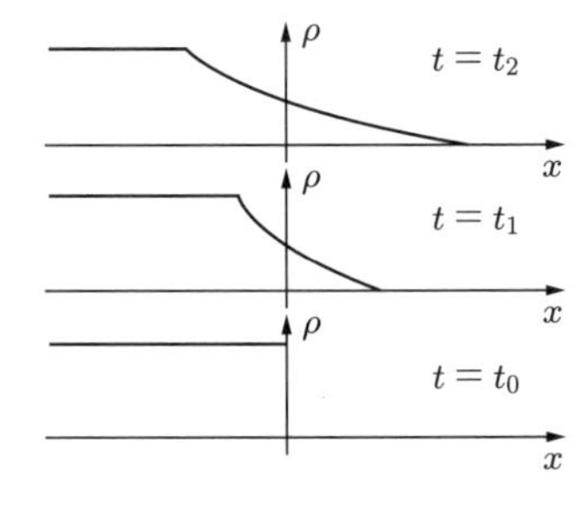

図 1.10　初期および後の時刻における密度 ρ の分布

† 少し考えれば，この扇状領域における $\rho(x,t)$ の波形は，図 1.6 に示した $c(\rho)$ のグラフにおいて，縦軸を ρ に，横軸を c になるように軸を交換して，横軸を c から ct に t 倍に引き伸ばしたものになることがわかる．

間後である．これは車の流れの数理モデルから導き出される必然であり，「信号が変わったのにどうしていつまでも動かないんだ！」などとイライラしても仕方がないのである．

また図 1.9 において，信号の位置 $x = 0$ にあるのは常に伝播速度 $c = 0$ の特性曲線であることがわかる．ところが $c = dq(\rho)/d\rho$ なので，これはフラックス q を最大にする ρ_{m} に対応する特性曲線である．このことは，もし信号待ちの列が切れないならば，青信号が続いている間中，信号の位置ではフラックスが最大の状態，すなわち道路がもっとも有効に活用される状態が自動的に実現され続けることを意味する．信号機のもつ意外な機能を示唆しているといえよう．

例題 1.2 ：特性曲線の方法の交通流への応用例

ニューヨークのマンハッタンと西隣のニュージャージーを結ぶリンカーントンネルで，実際に車の密度と速度を計測する実験を行ったグリーンバーグ (Greenberg, H.) という研究者が，**表 1.1** のような結果を報告している．ただし表では，密度の単位は [台/マイル]，速度の単位は [マイル/h] で，1 マイル = 1.609 km である．

表 1.1　リンカーントンネルにおける車の密度と速度

密度 ρ	速度 v	ρ	v	ρ	v
34	32	88	17	108	11
44	28	94	16	129	10
53	25	94	15	132	9
60	23	96	14	139	8
74	20	102	13	160	7
82	19	112	12	165	6

(1) **最小 2 乗法** (the method of least squares) を用いて，表 1.1 のデータにもっともよく適合する密度 ρ [台/km] と車速 v [km/h] の間の 1 次関数関係 $v(\rho) = a\rho + b$ を求めよ†．またその結果から，完全に渋滞して $v = 0$ になるときの密度 ρ_{jam} を求めよ．

(2) いま，自分の車が信号待ちの車列の先頭から 10 台目にいるとする．信号が青に変わったとき，自分が動き出せるまでに何秒程度必要か，上で求めた関係式に基づいて推定せよ．

解答

(1) まず簡単に，最小 2 乗法の復習をしておこう．n 個の実数の組 $(x_1, y_1), \ldots, (x_n, y_n)$

† グリーンバーグ自身は，$\rho = \alpha\,\mathrm{e}^{\beta v}$ という指数関数での近似を考えたようである．

があるとき，これをもっともよく近似する 1 次関数 $y = ax + b$ を求めたいとする．x_i における「誤差」は $y_i - (ax_i + b)$ であり，したがって 1 点あたりの誤差の 2 乗の平均値，すなわち平均 2 乗誤差 E は

$$E = \frac{1}{n}\sum_{i=1}^{n}[y_i - (ax_i + b)]^2 \tag{1.24}$$

で定義される．ここで単純に各点での誤差を合計したのでは，誤差どうしが相殺し合って E に反映されないことが起こるため，誤差は 2 乗してから和をとっている．E は a, b の関数であり，E を最小にする a, b は

$$\frac{\partial E(a,b)}{\partial a} = 0, \qquad \frac{\partial E(a,b)}{\partial b} = 0 \tag{1.25}$$

を満たさなければならない．この条件は，連立 1 次方程式

$$\left(\sum_{i=1}^{n} x_i^2\right) a + \left(\sum_{i=1}^{n} x_i\right) b = \left(\sum_{i=1}^{n} x_i y_i\right) \tag{1.26a}$$

$$\left(\sum_{i=1}^{n} x_i\right) a + \left(\sum_{i=1}^{n} 1\right) b = \left(\sum_{i=1}^{n} y_i\right) \tag{1.26b}$$

を与え，これを解くことで，「平均 2 乗誤差 E を最小にする」という意味において，n 個の組 $(x_i,\, y_i)$ $(i = 1, \ldots, n)$ をもっともよく近似する 1 次関数 $y = ax + b$ の係数 a, b が定まる．この最小 2 乗法において，x を密度 ρ，y を速度 v と思っていまの例題に適用し，長さの単位をマイルから km に変換すれば，

$$v(\rho) = a\rho + b, \qquad a \approx -0.497\,\mathrm{km}^2/\mathrm{h}\cdot\text{台}, \qquad b \approx 55.8\,\mathrm{km/h} \tag{1.27}$$

が得られる．また，ここで $v = 0$ とすることにより，$\rho_{\mathrm{jam}} = -b/a \approx 112$ 台/km が得られる．

(2) (1) の結果より，

$$q(\rho) = \rho v = a\rho^2 + b\rho, \qquad c(\rho) = \frac{dq(\rho)}{d\rho} = 2a\rho + b, \qquad c(\rho_{\mathrm{jam}}) = -b \tag{1.28}$$

となる．ここで，信号待ちの N 台目の車と信号の距離を d_N，信号が青に変わってから動き出せるまでの時間を τ_N とすると，

$$d_N = \frac{N}{\rho_{\mathrm{jam}}} = \frac{|a|N}{b}\,[\mathrm{km}], \qquad \tau_N = \frac{d_N}{c(\rho_{\mathrm{jam}})} = \frac{|a|N}{b^2}\,[\mathrm{h}] \tag{1.29}$$

となる．式 (1.27) で求めた a, b の値，および $N = 10$ を代入すると，$\tau_{10} \approx 1.60 \times 10^{-3}\,\mathrm{h} = 5.7\mathrm{s}$ となり，10 台目が動き出すまでに 6 秒程度かかることが予想される．

ただし，ここでは v と ρ の関係を単純な 1 次関数で近似したことなどもあり，結果

の定量的な妥当性についてはあまり期待はできない．それに加えて，次のようなより重大な問題点もある．そもそもここでの交通流の扱い方は，1台1台の車が目に見えないようなはるか上空からの視点に基づいて定式化をしたはずである．その結果，本来ならば車1台1台からなる離散的な系を，$\rho(x,t)$ のような連続関数を用いて表現することが許された．それを考えると，この例題のように10台程度の車の運動を云々すること自体，この定式化の適用範囲を少々逸脱しているといわざるをえない．まあ何はともあれ，この結果が果たしてどの程度妥当かどうか，信号待ちのときにでも自分自身で検証してみてほしい．

1.4 特性曲線の交差：多価性の発生

上で見たように，非線形波動方程式

$$\frac{\partial \rho}{\partial t} + c(\rho)\frac{\partial \rho}{\partial x} = 0 \tag{1.30}$$

において，ある ρ の値をもつ点は $c(\rho)$ という速さで特性曲線に沿って伝わる．もし初期波形の中に，速い c に対応する ρ が，遅い c に対応する ρ の後ろにあると，その部分では時間の経過に伴い，後ろから出発した速い特性曲線が前から出発した遅い特性曲線に追いつき，ある時刻において特性曲線の交差が発生することになる．交通流の場合，c は ρ の単調減少関数なので，初期波形の中に ρ の大きい部分（混んでいる部分）が ρ の小さい部分（空いている部分）の前方にある，すなわち $\partial\rho/\partial x > 0$ の部分があると，このようなことが起こる（図1.11参照）．

このときに対応する波形を示したのが図1.12である．異なる ρ を運ぶ特性曲線が時間経過とともに接近するので，波形がしだいに急になり，ある時刻で微分係数

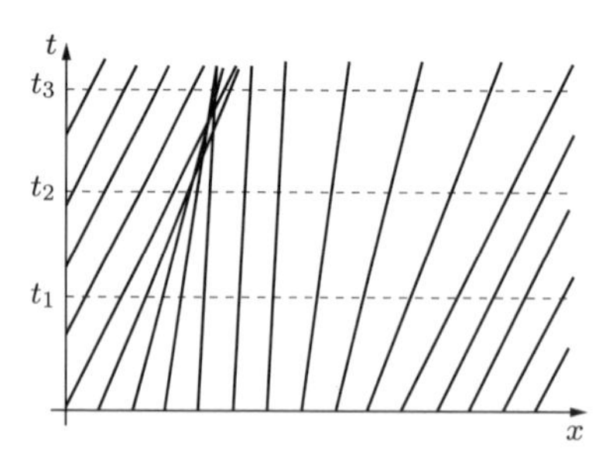

図1.11　特性曲線の交差

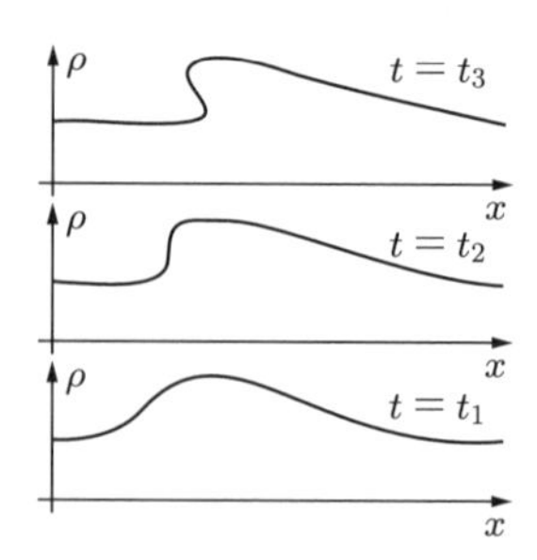

図1.12　波形の急峻化 ($t_1 < t_2 < t_3$)

が発散し，その後は多価関数になっているのがわかる．交通流の脈絡では，ρ は車の密度（1 km あたりの台数）を表しており，それが時空の一点において複数の値を有することは物理的に許されない．すなわち，多価性が発生した時点で，この理論は破綻しているといわざるをえない．

図 1.12 で見るように，車の密度の波形では，$\partial\rho/\partial x > 0$ の部分が時間とともに自動的に突っ立っていく傾向がある．式 (1.16) で示したように，車が実際に走る速度 $v(\rho)$ は必ず $c(\rho)$ より速いので，車を運転している人は図 1.12 で示すような $\rho(x,t)$ の波形に左から入って右に抜けていくことになる．$\partial\rho/\partial x > 0$ の部分が急峻化する傾向があるということは，空いていて順調に走っていた車が混んだ状態に遭遇するときには急にそれが起こるのに対し，混んだ状態から抜け出すときにはゆっくりとしか状況の変化が起こらない傾向があることを示しているが，これは日常の経験とも合致しているように思われる．

非線形波動方程式 (1.30) において，初期波形 $\rho_0(x) = \rho(x,0)$ が指定されたとき，初めて特性曲線の交差が起こり，解に多価性が発生してしまう時刻は以下のように予測することができる．ρ の初期分布 $\rho_0(x)$ が与えられると，それに対応する c の初期分布 $c_0(x) = c[\rho_0(x)]$ が決まる．初期に x を出発する伝播速度 $c_0(x)$ の特性曲線が，そのすぐ前 $x + \Delta x$ から出発する伝播速度 $c_0(x + \Delta x)$ の特性曲線に追いつく場合を考えよう．$\Delta x \ll 1$ のとき，$c_0(x+\Delta x) \approx c_0(x) + (dc_0/dx)\Delta x$ より，両者の速度差 Δc は $(dc_0/dx)\Delta x$ である．特性曲線の交差が発生するのは，前から出発する特性曲線のほうが遅い場合，したがって $dc_0/dx < 0$ の場合である．速度差 Δc で $t = 0$ における両者の隔たり Δx が解消されるのに必要な時間は，$|\Delta x/\Delta c| = 1/|dc_0/dx|$ である．したがって，波形のどこか一点で初めて特性曲線の交差が起こる時刻 t_b は，

$$t_\mathrm{b} = \min\left\{\frac{1}{|dc_0/dx|}\right\} = \frac{1}{\max\{|dc_0/dx|\}} \tag{1.31}$$

で与えられる．ただし，ここで min{ }，max{ } は，初期波形全体を対象とした際の最小値，最大値を意味する．

例題 1.3 ：波形の急峻化と多価性の発生

非線形波動方程式の初期値問題

$$\frac{\partial\rho}{\partial t} + \rho\frac{\partial\rho}{\partial x} = 0, \qquad \rho_0(x) = \mathrm{e}^{-x^2} \tag{1.32}$$

において，初めて解の多価性が発生する時刻 t_b を予想せよ．

解答　この問題では $c(\rho) = \rho$ であり，したがって $c_0(x) = \rho_0(x) = \mathrm{e}^{-x^2}$ である．このとき $-dc_0/dx = 2x\,\mathrm{e}^{-x^2}$ で，これは $x = 1/\sqrt{2}$ において最大値 $\sqrt{2/\mathrm{e}}$ をとる．したがって，波形に初めて多価性が発生する時刻 t_{b} は $\sqrt{\mathrm{e}/2}$ であり，この時刻では $t = 0$ に $x = 1/\sqrt{2}$ の近傍から出発した特性曲線の交差が発生することが予想される．**図 1.13** は，解の時間発展を 1.3 節で説明した特性曲線法で求めてプロットしたものである．この図を見ると，時間とともに波形が突っ立ち，確かに予想された時刻 t_{b} で微分係数が無限大に発散する点が現れ，それ以降は解が多価になることが確認できる．

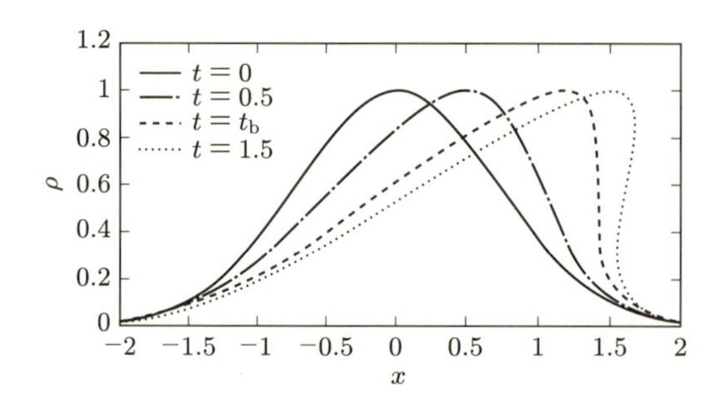

図 1.13　多価性発生の計算例

1.5　ショックの当てはめ：多価性の解消

物理的に受け入れることができない解の多価性を回避する手段としては，以下の二つが考えられよう．

1. そもそも物理的に起こりえない多価性が発生するということは，対象としている現象を扱うモデルとして，波動方程式 (1.18) に何らかの不備があることを意味している．したがって，もう一度もとの物理系に立ち返って，方程式の導出過程から見直す．たとえば，上で取り上げた交通流の場合，ここまでの話では車の走る速さ v は密度 ρ だけで決まるとしてきた．しかし，実際に車を運転している場合，もし道路の先のほうが渋滞していることがわかれば，運転手は「どうせ先は渋滞してるんだから」と，自分のまわりの ρ で決まる速さよりも速度を落として走るかもしれない．これは，速度 v には密度 ρ だけでなく，その微分係数 ρ_x も影響しうることを示唆しているが，いまのモデルにはこのような点は考慮されていない．

2. 波動方程式 (1.18) は保存則から出発して，一応合理的と思える手続きを経て導出したものなので，少なくとも多価になっていない部分はそれなりの正当性はあるはずである．一部分で解が多価になったからといって，解全体を放棄してしまうのはもったいない．多価になっていない部分はそのまま採用して，多価になっている部分だけを適当な「不連続」で置き換えて，もとの「連続だが多価な解」を「1 価だが不連続な解」に修正してしまう†．

1. は真面目な対処法であろうが，その分相手にする方程式自身も，またその解析方法もより複雑にならざるをえない．一方，2. の方法は対症療法的ではあるが，1. に比べるとずっと容易にできそうである．1. の対処法に関連する話は次章以降で取り上げることとして，ここでは 2. の**ショック（不連続）の当てはめ** (shock fitting) とよばれる手法を紹介する．

ある時刻の波形に**図 1.14** に示すような多価部分が生じたとき，適切な場所にショック（不連続）を導入して 1 価の解に修正しようというわけであるが，このとき問題になるのは，一体どこにその不連続を入れるべきかという点である．この問題は，以下のように解決される．波動方程式 (1.18) は多価解をもたらすという意味で不備ではあるが，その導出の出発点となっている積分形の保存則

$$\frac{d}{dt}\int_a^b \rho(x,t)\,dx = q(a,t) - q(b,t) \tag{1.33}$$

は必ず成立すべき法則であり，これを捨てることはできない．ただし，不連続を導入しようとしている以上，いままでのように ρ や q の微分可能性を仮定して，ここ

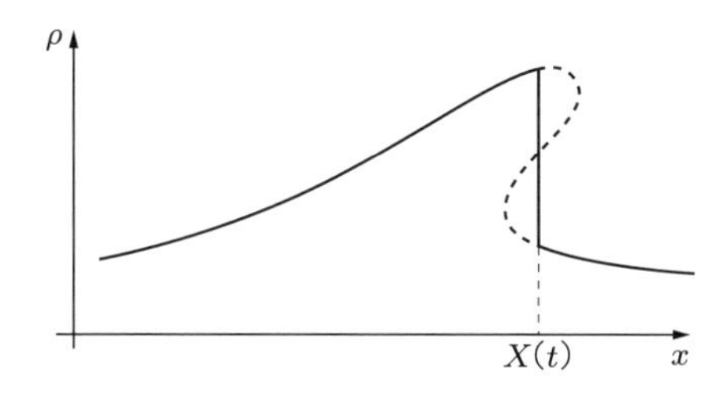

図 1.14　ショックの当てはめ（破線：もともとの連続な多価解，実線：不連続な 1 価解）

† 我々は偏微分方程式 (1.18) からスタートしており，このような微分不可能な点をもつ関数を導入することは，解の対象を拡張することになる．以下で見るように，この拡張は「積分形での保存則」に基づいてなされ，これによって新たに導入される微分不可能な点をもつような解は**弱い解** (weak solution) とよばれる．

から微分形の保存則 (1.12) に変形することはできない．

時刻 t において不連続を挿入すべき位置を $x = X(t)$ とし，$\rho(x,t)$ や $q(x,t)$ は $x = X(t)$ における不連続を含む区分的滑らかな関数とする†．不連続を含むような区間 $[a,b]$ に対しては，

$$\int_a^b \rho(x,t)\,dx = \int_a^{X(t)} \rho(x,t)\,dx + \int_{X(t)}^b \rho(x,t)\,dx \tag{1.34}$$

が成り立つ．ここで，右辺の積分は被積分関数のみならず積分区間も時間に依存しているので，その時間微分の評価には，**ライプニッツ則** (Leibniz rule) が必要となる．ライプニッツ則とは，t の関数 $F(t)$ が $F(t) = \int_{a(t)}^{b(t)} f(x,t)\,dx$ のように，積分の上限下限も t に依存する積分で定義されているとき，

$$\frac{dF(t)}{dt} = \int_{a(t)}^{b(t)} \frac{\partial f(x,t)}{\partial t}\,dx + \dot{b}(t)f(b(t),t) - \dot{a}(t)f(a(t),t) \tag{1.35}$$

が成り立つというものである．ここで，$\dot{a}(t)$ などのドットは t についての微分を表す．これを用いて積分形の保存則 (1.33) を評価すると，次のようになる．

$$\int_a^{X(t)} \frac{\partial \rho}{\partial t}\,dx + \dot{X}(t)\rho(X_-,t) + \int_{X(t)}^b \frac{\partial \rho}{\partial t}\,dx - \dot{X}(t)\rho(X_+,t) = q(a,t) - q(b,t) \tag{1.36}$$

ここで，$X_+ = X + 0$, $X_- = X - 0$ を表す．この式は任意の a,b に対して成り立つが，とくに $a \to X_-$, $b \to X_+$ の極限を考えると，二つの積分は 0 になり，不連続点 $X(t)$ の移動速度に対して，

$$\dot{X}(t) = \frac{q(X_+,t) - q(X_-,t)}{\rho(X_+,t) - \rho(X_-,t)} = \frac{\text{不連続点}\ X(t)\ \text{におけるフラックス}\ q\ \text{の跳び}}{\text{不連続点}\ X(t)\ \text{における密度}\ \rho\ \text{の跳び}} \tag{1.37}$$

が得られる．保存則 (1.33) と矛盾しないためには，不連続点 $X(t)$ はこの関係を満たす速度で移動しなければならない．これは，**ランキン–ユゴニオ条件** (Rankine–Hugoniot condition) とよばれる．

上では，不連続の移動速度に対する条件を静止座標系からの視点で導出したが，不連続とともに移動する座標系から見ることで，同じ結果をもっと容易に導出することも

---

† 閉区間 $I = [a,b]$ で定義された関数 $f(x)$ が I で連続か，または不連続点があっても高々有限個であり，おのおのの不連続点 d において有限な左極限値 $f(d-0) \equiv \lim_{x \to d-0} f(x)$ と右極限値 $f(d+0) \equiv \lim_{x \to d+0} f(x)$ をもつとき，$f(x)$ は I で**区分的連続**であるという．$f(x)$, $f'(x)$ がともに区分的連続なとき，$f(x)$ を**区分的滑らか**という．

できる．不連続とともに速度 $\dot{X}(t)$ で移動する観測者から見れば，**図 1.15** のように，不連続は静止しており，その前面および後面での密度はそれぞれ $\rho(X_+, t)$, $\rho(X_-, t)$ である．一方，フラックスは観測者が速度 $\dot{X}(t)$ で移動していることによる目減り分があるため，前面および後面でのフラックスは，それぞれ $q(X_+, t) - \rho(X_+, t)\dot{X}(t)$, $q(X_-, t) - \rho(X_-, t)\dot{X}(t)$ で与えられる．不連続は厚さ 0 の面であり，有限の物理量を溜め込むことはできないので，各時刻において，後面から流入してきたフラックスはそのまま前面から流出していなければならない．このため，不連続から見た前後のフラックスは常に等しい，すなわち

$$q(X_+, t) - \rho(X_+, t)\dot{X}(t) = q(X_-, t) - \rho(X_-, t)\dot{X}(t) \tag{1.38}$$

が成り立つはずであるが，これはランキン－ユゴニオ条件 (1.37) にほかならない．

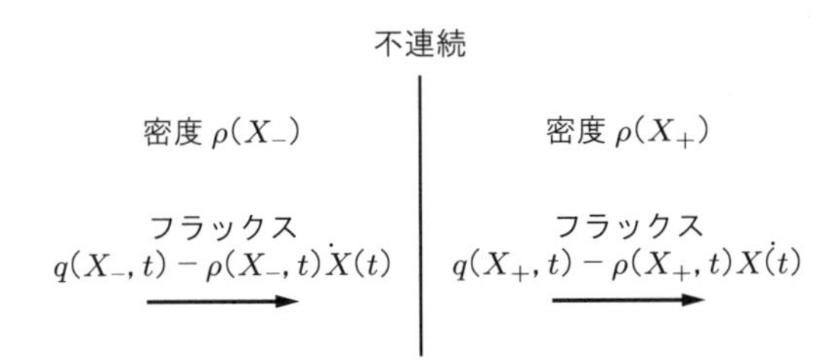

図 1.15　不連続とともに移動する観測者から見る密度とフラックス

例題 1.4 ：渋滞の延びる速さ

例題 1.2 で求めたリンカーントンネルでの観測データに基づく簡単なモデルを基にして，渋滞で完全に止まっている車列の後ろから速度 $v = 30\,\mathrm{km/h}$ の車の流れが追いついていくとき，渋滞の延びる速さを求めよ．

解答　現在の渋滞の最後尾を $x = 0$ とし，$x > 0$ には渋滞の列 $(\rho = \rho_{\mathrm{jam}})$ があり，$x < 0$ には速度 v の車の流れがあるとしよう．リンカーントンネルに対して求めた v と ρ の関係 (1.27) から，逆に ρ, q を v の関数として表すと，

$$\rho = \frac{v-b}{a}, \quad q = \rho v = \frac{v(v-b)}{a}, \quad a \approx -0.497\,\mathrm{km^2/h}\cdot台, \quad b \approx 55.8\,\mathrm{km/h} \tag{1.39}$$

となる．また，

$$\rho_{\mathrm{jam}} = -\frac{b}{a}, \qquad q(\rho_{\mathrm{jam}}) = 0 \tag{1.40}$$

である．ランキン－ユゴニオ条件 (1.37) にこれらを代入し整理することにより，密度およ

びフラックスの不連続点である渋滞最後尾の移動速度 $\dot{X}$ は

$$\dot{X}(t) = \frac{q(\rho_{\mathrm{jam}}) - q(v)}{\rho_{\mathrm{jam}} - \rho(v)} = v - b \tag{1.41}$$

で与えられる．これより，$v = 30\,\mathrm{km/h}$ のとき，渋滞の列は1時間に約 25.8 km の割合で長くなっていくことが推測される．

ここまでは，波動を支配する方程式が式 (1.30) のように単独の偏微分方程式で与えられる状況について考えてきた．しかし，波動現象の中には複数の物理量の変化を同時に伝えるタイプのものも多く，このような場合，支配方程式はおのおのの物理量の時間変化を記述する方程式の連立方程式という形で与えられる．たとえば津波のように，水深 h に比べて波長の長い水面波（水面長波ともよばれる）が伝わってくると，水面変位 $\eta(x,t)$ と同時に，水運動の流速 $u(x,t)$ も発生するが，このような水面長波の支配方程式は

$$\frac{\partial \eta}{\partial t} + \frac{\partial[(h+\eta)u]}{\partial x} = 0, \qquad \frac{\partial u}{\partial t} + u\frac{\partial u}{\partial x} + g\frac{\partial \eta}{\partial x} = 0 \tag{1.42}$$

で与えられることが知られている．こうした複数の物理量の変化を同時に伝えるタイプの波動の扱い方については，付録Bにまとめたのでぜひ参照されたい．そこでは，このようなタイプの波動に対しても，「簡単波」とよばれる状況のもとでは，本章で扱った式 (1.30) のような単一の波動方程式に帰着できることも示している．

この章のまとめ

- 波とは，ある時刻にある場所で発生した何らかの変化（信号・情報）が，時間とともに空間的に離れた場所にまで伝わる現象である．
- ある量 $u(x,t)$ が速度 c で伝わるという事実を表現するもっとも簡単な偏微分方程式は，$\partial u/\partial t + c(\partial u/\partial x) = 0$ である．
- 上式は $c = c_0$（定数）のとき，線形の偏微分方程式である．このとき，波形は形を変えることなく速度 c_0 で平行移動するだけである．
- 一方，上式で $c = c(u)$，すなわち伝播速度 c が伝えられる量 u に依存するとき，上式は非線形である．非線形性があると，波形 $u(x,t)$ の各部分の伝播速度が異なるので，時間とともに波形の変形が起こる．任意時刻の $u(x,t)$ は，特性曲線法によって求める

ことができる.

- ▶ 初期波形によっては特性曲線の追いつき・交差が起こり，それに対応して波形に多価性が発生してしまう.
- ▶ 波形の多価性を解消する手段として，多価領域の適切な部分に「不連続」を導入する方法がある．波動方程式の背景に保存則がある場合，それと矛盾しないためには，「不連続」の伝播速度は，ランキン–ユゴニオ条件を満たす必要がある.

なお，本章の内容全般に関する参考書として，文献 [63], [71], [77] を挙げておく.

第2章 バーガース方程式：拡散の影響

物体内で場所によって温度の違いがあると，その違いを減らすように温度の高いところから低いところに熱が流れる．また，コーヒーカップにクリームを一滴垂らすと，場所によるクリームの濃さの違いを減らすようにクリームが自然に拡がっていく．我々の身の回りにはこのような「拡散」とよばれる作用がいたるところに存在する．本章では，この拡散が波の伝播に与える影響について考える．

2.1 バーガース方程式

第 1 章で例として取り上げた交通流を思い出そう．話の出発点は，車の保存則

$$\rho_t + q_x = 0, \qquad q(\rho) = \rho v(\rho) \tag{2.1}$$

であった[†]．ここで，$\rho(x,t)$ は車の密度 [台/km]，$q(x,t)$ は車のフラックス [台/h]，$v(\rho)$ は車の速度 [km/h] である．v は $\rho = 0$ で速度制限いっぱいの速度 v_0 となり，完全な渋滞状態 ρ_{jam} では 0 となるような ρ の単調減少関数である．v に対するもっとも簡単な近似は，ρ の 1 次関数と仮定することであろう．このとき，

$$v = v_0\left(1 - \frac{\rho}{\rho_{\mathrm{jam}}}\right) \quad \longrightarrow \quad q = v_0\left(\rho - \frac{\rho^2}{\rho_{\mathrm{jam}}}\right) \tag{2.2}$$

となり，式 (2.1) は

$$\rho_t + v_0\rho_x + \alpha\rho\rho_x = 0, \qquad \alpha = -\frac{2v_0}{\rho_{\mathrm{jam}}} \tag{2.3}$$

のような非線形波動方程式に帰着する．第 1 章で学んだように，式 (2.3) は特性曲線の交差のために解が多価となり，人為的な「不連続」を導入しなければ，解が有限時刻で破綻してしまう．

このモデルでは，速度 v はその場所その時刻における局所的な密度 ρ で決まると

† 下付き添字の t や x はそれらについての偏微分を表す．たとえば $q_x = \partial q/\partial x$ である．今後はこのような記法も随時用いていく．

仮定している．しかし，実際に車を走らせているとき，運転手は自分のまわりと同時に前方の道路状況に常に注意を払っている．進行方向が混雑していてノロノロだと思えば，たとえ自分の周囲の状況がもっと速く走ることを許したとしても多少控えめの速度で走るであろうし，逆に進行方向が空いていて流れが速くなることを知っていれば，次の加速を想定して，自分の周囲の状況から決まる速度より速めに走るかもしれない．

交通流モデルにこのような「前方を見る」効果を取り入れるためには，たとえば

$$v = v_0\left(1 - \frac{\rho}{\rho_{\mathrm{jam}}}\right) - \frac{\nu}{\rho}\rho_x \quad \longrightarrow \quad q = v_0\left(\rho - \frac{\rho^2}{\rho_{\mathrm{jam}}}\right) - \nu\rho_x \tag{2.4}$$

のように，v や q の式に ρ の空間微分 ρ_x に比例する項を付加することが考えられる．ここで，前方がより混んでいる $(\rho_x > 0)$ ときに速度を控えめにするためには，付加項の係数 ν は正でなければならない．このとき，車の保存則 (2.1) は

$$\rho_t + v_0\rho_x + \alpha\rho\rho_x = \nu\rho_{xx}, \qquad \alpha = -\frac{2v_0}{\rho_{\mathrm{jam}}} \tag{2.5}$$

となり，新たに ρ の空間 2 階微分項 ρ_{xx} が加わる．

流体力学の脈絡でも，1956 年にライトヒル (Lighthill, J.) は，粘性や熱伝導などの散逸効果を考慮した気体に対する基礎方程式系から，摂動法を用いた系統的な解析手法によって，弱い非線形性を考慮した音波の伝播が

$$v_t + c_0v_x + vv_x = \delta v_{xx} \tag{2.6}$$

という，式 (2.5) とまったく同型の方程式に支配されることを示している [45]†．

流体力学では，非線形偏微分方程式

$$u_t + uu_x = \nu u_{xx} \tag{2.7}$$

は**バーガース方程式** (Burgers equation) としてよく知られている．この方程式は 1939 年にバーガース (Burgers, J.M.) が乱流現象を研究するために，流体力学のもっとも基本的な運動方程式であるナヴィエ–ストークス方程式

$$\boldsymbol{u}_t + (\boldsymbol{u}\cdot\nabla)\boldsymbol{u} = -\frac{1}{\rho}\nabla p + \nu\nabla^2\boldsymbol{u} \tag{2.8}$$

---

† ここで，c_0 は静止気体中の音速，$v(x,t)$ は $v = u + c - c_0$，すなわち C^+ 特性曲線の伝播速度 $u + c$ の静止音速 c_0 からのずれを表す（特性曲線などについては付録 B を参照のこと）．また，δ は気体の粘性係数や熱伝導率から決まる「音波の拡散率」とよばれる物性定数で，常温の空気の場合 $2\times10^{-5}\ \mathrm{m}^2/\mathrm{s}$ 程度のかなり小さな値をとる．

の簡単な1次元モデルとして提案したといわれている．ここで，$\boldsymbol{u}(\boldsymbol{x},t)$ は流速ベクトル，$p(\boldsymbol{x},t)$ は圧力を表す．また，ν は動粘性係数とよばれる物性定数で，その流体の「粘っこさ」を表す．

ここでは式 (2.7) だけでなく，式 (2.5) や式 (2.6) のような

$$v_t + c_0 v_x + \alpha v v_x = \nu v_{xx} \tag{2.9}$$

という形の非線形偏微分方程式をすべて「バーガース方程式」とよぶことにする．式 (2.9) の $c_0 v_x$ の項は，速度 c_0（定数）で平行移動する系から見ることによって，常に消去することができる．すなわち，新しい空間変数 ξ と時間変数 τ を

$$\xi = x - c_0 t, \qquad \tau = t \tag{2.10}$$

によって導入し，$v(x,t)$ を ξ と τ の関数として扱うと，偏微分の連鎖の法則より

$$\frac{\partial}{\partial t} = \frac{\partial}{\partial \tau}\frac{\partial \tau}{\partial t} + \frac{\partial}{\partial \xi}\frac{\partial \xi}{\partial t} = \frac{\partial}{\partial \tau} - c_0 \frac{\partial}{\partial \xi} \tag{2.11a}$$

$$\frac{\partial}{\partial x} = \frac{\partial}{\partial \tau}\frac{\partial \tau}{\partial x} + \frac{\partial}{\partial \xi}\frac{\partial \xi}{\partial x} = \frac{\partial}{\partial \xi} \tag{2.11b}$$

が成り立ち，式 (2.9) は

$$v_\tau + \alpha v v_\xi = \nu v_{\xi\xi} \tag{2.12}$$

と書き換えることができる．また同時に，v の代わりに新しい従属変数 $u = \alpha v$ を導入すれば，式 (2.9) は

$$u_\tau + u u_\xi = \nu u_{\xi\xi} \tag{2.13}$$

という，バーガース方程式の本来の形 (2.7) に変換することができる．このことから，式 (2.9) の形の方程式は，すべてバーガース方程式 (2.7) と等価である．今後は，バーガース方程式としては

$$u_t + u u_x = \nu u_{xx} \tag{2.14}$$

の形のみを考えることにする†.

---

† $\tilde{t} = t/\nu$, $\tilde{x} = x/\nu$ によって空間と時間のスケールを変化させれば，式 (2.14) は $u_{\tilde{t}} + u u_{\tilde{x}} = u_{\tilde{x}\tilde{x}}$ となり，係数 ν を1として扱うことも可能であるが，ここではそれはしない．

2.2 拡散効果

バーガース方程式 (2.14) の右辺の 2 階微分項 νu_{xx} は，**拡散項** (diffusion term) とよばれる．自然界においては，ある物理量の密度に空間的な不均一があると，その不均一を解消するようにその物理量の流れ，すなわちフラックスが発生するという傾向がしばしば観察され，一般に**拡散現象**とよばれている．たとえば，熱が温度の高いところから低いところへ流れるのも，コーヒーカップに垂らした一滴のクリームがどんどんまわりに拡がっていくのも，この拡散という現象である．

直線状針金の温度分布を例にして，拡散現象を支配する方程式をより具体的に考えてみよう†．針金に沿って x 軸をとり，点 x，時刻 t における温度を $u(x,t)$[K] とする．針金の 1 m あたりの熱容量を α[J/m·K] とすると，熱エネルギーの密度 $\rho(x,t)$[J/m] は $\rho = \alpha u$ と書ける．熱エネルギーのフラックスを $q(x,t)$[J/s] とすれば，熱エネルギーの保存則

$$\rho_t + q_x = 0 \tag{2.15}$$

が成り立つ．熱エネルギーのフラックス $q(x,t)$ は温度の高いほうから低いほうに向かって流れ，その大きさは温度の変化が急なほど激しい．この性質を表現するもっとも簡単な数学的モデルは

$$q = -\beta \frac{\partial u}{\partial x} \quad (\beta \text{ は正の定数}) \tag{2.16}$$

と仮定することであり，これは熱伝導における**フーリエの法則**とよばれる．ここで，β[J·m/s·K] は熱の伝えやすさを示す正の物質定数で，**熱伝導係数**とよばれる．$\rho = \alpha u$ と式 (2.16) を式 (2.15) に代入すれば，ただちに温度分布 $u(x,t)$ の発展を支配する**熱伝導方程式** (heat equation)

$$u_t = \nu\, u_{xx} \quad \left(\nu = \frac{\beta}{\alpha}\right) \tag{2.17}$$

が得られる．

ここでは，熱伝導による温度変化という脈絡で式 (2.17) を導出したが，その導出には，保存則 (2.15) とフーリエの法則 (2.16) というごく自然な法則しか用いていない．それを反映して式 (2.17) は，たとえば $u(x,t)$ をある溶液中の溶質の濃度分布と読み替えてもそのまま成立する．このように式 (2.17) は，自然科学のさまざまな

† 図 1.2 において，電荷量（クーロン）を熱エネルギー（ジュール）に読み替えるだけでよい．

分野において現れるもっとも重要な偏微分方程式の一つであり，一般には**拡散方程式** (diffusion equation) とよばれる．

図 2.1 は，拡散方程式 (2.17) の解のふるまいの一例を示したものである．この図から，初期にパルス的に集中していた $u(x,t)$ が，時間の経過とともにどんどん平坦になっていく様子を見ることができる．

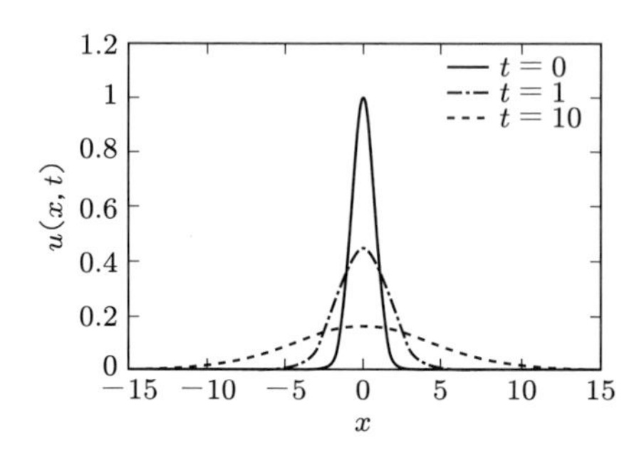

図 2.1　拡散方程式の解のふるまいの一例 ($\nu=1$, $u(x,0)=\mathrm{e}^{-x^2}$)

バーガース方程式 (2.14) の左辺の uu_x は，第 1 章で学んだように，u の大きいところほど速く伝えるという非線形効果を表し，その結果波形はどんどん前に傾いて切り立っていく．一方，右辺の拡散項 νu_{xx} は，上で議論したように，場所による u の違いをなるべく解消しようとする効果をもつ．したがってバーガース方程式は，波形を急峻化しようという非線形効果と，なるべく平坦にしようという拡散効果という，互いに競合する二つの効果を合わせ持つ，簡潔で興味深い波動方程式になっている．なお，バーガース方程式においては，拡散項が非線形項による突っ立ちを必ず食い止めるため，どのような初期波形から出発しても多価解が発生することはない．

流体力学の基礎方程式であるナヴィエ－ストークス方程式 (2.8) の最後の項 $\nu\nabla^2\boldsymbol{u}$ は，通常「粘性項」とよばれているが，物理的には上で示した 1 次元拡散項 $\nu\, u_{xx}$ の 3 次元版に対応する．運動量の不均一（すなわち流速の速い遅い）があると，それを解消するように，速い側から遅い側に運動量フラックスが発生して，遅い部分は加速され，速い部分は減速される．この運動量の拡散を，通常「粘性」とよんでいるのである．

深さ h の水域に，h に比べて波長の長い水面波が押し寄せるとき，水面変位 $\eta(x,t)$ は

$$\eta_t + \left[3\sqrt{g(h+\eta)} - 2\sqrt{gh}\right]\eta_x = 0 \tag{2.18}$$

という式で支配されることが知られている（詳細は付録 B 参照）．ここで，g は重力加速度を表す．波は海岸に押し寄せてくるときしだいに突っ立ってきて，あるところで白波を上げて砕け始める．これを**砕波** (wave breaking) とよぶ．砕波によってエネルギーの散逸が起こるが，式 (2.18) にはその効果が考慮されていない．式 (2.18) において，η が水深 h に比べて小さいと仮定して，$\sqrt{g(h+\eta)}$ を $\sqrt{gh}(1+\eta/2h)$ で近似し，また砕波による波エネルギーの散逸をナヴィエ–ストークス方程式の粘性項から類推して拡散項 η_{xx} でモデル化すると，

$$\eta_t + c_0\eta_x + \alpha\eta\eta_x = \nu\eta_{xx}, \qquad c_0 = \sqrt{gh}, \qquad \alpha = \frac{3}{2h}\sqrt{gh} \tag{2.19}$$

となり，やはりバーガース方程式が現れる．この方程式は海岸工学の分野で，海岸付近の砕波帯内の波に対する簡便なモデル方程式として利用されている．

2.3 バーガース方程式と拡散方程式の密接な関係

バーガース方程式 (2.14) は非線形な偏微分方程式でありながら，初期値問題が解析的に厳密に解ける珍しい方程式でもある．式 (2.14) は

$$(-u)_t = \left(\frac{1}{2}u^2 - \nu u_x\right)_x \tag{2.20}$$

と変形できる．これは，

$$\phi_x = -u, \qquad \phi_t = \frac{1}{2}u^2 - \nu u_x \tag{2.21}$$

となるスカラー関数 $\phi(x,t)$ が存在することを意味する．このとき，式 (2.21) から u を消去すると，

$$\phi_t = \frac{1}{2}(\phi_x)^2 + \nu\phi_{xx} \tag{2.22}$$

となる．ここで，$\phi = 2\nu\ln\psi$ となる ψ を導入すると (ln は自然対数)，$\phi_x = 2\nu\,\psi_x/\psi$ などより，上式は

$$2\nu\frac{\psi_t}{\psi} = \frac{1}{2}\left(2\nu\frac{\psi_x}{\psi}\right)^2 + \nu\left(2\nu\frac{\psi_{xx}\psi - \psi_x^2}{\psi^2}\right) \quad\longrightarrow\quad \psi_t = \nu\psi_{xx} \tag{2.23}$$

と変形される．すなわち，u に対するバーガース方程式 (2.14) は，変数変換

$$u = -2\nu \frac{\psi_x}{\psi} \tag{2.24}$$

を用いることで，ψ に対する拡散方程式

$$\psi_t = \nu \psi_{xx} \tag{2.25}$$

という扱いやすい線形の偏微分方程式に変換することができる．ここで用いられた変換 (2.24) は，その考案者の名前から**ホップ–コール変換** (Hopf–Cole transformation) とよばれている．

なお，無限領域 $-\infty < x < \infty$ における拡散方程式 (2.25) の初期値問題の解析解は

$$\psi(x,t) = \frac{1}{\sqrt{4\pi\nu t}} \int_{-\infty}^{\infty} \psi_0(x') \exp\left[-\frac{(x-x')^2}{4\nu t}\right] dx' \tag{2.26}$$

で与えられることが知られている．ここで $\psi_0(x)$ は，$\psi(x,t)$ の初期 $t=0$ における分布を表す（この解の導出については，付録 C を参照されたい）．したがって，バーガース方程式の初期値問題は，以下のような手順で厳密に解けることになる．

1. 与えられた初期条件 $u(x,0)$ に対応する $\psi_0(x)$ を式 (2.24) から求める．
2. 式 (2.26) より任意時刻 t における $\psi(x,t)$ を求める．
3. 式 (2.24) からこの $\psi(x,t)$ に対応する $u(x,t)$ を求める．

2.4　バーガース方程式の代表的な解

バーガース方程式 (2.14) は非線形方程式であり，たとえ $u_1(x,t)$, $u_2(x,t)$ がともに式 (2.14) を満足する関数であったとしても，それらの 1 次結合 $c_1u_1(x,t)+c_2u_2(x,t)$ は式 (2.14) を満足しない．それに対して，拡散方程式 (2.25) は同次の線形微分方程式であり，$\psi_1(x,t)$, $\psi_2(x,t)$ が式 (2.25) を満たせば，任意の 1 次結合 $c_1\psi_1(x,t)+c_2\psi_2(x,t)$ も式 (2.25) を満たす．拡散方程式のこの線形性と，上で示した拡散方程式とバーガース方程式の解の対応関係を利用して，バーガース方程式の基本的な解を求めることができる．

2.4.1　一様解

任意の定数 u_1, c_1 に対して，

$$\psi(x,t) = \exp\left(-\frac{u_1}{2\nu}x + \frac{u_1^2}{4\nu}t - c_1\right) \tag{2.27}$$

は，明らかに拡散方程式 (2.25) の解である．この ψ とホップ–コール変換 (2.24) で結ばれるバーガース方程式の解 $u(x,t)$ は

$$u = -2\nu\frac{\psi_x}{\psi} = -2\nu\frac{-(u_1/2\nu)\psi}{\psi} = u_1 \ (= \text{定数}) \tag{2.28}$$

で与えられる．定数がバーガース方程式の解になることは式を見ただけでわかることで，求め方が大げさな割には，自明でつまらない解である．「なーんだ」とガッカリされそうであるが，以下で見るように，この自明な解が大いに役に立つのである．

2.4.2　衝撃波解

拡散方程式 (2.25) は同次線形なので，解の重ね合わせの原理が成り立つ．すなわち，

$$\psi_1 = \exp\left(-\frac{u_1}{2\nu}x + \frac{u_1^2}{4\nu}t - c_1\right), \qquad \psi_2 = \exp\left(-\frac{u_2}{2\nu}x + \frac{u_2^2}{4\nu}t - c_2\right) \tag{2.29}$$

という二つの解の和 $\psi = \psi_1 + \psi_2$ も式 (2.25) の解である．この ψ とホップ–コール変換 (2.24) で結ばれるバーガース方程式の解 $u(x,t)$ は，

$$u = -2\nu\frac{\psi_x}{\psi} = -2\nu\frac{-(u_1/2\nu)\psi_1 - (u_2/2\nu)\psi_2}{\psi_1 + \psi_2} = \frac{u_1\psi_1 + u_2\psi_2}{\psi_1 + \psi_2} \tag{2.30}$$

で与えられる．ここで，

$$\begin{aligned}\frac{\psi_1}{\psi_2} &= \exp\left[-\frac{1}{2\nu}(u_1 - u_2)x + \frac{1}{4\nu}(u_1^2 - u_2^2)t - (c_1 - c_2)\right] \\ &= \exp\left[\frac{1}{2\nu}(u_2 - u_1)\left(x - \frac{u_1 + u_2}{2}t - x_0\right)\right] = \exp\theta \end{aligned} \tag{2.31}$$

となる θ, x_0 を使えば，次のようになる．

$$\begin{aligned} u &= \frac{u_1 \mathrm{e}^{\theta/2} + u_2 \mathrm{e}^{-\theta/2}}{\mathrm{e}^{\theta/2} + \mathrm{e}^{-\theta/2}} = \frac{1}{2}(u_1 + u_2) - \frac{1}{2}(u_2 - u_1)\frac{\mathrm{e}^{\theta/2} - \mathrm{e}^{-\theta/2}}{\mathrm{e}^{\theta/2} + \mathrm{e}^{-\theta/2}} \\ &= \frac{1}{2}(u_1 + u_2) - \frac{1}{2}(u_2 - u_1)\tanh\frac{\theta}{2} \\ &= \frac{1}{2}(u_1 + u_2) - \frac{1}{2}(u_2 - u_1)\tanh\left[\frac{u_2 - u_1}{4\nu}\left(x - \frac{u_1 + u_2}{2}t - x_0\right)\right] \end{aligned} \tag{2.32}$$

なお $\tanh x$ は，$\tanh x = (\mathrm{e}^x - \mathrm{e}^{-x}) / (\mathrm{e}^x + \mathrm{e}^{-x})$ で定義される関数で，$x \to -\infty$ での値 -1 と $x \to \infty$ での値 $+1$ を結ぶ単調増加の奇関数である．仮に $u_1 < u_2$ とすると，式 (2.32) は**図 2.2** のような，$x \to -\infty$ での一定状態 $u = u_2$ と $x \to \infty$ での一定状態 $u = u_1$ とをスムーズに結ぶ波形をもち，一定速度 $c = (u_1 + u_2)/2$ で波形を変えることなく定常に進行する解になっている†．これは，バーガース方程式の**衝撃波解** (shock wave solution) とよばれる．

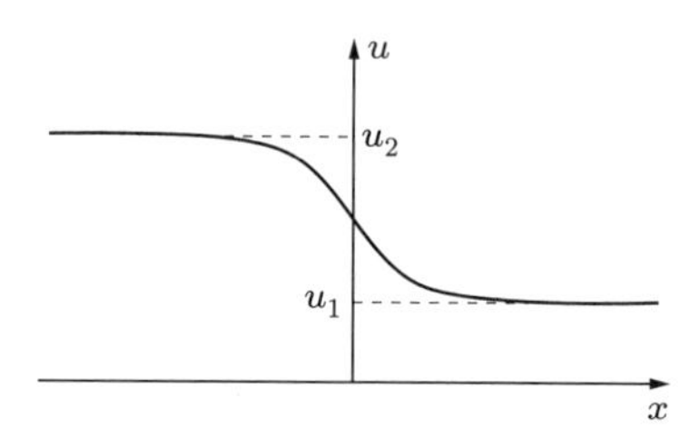

図 2.2　バーガース方程式の衝撃波解

衝撃波の幅，すなわち u_2 から u_1 へ遷移する距離の代表値 d は

$$d = \frac{4\nu}{|u_2 - u_1|} \tag{2.33}$$

で与えられ，衝撃波が強い（すなわち前後の跳び $|u_2 - u_1|$ が大きい）ほど，また拡散係数 ν が小さいほど薄くなり，$\nu \to 0$ の極限ではこの衝撃波解は厚さ 0 の不連続となる．衝撃波解の厚さが式 (2.33) のように決まることは，この衝撃波が非線形効果と拡散効果のバランスの上に実現していることを如実に示してる．非線形効果だけがあれば，u の大きいところほど速く伝わり，伝播とともに波形がどんどん前傾化し解が破綻してしまう．また，もし拡散項だけがあれば，どのような波形も時間とともにどんどん平坦になってしまい定常状態は実現しない．波形を突っ立てようという非線形項と，波形を平坦にしようという拡散項がうまくバランスするためには，両者の大きさが同程度にならなければならない．衝撃波の厚さの程度を d，衝撃波前後の u の跳びの程度を U とすると，非線形項 uu_x および拡散項 νu_{xx} の大きさはそれぞれ $O(U^2/d)$, $O(\nu U/d^2)$ で見積もることができる．式 (2.33) で決まる d は，まさに競合するこれら 2 項の大きさを同程度にするための厚さになっているのである．

---

† u_1 と u_2 の大小関係にかかわらず，式 (2.32) は $x \to -\infty$ で $u = \max(u_1, u_2)$ に，$x \to +\infty$ で $u = \min(u_1, u_2)$ に漸近する．

$\nu \to 0$ の極限でバーガース方程式は

$$u_t + uu_x = 0 \quad \text{すなわち} \quad u_t + q_x = 0, \quad q = \frac{1}{2}u^2 \tag{2.34}$$

なる単一の双曲型方程式となる[†]. この双曲型方程式は初期条件に $u_x < 0$ の部分があると特性曲線の追いつきが発生し，それに伴って解に多価性が生じる. この多価解を救済するために，第1章では便宜的に不連続（ショック）を導入した. その伝播速度 $\dot{X}$ は，ランキン－ユゴニオ条件 (1.37) によると，密度 u とフラックス q の跳びの比から

$$\dot{X} = \frac{(1/2)u_2^2 - (1/2)u_1^2}{u_2 - u_1} = \frac{u_1 + u_2}{2} \tag{2.35}$$

で与えられるが，これは上で求めたバーガース方程式の衝撃波解の伝播速度に一致する. これらのことから，バーガース方程式の衝撃波解は，$\nu \to 0$ の極限では，双曲型方程式に人為的に導入した不連続（ショック）に漸近し，$\nu \neq 0$ においては，衝撃波の内部構造もきちんと表現する解になっていることがわかる.

例題 2.1 ：バーガース方程式の定常進行波解 ……………………………………

バーガース方程式 (2.14) の定常進行波解として，衝撃波解 (2.32) を求めよ.

解答 定常進行波解とは，波形を変えることなく一定の速度で伝わる解，要するに初期波形が平行移動するだけの解である. 線形の波動方程式 $u_t + c_0 u_x = 0$（$c_0 =$ 定数）に対しては，初期にどのような波形 $F(x)$ を与えてもそれが速度 c_0 で平行移動するだけなので，任意関数 $F(x)$ に対して $u(x,t) = F(x - c_0 t)$ が定常進行波解となる. しかし，非線形であるバーガース方程式の場合には，初期に勝手な波形を与えてもそれが平行移動していくということにはならない.

一般に，$u(x,t)$ に対する偏微分方程式が与えられたとき，その定常進行波解は以下の手順で求めることができる.

1. 定常進行波解の初期波形を $U(x)$，伝播速度を c とすると，$u(x,t) = U(x - ct)$ と書ける. ただし，$U(x)$ も c もまだわからない.
2. $\xi = x - ct$ により ξ を導入する. $u(x,t)$ が $U(x - ct)$ と書ける場合，u は ξ を通してのみ x, t に依存する. したがって，

$$\frac{\partial u}{\partial t} = \frac{dU}{d\xi}\frac{\partial \xi}{\partial t} = -c\frac{dU}{d\xi}, \qquad \frac{\partial u}{\partial x} = \frac{dU}{d\xi}\frac{\partial \xi}{\partial x} = \frac{dU}{d\xi} \tag{2.36}$$

† 双曲型方程式については，付録 B を参照されたい.

が成り立つ．この置き換えを，もともとの $u(x,t)$ に対する偏微分方程式に代入すると，$U(\xi)$ に対する常微分方程式が得られる．

3. この常微分方程式を適当な境界条件で解くことにより，$U(\xi)$ を求める．

この手続きをバーガース方程式に適用して，衝撃波解 (2.32) を求めてみよう．$u(x,t) = U(x-ct)$ と仮定してバーガース方程式 (2.14) に代入すると，$U(\xi)$ に対する常微分方程式として，

$$-cU' + UU' = \nu U'' \tag{2.37}$$

が得られる．ここで，U' は $dU/d\xi$ を表す．両辺を ξ で 1 回積分すると，

$$\frac{1}{2}U^2 - cU = \nu U' + c_1 \tag{2.38}$$

となる．ここで，c_1 は積分定数である．衝撃波解を想定して，$U(\xi)$ に対する境界条件を $U \to u_2\,(\xi \to -\infty)$, $U \to u_1\,(\xi \to +\infty)$ とする．U が $\xi \to \pm\infty$ で一定値に近づくので，$U' \to 0\,(\xi \to \pm\infty)$ である．式 (2.38) を $\xi \to \pm\infty$ で評価すると，

$$\frac{1}{2}u_2^2 - cu_2 = c_1, \qquad \frac{1}{2}u_1^2 - cu_1 = c_1 \tag{2.39}$$

となり，これよりただちに，

$$c = \frac{1}{2}(u_1 + u_2), \qquad c_1 = -\frac{1}{2}u_1 u_2 \tag{2.40}$$

と決まる．伝播速度 c が u_1 と u_2 の平均値になるという衝撃波解 (2.32) の性質がこうして得られる．この c, c_1 を式 (2.38) に代入すると，

$$\frac{dU}{d\xi} = \frac{1}{2\nu}(U - u_1)(U - u_2) \tag{2.41}$$

となる．これは変数分離形の 1 階微分方程式で，以下のように解くことができる．

$$\begin{aligned}\frac{dU}{(U-u_1)(U-u_2)} = \frac{d\xi}{2\nu} \quad &\longrightarrow \quad \left(\frac{1}{U-u_2} - \frac{1}{U-u_1}\right) dU = \frac{u_2 - u_1}{2\nu} d\xi \\ &\longrightarrow \quad \ln\left|\frac{U-u_2}{U-u_1}\right| = \frac{u_2 - u_1}{2\nu}(\xi - x_0)\end{aligned} \tag{2.42}$$

ここで，x_0 は積分定数である．式 (2.42) の右辺を θ とおき，$u_1 < U < u_2$ であることに注意して絶対値を外せば，

$$\frac{u_2 - U}{U - u_1} = \mathrm{e}^{\theta} \quad \longrightarrow \quad U = \frac{u_1 \mathrm{e}^{\theta/2} + u_2 \mathrm{e}^{-\theta/2}}{\mathrm{e}^{\theta/2} + \mathrm{e}^{-\theta/2}} \tag{2.43}$$

となるので，あとは式 (2.32) と同様にすればよい．

2.4.3 衝撃波の合体

拡散方程式 (2.25) の三つの基本解

$$\psi_i = \exp\left(-\frac{u_i}{2\nu}x + \frac{u_i^2}{4\nu}t - c_i\right) \quad (i = 1, 2, 3) \tag{2.44}$$

の和 $\psi = \psi_1 + \psi_2 + \psi_3$ もまた拡散方程式 (2.25) の解であり，それとホップ－コール変換で結ばれるバーガース方程式の解は

$$u = -2\nu\frac{\psi_x}{\psi} = \frac{u_1\psi_1 + u_2\psi_2 + u_3\psi_3}{\psi_1 + \psi_2 + \psi_3} \tag{2.45}$$

で与えられる．この解 $u(x,t)$ の具体的な表現はかなり複雑になるので，ここでは記さない．しかし，仮に $u_1 < u_2 < u_3$ とすると，初期条件の位置関係が適当であれば，この解は**図 2.3** が示すような，衝撃波の合体のプロセスを表現する解になっている．つまり，後方にある u_3 と u_2 を結ぶ速い衝撃波（速度 $= (u_2 + u_3)/2$）が，前方にある u_2 と u_1 を結ぶ遅い衝撃波（速度 $= (u_1 + u_2)/2$）に追いついて，最終的に u_3 と u_1 を直接結ぶより強い一つの衝撃波に変化するのである．ライトヒルが示したように，バーガース方程式は空気中の（弱い）衝撃波の伝播を記述する方程式でもある [45]．したがって，この解は，空気中を伝わる実際の衝撃波が，遅い衝撃波に速い衝撃波が追いつくと，合体してより強い衝撃波になるという性質をもっていることを教えてくれる．

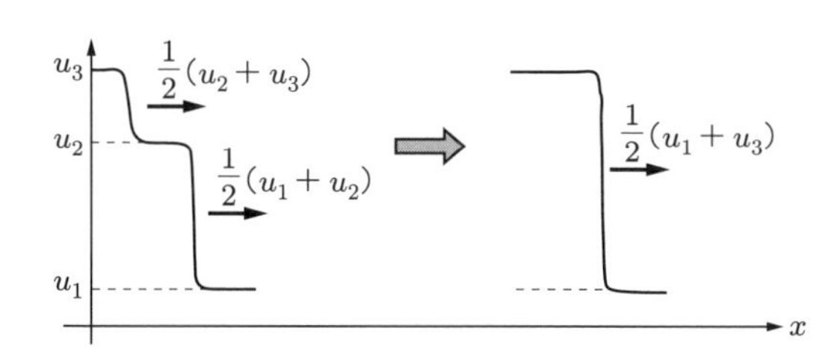

図 2.3 衝撃波の合体

例題 2.2 ：バーガース方程式の数値シミュレーション ……

バーガース方程式の解の発展を数値的に追跡するプログラムを作成せよ．また，それを用いて，$u = 3$ と $u = 2$ をつなぐ衝撃波 S_1 が $u = 2$ と $u = 0$ をつなぐ衝撃波 S_2 に追いつき合体して，$u = 3$ と $u = 0$ をつなぐ大きな一つの衝撃波 S_3 になる過程を数値シミュ

レーションによって再現せよ[†1]．ただし，拡散係数 ν は $\nu = 0.1$ とせよ．

解答　バーガース方程式 (2.14) は，

$$\frac{\partial u}{\partial t} + \frac{\partial F}{\partial x} = \nu \frac{\partial^2 u}{\partial x^2}, \quad F = \frac{1}{2}u^2 \tag{2.46}$$

と書くことができる．式 (2.46) のもっとも単純な差分近似の例として，時間微分を前進差分で，空間微分を中心差分で近似する以下の数値スキームがある．

$$\frac{u_j^{n+1} - u_j^n}{\Delta t} + \frac{F_{j+1}^n - F_{j-1}^n}{2\Delta x} = \nu \frac{u_{j-1}^n - 2u_j^n + u_{j+1}^n}{(\Delta x)^2} \tag{2.47}$$

ここで，Δt, Δx はそれぞれ時間刻み，空間刻み，u_j^n は第 n 時間ステップ，第 j 空間メッシュ点における u の値を表す．式 (2.47) で未知数は u_j^{n+1} のみであり，それについて解けば，

$$u_j^{n+1} = u_j^n - \frac{\Delta t}{4\Delta x}\left[\left(u_{j+1}^n\right)^2 - \left(u_{j-1}^n\right)^2\right] + \frac{\nu\Delta t}{\Delta x^2}\left(u_{j-1}^n - 2u_j^n + u_{j+1}^n\right) \tag{2.48}$$

となる．式 (2.48) を使えば，第 n 時間ステップにおいて，すべての空間メッシュ点における u の値がわかっていれば，Δt 後の第 $n+1$ 時間ステップにおける各空間メッシュ点における u の近似値を求めることができ，これを繰り返すことで，初期時刻 $t = 0$ に与えられた波形の時間発展を追跡していくことができる．

ここで，Δt, Δx の選び方には注意が必要である．この例題の場合，合体後の衝撃波の厚さ d を波形変化の代表的な長さスケールと考えることができる．バーガース方程式の衝撃波解の厚さに対する表現 (2.33) を考慮すると，$d = 0.4/3$ である．d 程度の距離で波形が大きく変化するので，その波形を離散的な点における値だけを用いてある程度正確に表現するためには，Δx は d に比べて十分短い必要がある．たとえば，$\Delta x = d/10$ 程度にとれば，この要求はある程度満たされよう．

式 (2.48) のように，未知量である次の時間ステップのある 1 点における値が既知量によって陽に解けた形で表現できるようなスキームは，**陽的なスキーム** (explicit scheme) とよばれる．陽的なスキームにおいては，空間刻み Δx と連動して，時間刻み Δt を十分に細かくとらないと，数値計算が「爆発」してしまってうまくいかないことがある．この例題の場合，上記のようにして Δx をある値に決めたとき，式 (2.48) の右辺第 2 項の係数 $\Delta t/4\Delta x$，第 3 項の係数 $\nu\Delta t/\Delta x^2$ がともにある程度小さな数（たとえば 0.1 程度）になるように Δt を定めないと，数値計算はうまくいかない[†2]．**図 2.4** は，式 (2.48) の数値ス

---

†1　近頃は普通に売られているノート PC でも，50 GFLOPS（1 秒間に 500 億回の四則演算）というものすごい計算能力をもっているので，かなりの数値計算が可能である．お金をかけることなく自分の PC 上に数値計算環境を整える方法については，たとえば文献 [74] などが参考になるであろう．

†2　これは，数値スキームの「安定性」から来る要請である．このあたりの詳細に関しては，数値解析に関する書籍でより系統的に学んでほしい．筆者の講義ノート [70] も参考になるであろう．

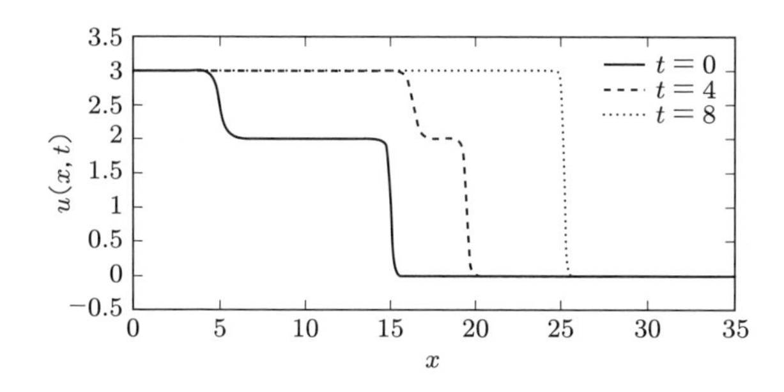

図 2.4　衝撃波の合体の数値計算結果の一例

キームを使った計算結果の一例である．$t = 0$ において，$u = 3$ と $u = 2$ をつなぐ衝撃波 S_1 の中心を $x = 5$ に，$u = 2$ と $u = 0$ をつなぐ衝撃波 S_2 の中心を $x = 15$ に，それぞれ配置した．初期の両者の間隔は十分遠くて互いの干渉は無視できるので，最初のうちはそれぞれ単独の衝撃波として伝わる．衝撃波解 (2.32) によると S_1 と S_2 の速さはそれぞれ 2.5，1.0 であり，したがって両者は $t \approx 6.7$ で $x \approx 21.7$ で合体し，その後 3 と 0 を直接つなぐ大きな一つの衝撃波になって，速さ 1.5 で伝わることが期待される．図 2.4 に示した数値計算結果は，そのような予想を正しく再現していることがわかる．

2.5　水面波の段波・ボア

水面長波においても，空気中の衝撃波に対応するような，水面高さの急変を伴う波形が水面を伝わっていく現象が知られており，**段波**や**ボア** (bore) などとよばれている．河口での潮の干満差の大きな川を段波がさかのぼる現象は，世界各地で見ることができる．ブラジルのアマゾン川のポロロッカ，イギリスのセヴァーン川やカナダのファンディ湾のボアなどが有名である（**図 2.5** 参照)．エネルギーの散逸を考

図 2.5　セヴァーン川の段波（著者撮影）

慮しない場合，静止水域に伝わっていく水面長波は，式(2.18)のような非線形波動方程式で支配され，非線形項が波形の急峻化をもたらす．その急峻化が砕波によるエネルギーの散逸とつり合うことで，長距離をほぼ定常的に伝播する段波が実現する．水面波が示すこの現象に対するもっとも簡便なモデルとしても，バーガース方程式(2.19)が用いられることがある．

ただし，水面波における段波と空気中の衝撃波には，大きな違いも存在する．空気中の衝撃波において非線形性による波形の突っ立ちを食い止めるのは，もっぱら粘性や熱伝導といった拡散効果によるエネルギーの散逸であるのに対し，水面波の段波においては，それに加えて水面波の「分散性」という，まったく別な機構も寄与してくる．波の伝播速度が波長に依存する性質を，波の「分散性」とよぶ．水面波の分散性に関しては，次章で詳しく論じる．

この章のまとめ

▶ 着目する物理量 $u(x,t)$ に空間的な非一様性があると，その不均一を解消してより均一にする方向にフラックスが生じるということがしばしば起こる．このはたらきを**拡散**とよぶ．温度の不均一があると温度の高い部分から低い部分に熱が流れるのも，この拡散現象の一例である．

▶ 第1章で扱った非線形波動方程式において，この拡散効果を考慮すると，$u_t + c(u)u_x = \nu u_{xx}$ のように，新たに x についての2階微分項が加わる．とくに，$u_t + uu_x = \nu u_{xx}$ はバーガース方程式とよばれる．バーガース方程式は波形を急峻化する非線形効果と，波形をより平坦にしようとする拡散効果という，競合する二つの効果を同時に考慮した興味深い波動方程式になっている．

▶ バーガース方程式は，ホップ–コール変換とよばれる変数変換によって，線形の拡散方程式に変換することが可能であり，このため初期値問題を解析的に解くことができる珍しい非線形偏微分方程式の例になっている．

▶ バーガース方程式は，音波の脈絡でいえば，衝撃波の伝播や複数の衝撃波の追いつき・合体を表現する解をもっている．また，バーガース方程式の衝撃波解は，拡散係数 $\nu \to 0$ の極限において，第1章で多価解の救済措置として導入した「不連続」に漸近する．

なお，本章の内容全般に関しては，文献[71]，[72]が参考になる．

第3章 線形波の基礎：水面波を例として

「はじめに」で述べたように，本書は水面波だけを対象とするものではない．しかし，今後さまざまな波動現象やその背景にあるメカニズムを説明するにあたって，もっとも身近な波動現象の一つである水面波を「切り口」として話を進めていく．その準備として，本章では水面波の基本的な性質をまとめておく．水面波は，波長や振動数によって伝わる速さが異なるという意味で，光や音波とはまったく異なる．この性質は「分散性」とよばれる．分散性は，今後本書の最終章に至るまで重要な役割を果たすことになる性質なので，しっかりと理解してほしい．なお，非線形性が生み出す効果については後の章に回すこととし，本章では主に振幅が十分小さくて，非線形の効果が無視できるような場合について考えていく．

3.1 線形分散関係

着目する物理量 $u(x,t)$ の時間的・空間的発展が，ある偏微分方程式で支配されているとする．このとき，この系における波動現象を研究するにあたってまず最初に行うべきことは，**線形正弦波解** (linear sinusoidal wave solution)

$$u(x,t) = A\cos(kx - \omega t + \theta_0) \tag{3.1}$$

を求めることである[†]．これは波動現象において，もっとも基本的な構成要素となる．

細長い水槽の側面が透明なガラスでできていて，波が伝わっていく様子を横から見ることができるとしよう（**図 3.1** 参照）．ある時刻にガラス越しに水面波形をカメラで撮影したとすると，そのときに見える波形は x だけの関数であり，**空間波形**とよばれる．時刻 t_0 における空間波形 $u(x,t_0)$ は，式 (3.1) より

$$u(x,t_0) = A\cos(kx + \theta_1), \qquad \theta_1 = -\omega t_0 + \theta_0\ (= \text{定数}) \tag{3.2}$$

---

† 「コサイン（余弦）を使っているのに，どうして正弦波解とよぶのか？」と怪訝に思う読者もいるかもしれない．しかし，コサインとサインは位相を 90 度ずらせばまったく同一なので，とくに式 (3.1) のように任意に調整できる位相定数 θ_0 を含むような表現においては，コサインとサインの違いにこだわる必要はない．英語でも sinusoidal という言葉はあるが，cosinusoidal などという言葉は聞かない．

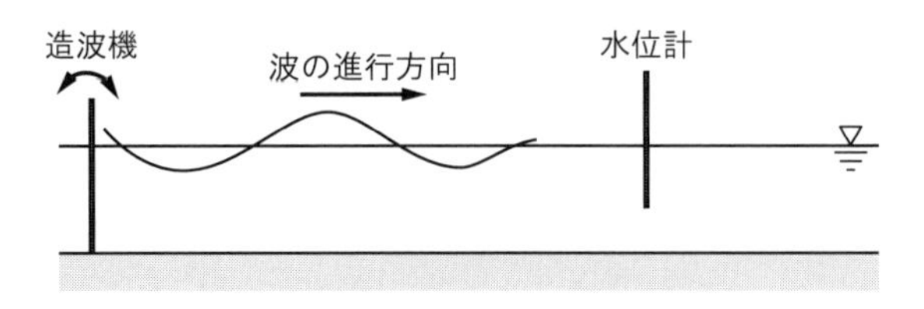

図 3.1　造波水槽を横から見たイメージ

で与えられる．空間波形において隣り合う山と山，谷と谷の間の空間的距離を**波長** (wave length) といい，ここでは λ [m] と表す．波長は位相部分が 2π だけ変化するのに必要な距離であり，したがって波長 λ と k の間には $\lambda = 2\pi/k$ という関係がある[†]．このことから，k は 2π [m] の中にある波の数という意味をもち，**波数** (wave number) とよばれる．波数 k の単位は [rad/m] である．

次に，水槽の固定したある点に水位計を設置して，波が来たときの水面の上がり下がりを計測したとしよう．このときに計測される波形は t だけの関数であり，**時間波形**とよばれる．場所 x_0 における時間波形 $u(x_0, t)$ は，式 (3.1) より

$$u(x_0, t) = A\cos(\omega t + \theta_2), \qquad \theta_2 = -kx_0 - \theta_0\,(= \text{定数}) \tag{3.3}$$

で与えられる．時間波形において隣り合う山と山，谷と谷の間の時間的距離を**周期** (period) といい，ここでは T[s] と表す．周期は位相部分が 2π だけ変化するのに必要な時間であり，したがって周期 T と ω の間には $T = 2\pi/\omega$ という関係がある．このことから，ω は 2π[s] の中にある波の数という意味をもち，**角振動数** (angular frequency) とよばれる．角振動数 ω の単位は [rad/s] である．一方，ラジオ放送局の区別などで日常的に用いられる**周波数** (frequency) のヘルツ (Hz) は，1 秒間の振動回数を表す．したがって，角振動数 ω は周波数 (Hz) の 2π 倍になる．

式 (3.1) が支配方程式を（場合によっては，それに加えて適当な境界条件も）満たすためには，一般に k と ω がある関係を満たすことが求められる．これを，この系の**線形分散関係** (linear dispersion relation) とよぶ．たとえば，図 3.1 のような状況を想像しよう．造波機を速く動かせば波長の短い波が生み出され，ゆっくり動かせば波長の長い波が生み出されて，水槽を伝わっていくであろう．これはまさに，振動数 ω と波数 k が独立ではなく互いに関係していることを示している．線形分散関係の具体的な関数形は，もちろん個々の系に依存する．

† 一般に，cos( ) や sin( ) の ( ) 内の部分を**位相** (phase) とよぶ．

線形正弦波 (3.1) の時刻 t_0 の空間波形における山の位置は，位相 $kx - \omega t_0 + \theta_0$ がちょうど $2m\pi$（m は整数）となるような x である．位相が $2m\pi$ という値に対応するある特定の山に着目しよう．時間が少し経ってこの山の位置が動いても，山が山である以上，そこにおける位相の値は $2m\pi$ のままである．したがって，仮に微小時間 Δt の間に着目している山が微小距離 Δx 移動したとすると，

$$kx - \omega t_0 + \theta_0 = k(x + \Delta x) - \omega(t_0 + \Delta t) + \theta_0 = 2m\pi \tag{3.4}$$

すなわち，

$$k\Delta x - \omega \Delta t = 0 \tag{3.5}$$

が成り立つ．これより山の進む速さ，すなわち波速 c は

$$c = \frac{\Delta x}{\Delta t} = \frac{\omega}{k} \tag{3.6}$$

で与えられることがわかる．この波速は波の位相が伝播する速度であり，後述の群速度と区別して**位相速度** (phase velocity) とよばれる．

線形正弦波 (3.1) を

$$u(x,t) = A\cos\left[k\left(x - \frac{\omega}{k}t\right) + \theta_0\right] \tag{3.7}$$

と書き直すと，x と t の関数である $u(x,t)$ が $\xi = x - (\omega/k)t$ という組み合わせだけに依存している．これは，第 1 章の最初で学んだように，$u(x,t)$ が速さ ω/k で平行移動していることを示しており，このことからも波速 c が ω/k で与えられることがわかる．さらに，c に対するこの表現は，波は 1 周期の間に 1 波長進むということからも得ることができる．すなわち，

$$c = \frac{\lambda}{T} = \frac{2\pi/k}{2\pi/\omega} = \frac{\omega}{k} \tag{3.8}$$

となる．ω の単位は [rad/s]，k の単位は [rad/m] なので，ω/k で与えられる c は，確かに [m/s] という速度の単位をもっている．

線形分散関係によって，ω は k の関数になっている．したがって式 (3.6) で与えられる波速 c も，ω が k に正比例するという特別な場合を除けば，一般には k の関数になることに注意されたい．フーリエ解析によると，任意の初期波形は，さまざ

まな波長の正弦波の重ね合わせで構成されていると考えることができる†．もし波速 $c(k)$ が k に，したがって波長 λ に依存するならば，初期波形を構成しているさまざまな波長成分がそれぞれ異なる速さで伝播するために，波形は時間とともに変化していく．たとえ初期波形が空間的に狭い範囲に局在していたとしても，波形は時間とともにどんどん散らばっていくことになる．このことから，$c(k)$ が一定でなく k に依存するような波動は，**分散性波動** (dispersive wave) とよばれる．

次節で述べるように，水面波は分散性の波動である．分散性をもたない，すなわち c が k によらないのは，分散関係が $\omega = c_0 k$ （c_0 は定数）で与えられる特別な場合しかないので，分散性をもつ波動は水面波以外にも，たとえば低気圧や高気圧をもたらす地球規模の波動，プラズマ中のさまざまな波動など，非常に多く存在する．一方，高校の授業から何かとなじみのある光（電磁波）や音波は，分散性をもたない，その意味では珍しいタイプの波動の代表例になっている（本章末のコラム参照）．

実際に分散関係を求める際には，線形正弦波を式 (3.1) と表すより，オイラーの公式

$$\mathrm{e}^{i\theta} = \cos\theta + i\sin\theta \tag{3.9}$$

を用いて，

$$u(x,t) = a\,\mathrm{e}^{i(kx-\omega t)} + \text{c.c.}, \qquad a = \frac{A}{2}\,\mathrm{e}^{i\theta_0} \tag{3.10}$$

と複素形式で表すのが便利である．ここで，c.c. は "complex conjugate" の略で，その前にある表現の複素共役を意味する．支配方程式が単一の定係数線形偏微分方程式

$$P\left(\frac{\partial}{\partial t}, \frac{\partial}{\partial x}\right) u = 0 \tag{3.11}$$

の場合（ここで，P は任意の多項式），式 (3.10) を代入すると

$$\frac{\partial}{\partial t} \quad \longrightarrow \quad -i\omega, \qquad \frac{\partial}{\partial x} \quad \longrightarrow \quad ik \tag{3.12}$$

という置き換えが起こり，式 (3.11) は

$$P(-i\omega, ik)\,a\,\mathrm{e}^{i(kx-\omega t)} = 0 \tag{3.13}$$

---

† 波動現象の解析において，フーリエ解析の知識は必須である．付録 C にフーリエ解析の要点をまとめたので，参照されたい．

となる．ここで，振幅 a がゼロでない条件

$$P(-i\omega, ik) = 0 \tag{3.14}$$

がただちに分散関係を与える．

ここまでの話は，支配方程式が線形かつ定数係数の偏微分方程式の場合である．支配方程式が非線形の場合には，線形正弦波 (3.1) は一般には解になることはできない．非線形の場合には，正弦波解や分散関係を求める前に**線形化** (linearization) という手続きが必要となる．線形化とは，波の振幅，つまり $u(x,t)$ が非常に小さいと仮定することによって，支配方程式を $u(x,t)$ について 1 次の項のみからなる線形の偏微分方程式に変形することである．以下で簡単な例を示すので，それによりこの線形化の意味もわかるであろう．

例題 3.1 ： KdV 方程式の線形分散関係

KdV 方程式†

$$\frac{\partial u}{\partial t} + c_0\frac{\partial u}{\partial x} + \alpha u\frac{\partial u}{\partial x} + \beta\frac{\partial^3 u}{\partial x^3} = 0 \tag{3.15}$$

の線形分散関係を求めよ．

解答 式 (3.15) は，第 3 項のために非線形である．u が非常に小さいという線形近似のもとでは，第 3 項のみが u が 2 回掛け算で入っていることで，u が 1 回しか入っていないほかの項に比べ格段に小さいと考えて無視する．これが線形化という作業であり，その結果，線形化された KdV 方程式

$$\frac{\partial u}{\partial t} + c_0\frac{\partial u}{\partial x} + \beta\frac{\partial^3 u}{\partial x^3} = 0 \quad \text{すなわち} \quad \left(\frac{\partial}{\partial t} + c_0\frac{\partial}{\partial x} + \beta\frac{\partial^3}{\partial x^3}\right) u = 0 \tag{3.16}$$

が得られる．これに式 (3.10) を代入すると

$$\left[(-i\omega) + c_0(ik) + \beta(ik)^3\right] a\,\mathrm{e}^{i(kx-\omega t)} = 0 \tag{3.17}$$

となり，線形分散関係

$$\omega(k) = c_0\,k - \beta\,k^3 \tag{3.18}$$

が得られる．これは実数の k に対して実数の ω を与えるので，この波動は増幅も減衰もしないで中立に伝播する．また，波速 $c(k)$ は

$$c(k) = \frac{\omega(k)}{k} = c_0 - \beta\,k^2 \tag{3.19}$$

---

† KdV 方程式は，波長の長い水面波に対する有名な近似方程式であり，第 5 章で詳しく扱う．

となり k に依存するので，分散性の波動である．

従属変数が N 個あり，したがって基礎方程式が連立の偏微分方程式系となる場合には，正弦波解として

$$\boldsymbol{u}(x,t) = \begin{pmatrix} a_1 \\ \vdots \\ a_N \end{pmatrix} \mathrm{e}^{i(kx-\omega t)} + \text{c.c.} \tag{3.20}$$

という形を採用する．線形化の結果得られた定係数線形偏微分方程式系に式 (3.20) を代入すると，やはり式 (3.12) の置換が起こり，振幅ベクトル $\boldsymbol{a} = {}^t(a_1, \ldots, a_N)$ に対する N 元の同次連立 1 次方程式

$$\begin{pmatrix} & & \\ & p_{ij} & \\ & & \end{pmatrix} \begin{pmatrix} a_1 \\ \vdots \\ a_N \end{pmatrix} = \begin{pmatrix} 0 \\ \vdots \\ 0 \end{pmatrix} \tag{3.21}$$

が得られる．ここで $P = (p_{ij})$ は，方程式から決まるある N 次正方行列である．そしてこれが非自明な解，すなわち $\boldsymbol{a} \neq \boldsymbol{0}$ の解をもつ条件 $\det P = 0$ が分散関係を与える．もし i 番目の偏微分方程式が $\partial u_i/\partial t = \cdots$ のように，各方程式が一つひとつの従属変数の時間微分を与えるような場合，分散関係は ω について N 次の代数方程式となり，N 個の異なる種類の波動（波動モード）が存在することになる．このとき，各 ω に対応する解ベクトル $\boldsymbol{a}$ は，各波動モードにおける従属変数間の振幅の関係を教えてくれる．以下で一つ具体例を見てみよう．

例題 3.2 ：水面長波方程式の線形分散関係

第 1 章の最後および付録 B で取り上げた水面長波方程式

$$\frac{\partial \eta}{\partial t} + \frac{\partial[(h+\eta)u]}{\partial x} = 0, \qquad \frac{\partial u}{\partial t} + u\frac{\partial u}{\partial x} + g\frac{\partial \eta}{\partial x} = 0 \tag{3.22}$$

の線形分散関係を求めよ．ここで，η は水面変位，u は水平流速，h は水深（定数）である．

解答　まず，無撹乱の状態 $(\eta, u) = (0, 0)$ のまわりで式 (3.22) を線形化すると，

$$\frac{\partial \eta}{\partial t} + h\frac{\partial u}{\partial x} = 0, \qquad \frac{\partial u}{\partial t} + g\frac{\partial \eta}{\partial x} = 0 \tag{3.23}$$

となる．ここで，

$$\begin{pmatrix} \eta \\ u \end{pmatrix} = \begin{pmatrix} \hat{\eta} \\ \hat{u} \end{pmatrix} \mathrm{e}^{i(kx-\omega t)} + \text{c.c.} \tag{3.24}$$

と仮定して式 (3.23) に代入すると,

$$\begin{pmatrix} -i\omega & h\,ik \\ g\,ik & -i\omega \end{pmatrix} \begin{pmatrix} \hat{\eta} \\ \hat{u} \end{pmatrix} = \begin{pmatrix} 0 \\ 0 \end{pmatrix} \tag{3.25}$$

となる.これが非自明な解をもつ条件,すなわち「係数行列の行列式 $=0$」より,

$$\omega^2 = gh\,k^2 \quad \longrightarrow \quad \omega = \pm\sqrt{gh}\,k, \quad c = \frac{\omega}{k} = \pm\sqrt{gh} \tag{3.26}$$

となり,この系においては一つの波数 k に対して振動数 $|\omega|$ が同じで,伝播方向が正と負の二つの波が存在することがわかる.伝播速度が $\pm\sqrt{gh}$ で k に依存していないので,非分散性波動である.

正方向へ伝わる波 $\omega = \sqrt{gh}\,k$ に対しては $\hat{u} = \sqrt{gh}(\hat{\eta}/h)$ が,負方向へ伝わる波 $\omega = -\sqrt{gh}\,k$ に対しては $\hat{u} = -\sqrt{gh}(\hat{\eta}/h)$ がそれぞれ成り立つ.このことから,流速,すなわち実際に水が運動する速度 u は,波の速度 $c\,(=\sqrt{gh})$ ではなく,それに波高 η と水深 h の比を掛けた程度になることがわかる.

津波は典型的な長波であり,その性質はこの水面長波方程式に従うと考えられる.上で求めたように線形近似のもとでは,津波の伝播速度は $\sqrt{gh}$ で与えられる.太平洋の平均水深は 4000 m 程度であり,$g = 9.8\,\mathrm{m/s^2}$ を考えると,太平洋の沖合いを伝わる津波の伝播速度は秒速約 200 m,時速にして約 700 km という非常に大きな値になる.それにもかかわらず,沖合で津波に遭遇した小さな漁船がそれほど影響を受けないのは,津波がもたらす水の運動速度が津波の伝播速度ではなく,それに振幅と水深の比(仮に振幅が 2 m なら 2/4000)を掛けた程度の値にしかならないからである.

ここまでの議論では,空間変数は x の一つだけで,かつその方向に波動的なふるまい $\mathrm{e}^{i(kx-\omega t)}$ を仮定した.しかし,空間が多次元になると,空間のある座標についてだけ波動的で,ほかの方向については境界条件から決まる固有関数的なふるまいをするということがよく起こる.本書で具体例としてしばしば取り上げる水面波も,この類の波動である.このような波動の場合には,次節で見るように,より複雑な分散関係が生じうる.

3.2 水面波の線形正弦波解と線形分散関係

3.2.1 水面波の基礎方程式

深さ h の水の層の表面を伝播する波を考えよう．水は非粘性かつ非圧縮性の流体とし，またその速度場は渦なしで，ラプラス方程式を満たす速度ポテンシャル $\phi(x,z,t)$ の勾配として表現されるものとする[†]．図 3.2 に示すように，自由表面変位を $\eta(x,t)$ とし，伝播方向に x 軸，鉛直上方に z 軸をとると，支配方程式と境界条件は以下で与えられる．

$$\phi_{xx}+\phi_{zz}=0, \qquad -h\le z\le \eta(x,t) \tag{3.27a}$$

$$\phi_t+gz+\frac{1}{2}\left(\phi_x^2+\phi_z^2\right)-\frac{\tau}{\rho}\frac{\eta_{xx}}{(1+\eta_x^2)^{3/2}}=0, \qquad z=\eta(x,t) \tag{3.27b}$$

$$\eta_t+\phi_x\eta_x=\phi_z, \qquad z=\eta(x,t) \tag{3.27c}$$

$$\phi_z=0, \qquad z=-h \tag{3.27d}$$

ここで，g は重力加速度で $g=9.8\,\mathrm{m/s^2}$，ρ は水の密度で $\rho=1000\,\mathrm{kg/m^3}$，$\tau$ は表面張力係数で，水と空気の界面の場合，常温では $\tau=0.074\,\mathrm{N/m}$ である．また，鉛直方向の座標 z の原点は平均水位にとり，したがって $\eta(x,t)$ の x についての平均はゼロとする．

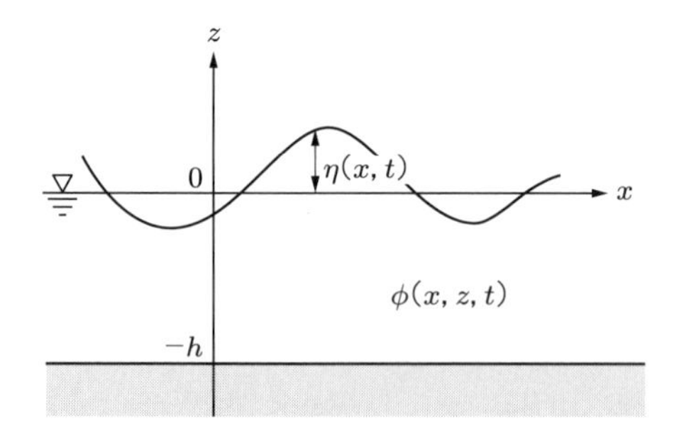

図 3.2　座標系のスケッチ

式 (3.27a) の**ラプラス方程式** (Laplace's equation) は，非圧縮性流体の渦なし流という仮定の帰結であり，水の占める領域全体で成り立つべき場の方程式である．式 (3.27b) は，水面において水の圧力が大気圧に等しいことを要求する**力学的境界**

† これら流体力学の専門用語の意味，および以下の基礎方程式系 (3.27) の導出方法については，付録 D を参照されたい．

条件 (dynamic boundary condition) であり，式 (3.27c), (3.27d) は，それぞれ水が水面を突き抜けない，水が水底を突き抜けないという**運動学的境界条件** (kinematic boundary condition) である．

3.2.2 正弦波解と線形分散関係

微小振幅の線形正弦波解は，今後の議論すべての基礎となるものなので，以下に導出過程を詳細に示す．微小振幅の波を考えるために，基礎方程式 (3.27) の非線形項をすべて無視すると，

$$\phi_{xx} + \phi_{zz} = 0, \qquad -h \leq z \leq 0 \tag{3.28a}$$

$$\phi_t + g\eta - \frac{\tau}{\rho}\eta_{xx} = 0, \qquad z = 0 \tag{3.28b}$$

$$\eta_t = \phi_z, \qquad z = 0 \tag{3.28c}$$

$$\phi_z = 0, \qquad z = -h \tag{3.28d}$$

となる．ここで線形化の手続きにより，方程式中の非線形項が省略されただけではなく，自由表面における境界条件が，波により変化した表面 $z = \eta(x,t)$ における条件から，波が来る前の静止水面 $z = 0$ における条件に変更されていることに注意する．たとえば式 (3.27c) に含まれる $\phi(x,z,t)$ は，もともとは $z = \eta(x,t)$ で評価されるべきであるが，これを波がない状態，すなわち $z = 0$ を基準としたテイラー展開で表すと，

$$\phi(x, z = \eta, t) = \phi(x, 0, t) + \eta\,\frac{\partial\phi(x,0,t)}{\partial z} + \frac{1}{2!}\eta^2\,\frac{\partial^2\phi(x,0,t)}{\partial z^2} + \cdots \tag{3.29}$$

となる．右辺第 2 項以降は，波の量である η や ϕ が複数回掛かる非線形項になっており，微小振幅を前提とする線形理論では無視できる．したがって，波によって変形した表面 $z = \eta(x,t)$ における境界条件は，すべて変形する前の表面 $z = 0$ での境界条件に置き換えることができるのである．

ここで，正弦波解を

$$\eta(x,t) = a\,\mathrm{e}^{i(kx-\omega t)} + \mathrm{c.c.}, \qquad \phi(x,z,t) = f(z)\,\mathrm{e}^{i(kx-\omega t)} + \mathrm{c.c.} \tag{3.30}$$

と仮定する．波として伝わるのは x 方向であり，速度ポテンシャル ϕ の z 方向の依存性は不明なので，とりあえず $f(z)$ とおいておく．これを式 (3.28a) に代入すると，$f(z)$ に対して

$$\frac{d^2f}{dz^2} - k^2 f = 0 \tag{3.31}$$

となり，$f(z)$ は e^{kz} と e^{-kz} の 1 次結合でなければならないことがわかる．これに加えて，式 (3.28d) から要求される条件 $df(-h)/dz = 0$ を考慮すると，$f(z)$ は

$$f(z) = C\cosh[k(z+h)] \quad (C：任意の複素定数) \tag{3.32}$$

と書ける†．これらを表面での運動学的条件 (3.28c) に代入すると

$$-i\omega a = \frac{df(0)}{dz} = kC\sinh kh \quad したがって \quad C = \frac{-i\omega a}{k\sinh kh} \tag{3.33}$$

となり，任意定数 C は η の振幅 a と関連付けられる．これらの結果を，表面での力学的条件 (3.28b) に代入すると，

$$\begin{aligned} &-i\omega f(0) + ga - \frac{\tau}{\rho}(ik)^2 a = 0 \\ すなわち\quad &-i\omega\left(\frac{-i\omega a}{k\sinh kh}\right)\cosh kh + \left(g + \frac{\tau}{\rho}k^2\right)a = 0 \end{aligned} \tag{3.34}$$

より，線形分散関係

$$\omega^2(k) = \left(gk + \frac{\tau}{\rho}k^3\right)\tanh kh \tag{3.35}$$

および線形正弦波解

$$\eta(x,t) = A\cos(kx - \omega t + \theta_0) \tag{3.36a}$$

$$\phi(x,z,t) = \frac{\omega A}{k}\frac{\cosh[k(z+h)]}{\sinh kh}\sin(kx - \omega t + \theta_0) \tag{3.36b}$$

が得られる．また，位相速度 $c(k)$ は

$$c(k) = \frac{\omega}{k} = \pm\sqrt{\left(\frac{g}{k} + \frac{\tau}{\rho}k\right)\tanh kh} \tag{3.37}$$

で与えられることがわかる．

図 3.3 は，水面波の位相速度 (3.37) を波長 $\lambda(= 2\pi/k)$ の関数として描いたものである．ただし，水深 h は無限大としている．図中の実線は式 (3.37) そのもの，破線は式 (3.37) で $\tau = 0$ とおいて表面張力の効果を無視したときの値を示す．式 (3.35) や式 (3.37) の ( ) の中の g が入った項および τ が入った項は，それぞれ復元力とし

---

† $\cosh x$, $\sinh x$ は，それぞれ $\cosh x = (\mathrm{e}^x + \mathrm{e}^{-x})/2$，$\sinh x = (\mathrm{e}^x - \mathrm{e}^{-x})/2$ で定義され，前出の $\tanh x$ と並んで双曲線関数とよばれる．

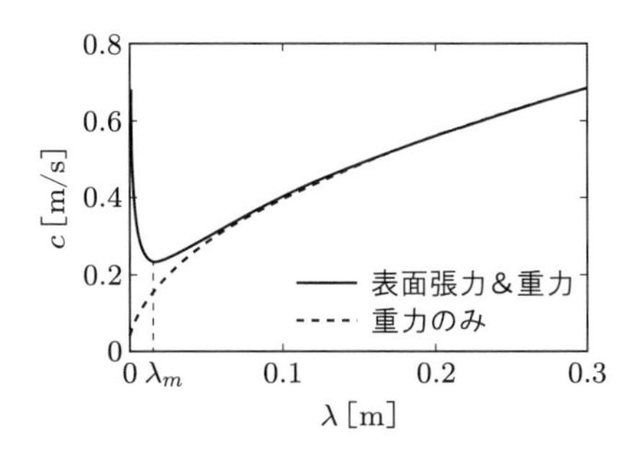

図 3.3　水面波の位相速度（水深無限大）

ての重力および表面張力の寄与を表している．重力と表面張力の寄与が同程度になる波数を k_m とすると，

$$gk_m = \frac{\tau}{\rho}k_m^3 \quad \longrightarrow \quad k_m = \sqrt{\frac{\rho g}{\tau}} \tag{3.38}$$

となる．水と空気の界面の場合 $k_m = 3.6\,\mathrm{rad/cm}$，対応する波長は $\lambda_m = 2\pi/k_m = 1.7\,\mathrm{cm}$ 程度となる．重力の寄与は k の 1 乗に比例し，表面張力の寄与は k の 3 乗に比例することから，λ_m を境に波長が長くなる（k が小さくなる）ほど重力が，また波長が短くなる（k が大きくなる）ほど表面張力が支配的となる．

通常の水面のように水と空気の界面の場合，たとえば $\lambda = 10\,\mathrm{cm}$ 程度ですでに表面張力からの寄与は，重力からの寄与の 3%以下にまで減少する．海洋の波においては，そのエネルギーのほとんどは波長数 10 m 以上の波が保有しており，そのような波に対しては表面張力の影響はほぼ完全に無視することができる．今後は，とくに述べる場合を除いて表面張力は無視し，復元力としては重力のみを考慮した水面波について考えていく．このような波動を，**水面重力波** (surface gravity wave) とよぶ†.

図 3.3 が示すように，水深無限大の場合，水面波の位相速度は波長 λ_m において最小値 0.23 m/s をとり，波長がこれより長くても短くても波速は速くなる．図中の破線は，表面張力の影響を無視した水面重力波の位相速度であるが，波長が λ_m に比べて長くなるに従って，表面張力も考慮した位相速度に急速に近づくこと，すなわち表面張力の効果が無視できるようになることが確認できる．

---

† 「重力波」といっても，重力波望遠鏡 KAGURA の完成や，国際研究チーム LIGO が初の直接観測に成功した (2016/2/12) ことなどで話題になった，一般相対論における時空の歪みの波である「重力波」と混同しないように．英語では，一般相対論の重力波は “gravitational wave” とよばれるのに対し，水面重力波は “gravity wave” とよばれる．

ただし，

1. 表面張力の効くような小さなスケールの砕波 (micro-scale breaking) が，総量としては，大気と海洋の間の物質やエネルギーの交換に重要な役割を果たしている可能性があること．
2. 衛星などによる海面波のリモートセンシングにおいては，波長数 cm のマイクロ波が用いられる．ブラッグ散乱を通してこれらの電磁波の反射に直接関与するのは，やはり波長数 cm の水面波や表面の凹凸，すなわち表面張力が有効にはたらくスケールであること．
3. 表面張力が効く程度の波長の短い波は，風が止まるとすばやく減衰するので，その瞬間に海面上を吹いている風を直接に反映する．したがって，これら短波長の水面波は，リモートセンシングによる海上風の算出に用いることができること．

などの理由から，表面張力の影響を直接受けるようなスケールの波動現象の研究にも重力波の研究に劣らぬ重要性があることを注意しておく．また，海面波に限定しなければ，たとえば国際宇宙ステーションなどの微小重力環境における流動現象や，毛細管やマイクロマシンなど微小スケールにおける流動現象では，表面張力が決定的な役割を果たす場面も多い[†]．

水面重力波の分散関係および位相速度は，式 (3.35) で表面張力の寄与を無視することにより，

$$\omega(k) = \sqrt{gk \tanh kh}, \qquad c(k) = \frac{\omega}{k} = \sqrt{\frac{g}{k}\tanh kh} \tag{3.39}$$

で与えられる．位相速度 c と波長 $\lambda\,(= 2\pi/k)$ の関係は，**図 3.4** のようになる．ただし，ここでは c は線形長波の位相速度 $\sqrt{gh}$ で，また λ は水深 h でそれぞれ規格化している．この図からわかるように，水深を固定した場合，表面を伝わる水面重力波の位相速度 c は，波長 λ が長くなるにつれて単調に増加し，$\lambda \to \infty$ の極限で最大値 $\sqrt{gh}$ をとる．

† 余談であるが，筆者はある TV の娯楽番組で，飛行機の放物線飛行によって作り出された無重力状態の中でラーメンを食べるという実験（？）を見たことがある．ラーメンどんぶりの中のスープが無重力になった途端にどこかに消えたように見えた．これは，表面張力の効果でラーメンのスープがすべて麺に絡み付いたことが原因とのことであった．「なるほど」と納得しつつ，食べた芸能人の「めっちゃウマ！！」のレポートに大いに興味を覚えた．

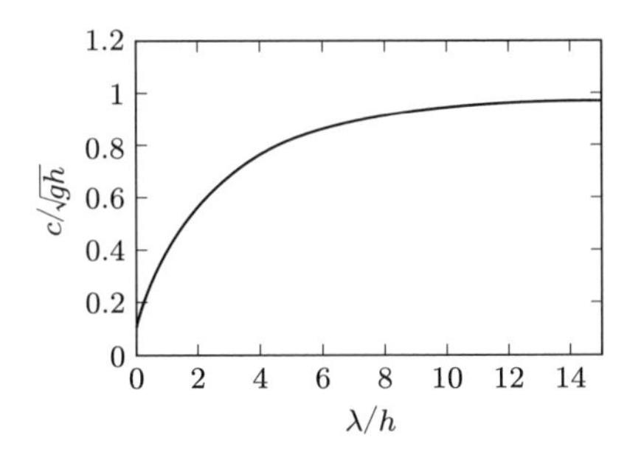

図 3.4　水面重力波の位相速度 c と波長 λ の関係

3.2.3　深水（短波）極限

式 (3.39) によると，深水極限 $kh \to \infty$（波長に比べ水深が非常に深い極限）では，波速 $c(k)$ は $\sqrt{g/k}$ で与えられる．数値的には，$\sqrt{\tanh kh}$ は $kh > 1.75$ においては 0.97 と 1 の間の値をとる．これは，式 (3.39) の c に対する表現は，$h > 1.75/k \approx 0.28\lambda$，すなわち水深が波長の 30%程度より深ければ，無限水深に対する値 $\sqrt{g/k}$ との差が 3%以下になることを意味している．少なくとも波速に関しては，水深が波長の 1/3 程度あるだけで，水深が無限に深いときとほとんど同じになってしまうのである．深水極限（すなわち $kh \to \infty$ のときの波）の分散関係

$$\omega^2 = gk \tag{3.40}$$

を波長 λ [m]，波速 c [m/s]，周期 T [s] の関係に直すと，

$$\lambda = \frac{g}{2\pi}T^2 = 1.56T^2, \qquad c = \frac{\lambda}{T} = 1.56T \tag{3.41}$$

と書くことができる．たとえば，外洋における周期 8 秒の波の波長は約 100 m，波速は約 12.5 m/s ということになる．この式は，周期から波長や波速が簡単に出せるので，覚えておくと便利である．

3.2.4　浅水（長波）極限

浅水極限 $kh \to 0$ においては，$\tanh kh \to kh$ より $c(k) \to \sqrt{gh}$ となる[†]．すなわち，水深に比べて波長が非常に長くなると，しだいに波速が波長に依存しなくなり，分散性が消滅する．$\sqrt{\tanh kh}/\sqrt{kh}$ は，$kh < 0.43$ において 0.97 と 1 の間の数値

† $\tanh x$ の $x = 0$ まわりのテイラー展開は $\tanh x = x - x^3/3 + 2x^5/15 + \cdots$ となり，したがって $x \ll 1$ においては $\tanh x \approx x$ と近似できる．

をとる．このことは，$h < 0.068\lambda$，すなわち $\lambda > 15h$ であれば，真の長波の波速 $\sqrt{gh}$ との差が3%以下になることを意味する．しかし，水深が波長の30%以上であれば実質的に水深無限大とみなし得た深水波と比べると，浅水波（長波）とみなされるための条件は，水深が波長の7%以下とかなり厳しいものになっている．

太平洋の平均水深は約4000 m である．$h = 4000\,\mathrm{m}$ に対して $kh < 0.43$ の長波の条件を満たすのは，波長にして約58 km 以上，周期にして約300秒に相当する．周期10分程度の津波なら，完全に長波として扱える範囲に入る．すなわち，水深4000 m の太平洋も，津波から見ればごく浅い水なのである．長波の波速は $\sqrt{gh}$ で与えられるので，太平洋を横断する津波の速度はほぼ200 m/s，時速にして700 km/h以上ということになる．南米チリ沖での地震により発生した津波は日本まで到達するのに丸一日ほどかかるといわれているが，日本〜チリ間が約17000 km であることを考えると，この長波速度 $\sqrt{gh}$ とよくつじつまが合っている．

3.2.5　屈折

海の波が水深の減少する領域を抜けて，沖合からしだいに海岸線に近づいてくるとき，その振動数 ω はほぼ一定に保たれる傾向がある†．有限水深の重力波の分散関係 (3.39) によると，ω が一定の場合，波長 λ および位相速度 c は水深 h の増加関数になる．したがって，沖合から浅い領域に入ってくるにつれて波長は短くなり，速度は低下する．たとえば，周期8秒の波の場合，深水域 ($h \to \infty$) では $\lambda = 99.8\,\mathrm{m}$, $c = 12.5\,\mathrm{m/s}$ であるが，水深5 m のところまで来ると，以下の例題3.3で見るように，$\lambda = 53.1\,\mathrm{m}$, $c = 6.63\,\mathrm{m/s}$ と，波長も波速もともに沖合での値の約1/2にまで減少する．

海水浴などでビーチに立っていると，波は必ず沖から真っすぐ自分に向かってくるように見える．もしビーチが湾曲していれば，その各点における汀線（なぎさの線）の法線ベクトル（真っすぐ海に向くベクトル）は，場所ごとに異なる方向を向いている．それにもかかわらず，ビーチのどこにいても波は法線ベクトルの方向から，波峰がビーチに対してほぼ平行になりながらやってくる．風もない海水浴日和のときに沖から砂浜に寄せる波は，数日前に遠く離れた場所での嵐によって起こされた波が伝わってきた**うねり** (swell) である．したがって，海水浴場から少し沖で見れば，うねりが来る方向は，そのうねりを生み出した嵐があった方向からに決まっ

† この性質に関しては，6.2.1 項の補足を参照されたい．

ている．それを思うと，湾曲したビーチのどこにいても波が汀線に対して直角方向から入ってくるのは不思議なことである．

このように，ビーチの近くで波の峰の方向が等深線の方向にそろってくる現象は，上で見たような「水深が減少するにつれて波速も減少する」という水面重力波の性質が原因となっている．**図 3.5** のように，波が海岸に対して斜めに入射してくるとき，最初に浅い領域に入った部分はその速度が遅くなるが，まだ深い領域にある部分は速い速度で進み続けるので，その結果，波峰は常に海岸に向かう方向に回転することになる．光が空気中から水面に入射するときに，光の速度が空気中より遅い水の側に向かって折れ曲がるという屈折現象 (refraction) はだれにもなじみのあるものであるが，ちょうどあれと同じことが（ただし連続的に）起こっているのである．凹凸のある海岸線における等深線と，それに伴う波の進行方向の変化（屈折）の概念図を**図 3.6** に示す．これを見てわかるように，陸地が海に突き出した岬では波のエネルギーが集中し，逆に海が陸に入り込んだ湾では波のエネルギーが分散する．海岸線をドライブしていると，岬の先端で波が砕けて白波が立っていることをよく見るが，これはそこに波のエネルギーが集中しやすく，波高が高くなるためである．逆に，波が穏やかであってほしい海水浴場などは，岬ではなく，波のエネルギーが分散して波高が低くなる湾部につくられている．

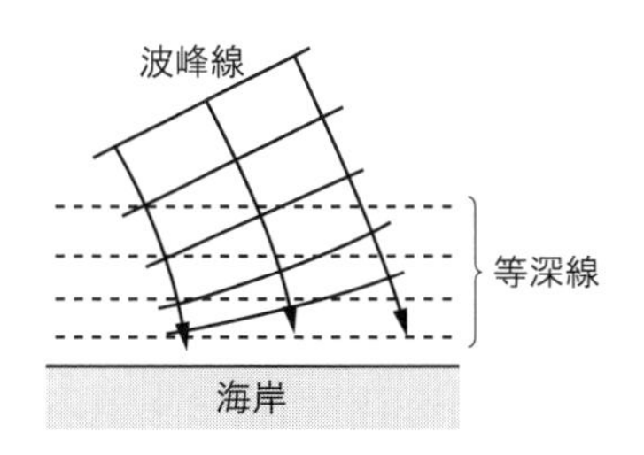

図 3.5 屈折により波峰が等深線にそろっていく様子

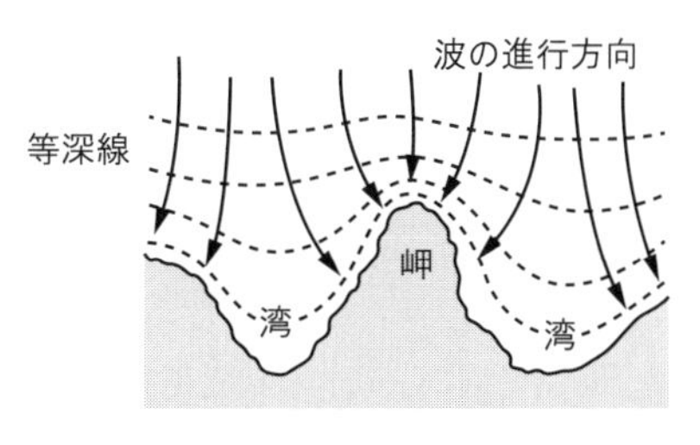

図 3.6 岬や湾における波の屈折の様子

例題 3.3 ：周期から波長を求める方法

周期 8 秒の水面重力波の，水深 5 m 地点における波長および波速を求めよ．

解答 分散関係 (3.39) を用いて，与えられた波数 k に対する振動数 ω を求めるのは容易だが，逆に周期や振動数を与えられて，それに対応する波数や波長を求めるのは簡単ではない．ここでは，非線形方程式の解を数値的に求める手法の一つであるニュートン法（ニュートン–ラフソン法）を使って，近似解を求めてみよう．

まずは，ニュートン法について簡単に復習しよう．非線形方程式 $f(x)=0$ の解を反復法によって求めることを考える．反復 n 回目の近似解を x_n と表すことにする．まだ真の解に至っておらず $f(x_n)\neq 0$ である．$f(x)$ を x_n のまわりにテイラー展開すると，

$$f(x)=f(x_n)+f'(x_n)(x-x_n)+O(x-x_n)^2 \tag{3.42}$$

となる．ここで，展開の 2 次以上の項を無視し，次の近似解 x_{n+1} が $f(x_{n+1})=0$ を満たすことを要求すると，

$$0=f(x_{n+1})=f(x_n)+f'(x_n)(x_{n+1}-x_n) \quad\longrightarrow\quad x_{n+1}=x_n-\frac{f(x_n)}{f'(x_n)} \tag{3.43}$$

となる．テイラー展開の 2 次以上を無視しているので，この x_{n+1} が $f(x)=0$ の真の解にはならないが，x_n よりは改良された近似解になることが期待できる．漸化式 (3.43) によって非線形方程式 $f(x)=0$ の解を求める数値手法を**ニュートン法**とよぶ．

この例題の場合，

$$f(k):=gk\tanh kh-\omega^2, \qquad g=9.8, \qquad h=5.0, \qquad \omega=\frac{2\pi}{T}=\frac{\pi}{4} \tag{3.44}$$

とおけば，ニュートン法の漸化式は

$$k_{n+1}=k_n-\frac{gk_n\tanh k_nh-\omega^2}{g\tanh k_nh+gk_nh(1-\tanh^2 k_nh)} \tag{3.45}$$

となる．出発値 k_0 として，たとえば $h\to\infty$ で周期 8 秒に対応する値 $k_0=\omega^2/g$ を採用して式 (3.45) を繰り返すと，4, 5 回程度で $k=0.118435696\cdots$ に収束する．これより，水深 5 m での波長 λ および波速 c は

$$\lambda=\frac{2\pi}{k}\approx 53.1\,\mathrm{m}, \qquad c=\frac{\omega}{k}\approx 6.63\,\mathrm{m/s} \tag{3.46}$$

となる．

3.2.6　水粒子の運動

重力波に対する線形正弦波解

$$\eta(x,t)=A\cos(kx-\omega t) \tag{3.47a}$$

$$\phi(x,z,t)=\frac{\omega A}{k}\frac{\cosh[k(z+h)]}{\sinh kh}\sin(kx-\omega t) \tag{3.47b}$$

$$\omega=\sqrt{gk\tanh kh} \tag{3.47c}$$

によると，ある水粒子の運動，すなわちその座標 $(x(t),z(t))$ の時間変化は

$$\frac{dx}{dt} = u(x,z,t) = \frac{\partial \phi}{\partial x} = \omega A \frac{\cosh[k(z+h)]}{\sinh kh} \cos(kx - \omega t) \tag{3.48a}$$

$$\frac{dz}{dt} = w(x,z,t) = \frac{\partial \phi}{\partial z} = \omega A \frac{\sinh[k(z+h)]}{\sinh kh} \sin(kx - \omega t) \tag{3.48b}$$

で記述される．右辺の三角関数の中にも未知関数 $x(t), z(t)$ が入っているので，このままでは $x(t)$,$z(t)$ を陽に解くことはできない．しかし，振幅が無限小という線形波理論においては，右辺の $x(t)$,$z(t)$ は波の振幅が 0 のときの位置 x_0,z_0 で置き換えることが許される．したがって，

$$\frac{dx}{dt} \approx \omega A \frac{\cosh[k(z_0+h)]}{\sinh kh} \cos(kx_0 - \omega t) \tag{3.49a}$$

$$\frac{dz}{dt} \approx \omega A \frac{\sinh[k(z_0+h)]}{\sinh kh} \sin(kx_0 - \omega t) \tag{3.49b}$$

となる．これより，

$$x - x_0 = -R_x \sin(kx_0 - \omega t), \qquad R_x = A \frac{\cosh[k(z_0+h)]}{\sinh kh} \tag{3.50a}$$

$$z - z_0 = R_z \cos(kx_0 - \omega t), \qquad R_z = A \frac{\sinh[k(z_0+h)]}{\sinh kh} \tag{3.50b}$$

が得られる．この式から t を消去すると，水粒子は

$$\frac{(x-x_0)^2}{R_x^2} + \frac{(z-z_0)^2}{R_z^2} = 1 \tag{3.51}$$

のように，長軸 $2R_x$（水平方向），短軸 $2R_z$（鉛直方向）の楕円軌道を描くことがわかる（図 3.7 参照）．

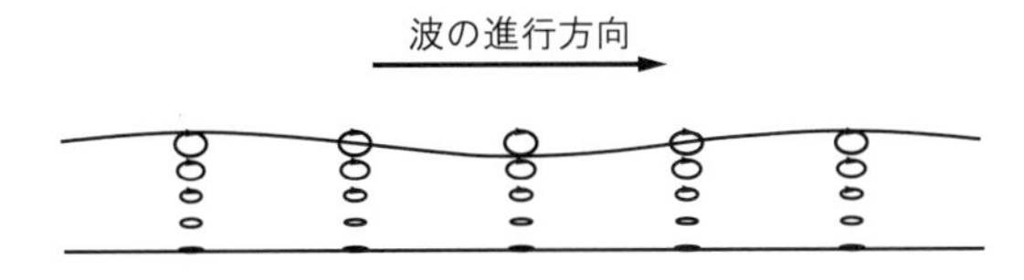

図 3.7　水粒子の楕円軌道

また，これから以下のようなことがわかる．

1. $z_0 = 0$，すなわち平均水面においては，短軸（鉛直方向）の長さは表面変位 η の振幅 A の 2 倍に一致する．
2. 実質的に深水波の場合 ($kh \gg 1$)，水底近傍を除いては $R_x \approx R_z \approx A\,\mathrm{e}^{kz_0}$ が

成り立ち，したがって水粒子の運動はほぼ円軌道を描く．また，その軌道半径は，水面から離れるにつれて指数関数的に減少する．具体的には，水底に向かって1波長潜るごとに，波の振幅は $e^{-2\pi} \approx 1/535$ ずつ小さくなる．海などで泳いでいるとき，少し潜るだけで波による揺れが急激に小さくなることを実感したことのある読者も多いと思うが，それはこのような理由からである．

3. 実質的に浅水波の場合 $(kh \ll 1)$ には，

$$\frac{R_z}{R_x} = \tanh\left[k(z_0 + h)\right] \to 0 \quad (kh \to 0) \tag{3.52}$$

より，楕円が水平方向に大きく押しつぶされた形になり，水粒子はほぼ水平方向のみに運動するようになる．

水粒子はただ単に楕円運動をするだけでいつまでも同じ場所にとどまっているのに，波だけがどんどん進んでいくというのは，少し不思議に感じられるかもしれない．**図 3.8** は，水深が波長に比べて深い場合に，波の進行と表面の水粒子の運動を示したものである．水粒子が少しずつ位相のずれた円運動を行うことにより，波（の位相）を伝えている様子がわかるであろう．

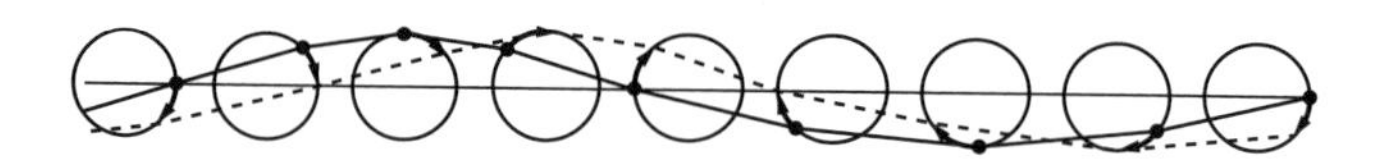

図 3.8　水粒子の円運動と波の進行の関係

なお，ここで採用している線形波近似，すなわち無限小振幅の近似のもとでは，上述のように各水粒子の軌道は閉じた楕円であり，したがって波は質量流束（平均的な水の移動，流れ）を生み出さない．しかし，波の振幅の有限性を考慮した非線形理論に進むと，このことは成り立たなくなる．水深が深い場合，水中の水粒子は図 3.7 に示したように円運動を行うが，この円運動の半径は深くなるにつれて指数関数的に小さくなる．波の振幅が大きくなると，ある水粒子の円運動の内，波の進行方向に進む部分は少し浅い部分を通るため，そのときの運動半径は中心における値より少し大きく，反対に後ろに戻る部分はより深いところを通るため，そのときの運動半径は少し小さくなる．この行きと帰りの運動半径および運動速度の違いから，水粒子の軌道は，閉じた円軌道から1回転ごとに少しずつ前方にずれていくような軌道に変わり，この結果波の振幅の2乗に比例する程度の実質的な質量流束が生じる．これは，**ストークスドリフト** (Stokes drift) とよばれている．

3.2.7　次元解析による分散関係の導出

3.2.2 項では，水面波の基礎方程式系をきちんと解くことによって，線形分散関係を導出した．しかし，以下で紹介する「次元解析」という方法を使うと，この分散関係をずっと簡単に求めることができる．本論に入る前に，まずは図 3.9 のように，長さ l [m] のひもに質量 m [kg] のおもりがつるされた振り子の周期 T [s] を求めることを考えてみよう．

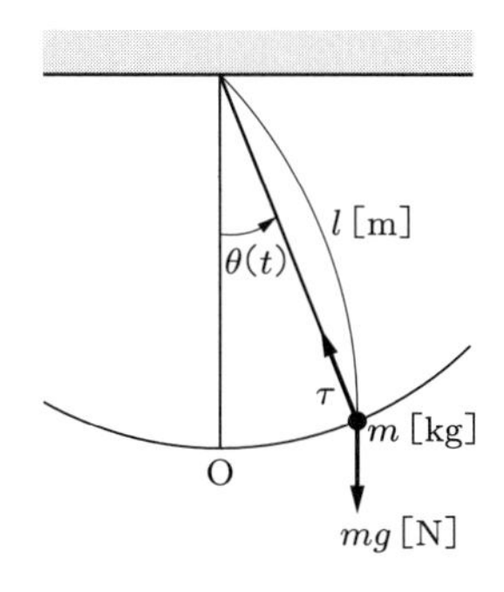

図 3.9　単振り子

まじめに運動方程式からスタートするならば，次のようになる．接線方向の運動についてのニュートンの運動法則

$$ml\ddot{\theta} = -mg\sin\theta \tag{3.53}$$

において，線形化，すなわち振れ幅が小さくて $\sin\theta$ を θ で近似できると仮定すると，

$$ml\ddot{\theta} = -mg\theta \quad \longrightarrow \quad \ddot{\theta} = -\omega^2\theta, \quad \omega \equiv \sqrt{g/l} \tag{3.54}$$

となり，その一般解は

$$\theta(t) = A\cos(\omega t + \theta_0) \quad (A,\ \theta_0 : 定数) \tag{3.55}$$

で与えられる．この解より，周期 T は $T = 2\pi/\omega = 2\pi\sqrt{l/g}$ であることがわかる．

この周期 T を求めるのに，ニュートンの運動方程式も微分方程式も，いや微分すらも知らない小中学生でもできる，まったく別のやり方がある．まず，周期 T に影響を与えそうな因子として考えられるのは，振り子の長さ l [m]，おもりの質量 m [kg]，

重力加速度 $g\,[\mathrm{m/s^2}]$ くらいであり，したがって T は $l,\ m,\ g$ の何らかの組み合わせで表現されるはずである．T の単位は [s] なので，$l,\ m,\ g$ の組み合わせで単位が同じく [s] になるものを考えると，$\sqrt{l/g}$ しかない．たったこれだけのことから，T は $\sqrt{l/g}$ に正比例する，すなわち $T=\alpha\sqrt{l/g}$ という形になることがわかる．ここで，α は単位をもたないただの数字（無次元数）である．このように，物理量の単位（より正確には次元）だけを頼りにして，物理量間の関係を考える方法を**次元解析** (dimensional analysis) とよぶ．次元解析では，無次元の係数 α までは決めることができないので，周期 T の数値そのものを知ることはできないが，T が $\sqrt{l/g}$ に正比例することや，おもりの質量 m によらないことなどの重要な性質を，面倒な計算をまったくしないでも知ることができる．

では，この次元解析の方法を水面重力波の波速に適用してみよう．波速 $c\,[\mathrm{m/s}]$ を左右する要因としては，波長 $\lambda\,[\mathrm{m}]$，水（一般に液体）の密度 $\rho\,[\mathrm{kg/m^3}]$，重力加速度 $g\,[\mathrm{m/s^2}]$，水深 $h\,[\mathrm{m}]$ が考えられる．まず，海の沖合のように，深水波の極限 $(h/\lambda\to\infty)$ を考えよう．波による水の運動は，上で見たように水面から水底方向に遠ざかるに連れて指数関数的に急速に減衰する．したがって，水深が十分深い場合，水面波の影響は水底まで届かなくなり，その結果，水面波には水の底がどこにあるのかわからなくなる．そのような状況では，水深 h が波速 c に影響を与えることはないはずで，したがって波速 c は，波長 λ，密度 ρ，重力加速度 g の組み合わせで書けるはずである．$\lambda,\ \rho,\ g$ の組み合わせで，単位が c と同じく [m/s] になるものを考えると，$\sqrt{g\lambda}$ しかない．これを ω と k の関係として書けば

$$c=\beta\sqrt{g\lambda}=\tilde{\beta}\sqrt{g/k}\quad\longrightarrow\quad\omega=ck=\tilde{\beta}\sqrt{gk}\tag{3.56}$$

となり，無次元定数 β を除けば，基礎方程式系から導出した深水波の分散関係 $\omega=\sqrt{gk}$ と一致する．

逆に浅水波の極限 $\lambda/h\to\infty$ では，波長 λ は水深 h に比べて非常に長いということだけが重要であり，具体的な λ の値そのものは c を決める組み合わせに入ってこないと考えられる．このとき波速 c は，水深 h，密度 ρ，重力加速度 g の組み合わせで書けることになり，単位が [m/s] になる組み合わせを考えると，

$$c=\gamma\sqrt{gh}\quad\to\quad\omega=\gamma\sqrt{gh}\,k\tag{3.57}$$

という関係が得られる．これも無次元定数 γ を除けば，基礎方程式系から導出した線形分散関係の浅水極限と一致している．

このような次元に基づく考察は，本書を通して今後もしばしば用いていく．次元解析に関する基本的な定理や応用例などを付録Eにまとめたので，ぜひ参照されたい．

3.3 波のエネルギーとその伝播速度

本節では，水面重力波に付随するエネルギーとその伝播速度について考察しよう．その過程で，水面波が分散性をもつに至る原因も見えてくる．

3.3.1 運動エネルギーと位置エネルギー

水の占める領域を V，自由表面を S とするとき，運動エネルギーの総量は

$$\iiint_V \frac{1}{2}\rho \boldsymbol{v}^2\, dV = \frac{1}{2}\rho \iiint_V (\nabla\phi)^2\, dV = \frac{1}{2}\rho \iiint_V \nabla\cdot(\phi\nabla\phi)\, dV$$
$$= \frac{1}{2}\rho \iint_S \phi\frac{\partial\phi}{\partial n}\, dS \tag{3.58}$$

で与えられる．これは，微小振幅の近似を要しない，厳密に成り立つ式である．最初の等号では，水は非圧縮性で密度 ρ を定数と扱ってよいこと，および運動は渦なしで速度ベクトル $\boldsymbol{v}$ が速度ポテンシャルによって $\boldsymbol{v} = \nabla\phi$ で与えられることを用いている．また，二つ目の等号では ϕ がラプラス方程式 (3.27a) の解であること，三つ目の等号ではガウスの発散定理，および水底では $\partial\phi/\partial n = 0$ であることを，それぞれ用いている．ただし，$\partial\phi/\partial n$ は ϕ の外向き法線方向の微分を表す．

線形近似のもとでは，自由表面の面素 dS は波による変形を受ける前の平らな水面の面素で置き換えてよいこと，また $\partial\phi/\partial n$ も鉛直方向の微分 $\partial\phi/\partial z$ で置き換えてよいことから，線形波の単位水平面積あたりの運動エネルギー K は，

$$K = \frac{1}{2}\rho\, \phi\frac{\partial\phi}{\partial z}\bigg|_{z=0} \tag{3.59}$$

で与えられる．またこれは，線形近似した自由表面での運動学的境界条件

$$\frac{\partial\phi}{\partial z}\bigg|_{z=0} = \frac{\partial\eta}{\partial t} \tag{3.60}$$

および線形正弦波解 (3.36) から導かれる関係

$$\phi|_{z=0} = \frac{\omega A}{k}\frac{1}{\tanh kh}\sin(kx-\omega t) = \frac{1}{k\tanh kh}\frac{\partial\eta}{\partial t} \tag{3.61}$$

を用いることにより，

$$K = \frac{1}{2}\rho \frac{1}{k\tanh kh}\left(\frac{\partial \eta}{\partial t}\right)^2 \tag{3.62}$$

のように書き直すことができる．したがって，1周期にわたる平均運動エネルギー $\overline{K}$ は，式 (3.39) を使うと

$$\overline{K} = \frac{1}{2}\rho \frac{1}{k\tanh kh}\overline{\left(\frac{\partial \eta}{\partial t}\right)^2} = \frac{1}{4}\rho\frac{\omega^2}{k\tanh kh}A^2 = \frac{1}{4}\rho g A^2 \tag{3.63}$$

となる[†].

一方，単位水平面積あたりの位置エネルギー V は，波が来る前の自由表面 $(\eta = 0)$ を基準とすると

$$V = \int_0^\eta \rho g z\,dz = \frac{1}{2}\rho g \eta^2 \tag{3.64}$$

となり，1周期にわたる平均位置エネルギー $\overline{V}$ は

$$\overline{V} = \frac{1}{2}\rho g\overline{\eta^2} = \frac{1}{4}\rho g A^2 \tag{3.65}$$

となる．結局，単位水平面積あたりの波の平均エネルギー $\overline{E}$ は

$$\overline{E} = \overline{K} + \overline{V} = \frac{1}{2}\rho g A^2 \tag{3.66}$$

で与えられる．1周期あたりの平均で見ると，運動エネルギーと位置エネルギーの間に，エネルギーの等分配が成り立っていることがわかる．

式 (3.64) を見ると，位置エネルギーは η^2 に比例しており，波の山 $(\eta > 0)$ ではもちろんのこと，谷 $(\eta < 0)$ においても正である．水面が下がった谷でも位置エネルギーが正というのは少し奇妙に思われるかもしれないが，位置エネルギーをもっているのはあくまでも水であるという視点に立てば，これは自然なことである．波が起こる前の平らな水面を基準にすると，波の山の部分では基準面より上に水がある．正の位置エネルギーをもつような流体が新たに付加されているのであるから，そこでの位置エネルギーは当然正になる．一方，波の谷の部分では，波のない最初の状態のときに基準面より下にあった水がなくなっている．基準面より下にあった水は負の位置エネルギーをもっており，それが取り除かれたのであるから，やはり位置

---

† たとえば，$\cos^2(kx - \omega t)$ の1周期あたりの平均は，

$$\overline{\cos^2(kx-\omega t)} \equiv \frac{1}{T}\int_0^T \cos^2(kx-\omega t)\,dt = \frac{1}{2\pi}\int_0^{2\pi}\cos^2\theta\,d\theta = \frac{1}{2}$$

となる．$\sin^2(kx - \omega t)$ についても同様である．

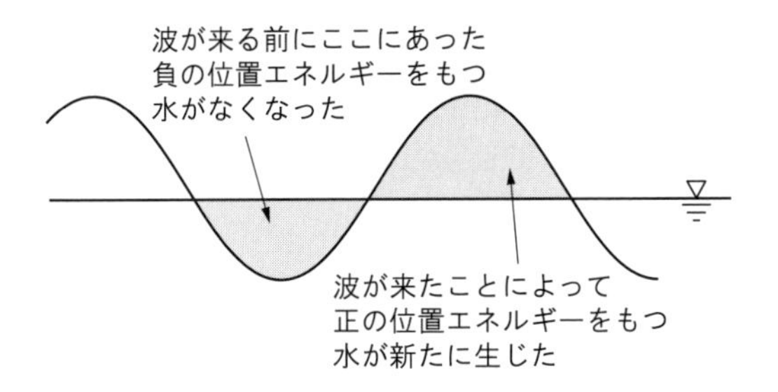

図 3.10　波の谷でも位置エネルギーが正になる理由

エネルギーは増加しているのである（**図 3.10** 参照）.

3.3.2　水面波の分散性に対するエネルギー的考察

水の波の分散性に対して，エネルギーの立場から解釈を与えることもできる．ここでは，ライトヒルによる議論を参考にして考えてみよう [44].

まずは，もっとも基本的な，質量 m，ばね定数 k のばねの振動運動の復習から始めよう†．変位を x とすると，運動方程式は $m\ddot{x} = -kx$ である．この運動の位置エネルギーは $(1/2)kx^2$ で，1 周期あたりの平均は $(1/2)k\overline{x^2}$，また運動エネルギーは $(1/2)m\dot{x}^2$ で，1 周期あたりの平均は $(1/2)m\omega^2\overline{x^2}$ で与えられる．この運動の一般解は $x(t) = A\cos(\omega t + \theta_0)$, $\omega = \sqrt{k/m}$ で与えられるが，この ω は「1 周期あたりの平均位置エネルギーと平均運動エネルギーは等しい」という微小振動が有する一般的性質を反映して決まっていると理解することができる．これはまた，ω^2 は位置エネルギーの $(1/2)x^2$ の係数である**剛性** (stiffness) k と，運動エネルギーの $(1/2)\dot{x}^2$ の係数である**慣性** (inertia) m の比として定まると言い直してもよい．

では，ω^2 に対するこのような解釈を水面波に適用してみよう．微小振幅水面波に対する位置エネルギー V の表現 (3.64) および運動エネルギー K の表現 (3.62) は，η を一般化座標とみなせば，それぞれ η^2 および $\dot{\eta}^2$ に比例する形になっており，それぞれの係数である「剛性」ρg と「慣性」$\rho/k \tanh kh$ の比は，確かに正しい線形分散関係 $\omega^2 = gk \tanh kh$ を与える．この結果，微小振幅水面波においても，ばねの単振動と同様，エネルギー等分配 $\overline{K} = \overline{V}$ が成立する．鉛直方向の変位 η を一般化座標に採用する見方をする場合，「剛性」ρg は波長によらないが，「慣性」$\rho/k \tanh kh$ は波長によって変化する．これは，波長によって運動の水深方向への貫入の度合い

† 平衡点まわりの微小振動の一般論については，たとえば文献 [20]（第 6 章）などを参照されたい．

が変化したり，また水平方向の運動エネルギーと鉛直方向の運動エネルギーの比率が変化したりするためである．この「慣性」の波長依存性が，振動数 ω の波長依存性，すなわち波の分散性を生み出しているといえる．

3.3.3 エネルギーフラックスとエネルギーの伝播速度

次に，線形正弦波 (3.47) に付随するエネルギーの流れ（フラックス）とエネルギーの伝播速度を求めよう．エネルギーフラックスすなわち波の伝播方向に直交するある鉛直断面を単位時間あたりに横切るエネルギーの流れ F_x は，(1) エネルギーをもった水が横切ることによる部分，(2) 波が生み出した圧力が仕事をすることによる部分，の二つからなっている．波の振幅を a とすると，(1) の部分は，エネルギー密度がオーダー $O(a^2)$, 流速が $O(a)$ なので，$O(a^3)$ の量となる．一方，(2) の部分は，波による余剰圧力が $O(a)$，また単位時間あたりの変位，すなわち流速が $O(a)$ なので，$O(a^2)$ の寄与をもたらす．したがって，a が非常に小さいとする線形理論においては，(1) の部分は (2) の部分に対して無視することができる．

非粘性流体に対する運動方程式であるオイラー方程式（式 (D.15)）を線形化し，その x 成分を書くと，

$$\frac{\partial u}{\partial t} = -\frac{1}{\rho}\frac{\partial p}{\partial x} \tag{3.67}$$

となる．ここで，$u = \partial\phi/\partial x$ を使えば，

$$p = -\rho\frac{\partial\phi}{\partial t} = \rho c\frac{\partial\phi}{\partial x} \tag{3.68}$$

が得られる．二つ目の等号には，正弦波は速度 c で平行移動するので $\partial/\partial t = -c(\partial/\partial x)$ が成り立つことを用いている．したがって，線形正弦波に対しては，

$$F_x = \int_{-h}^{0} pu\,dz = \int_{-h}^{0}\rho c\frac{\partial\phi}{\partial x}\frac{\partial\phi}{\partial x}\,dz = 2c\int_{-h}^{0}\frac{1}{2}\rho\left(\frac{\partial\phi}{\partial x}\right)^2 dz = 2cK_x \tag{3.69}$$

となる．ここで，K_x は単位表面積あたりの水平方向の運動エネルギーを表す．

エネルギーの伝播速度 U は，平均エネルギーフラックス $\overline{F_x}$ と平均エネルギー密度 $\overline{E}\,(=\overline{K}+\overline{V})$ の比として定義されるべきものであり，したがって

$$U = \frac{\overline{F_x}}{\overline{K}+\overline{V}} = \frac{2c\overline{K_x}}{2\overline{K}} = c\frac{\overline{K_x}}{\overline{K}} \quad\longrightarrow\quad \frac{U}{c} = \frac{\overline{K_x}}{\overline{K}} \tag{3.70}$$

すなわち，

$$\frac{\text{エネルギーの伝播速度}}{\text{波速（位相速度）}} = \frac{\text{水平方向の平均運動エネルギー}}{\text{全平均運動エネルギー}} \tag{3.71}$$

ということになる．これを正弦波解 (3.47) を用いて具体的に計算すると，

$$\frac{U}{c} = \frac{\overline{K_x}}{\overline{K}} = \frac{\displaystyle\int_{-h}^{0} \overline{u^2}\,dz}{\displaystyle\int_{-h}^{0} (\overline{u^2} + \overline{w^2})\,dz} = \frac{\displaystyle\int_{-h}^{0} \cosh^2[k(z+h)]\,dz}{\displaystyle\int_{-h}^{0} \left\{\cosh^2[k(z+h)] + \sinh^2[k(z+h)]\right\}\,dz}$$

$$= \frac{\displaystyle\int_{-h}^{0} \frac{1}{2}\left\{1 + \cosh[2k(z+h)]\right\}\,dz}{\displaystyle\int_{-h}^{0} \cosh[2k(z+h)]\,dz} = \frac{1}{2}\left(1 + \frac{2kh}{\sinh 2kh}\right) \tag{3.72}$$

となり，これより，

$$U = \frac{1}{2}\left(1 + \frac{2kh}{\sinh 2kh}\right)c = \begin{cases} c & \text{浅水極限}\ (kh \to 0) \\ (1/2)c & \text{深水極限}\ (kh \to \infty) \end{cases} \tag{3.73}$$

となる．この結果は，波のエネルギーは，浅水域では波形と同じく位相速度で伝播するが，深水域では位相速度の半分の速度でしか伝わらないことを示している．この結果は，浅水極限 $kh \to 0$ では，水の運動はほぼ水平となるため $\overline{K_x} \gg \overline{K_z}$ となること，一方，深水極限 $kh \to \infty$ では，水の運動は円運動で等方的であるので $\overline{K_x} = \overline{K_z}$ となることを考えれば，式 (3.70) から直接導くこともできる．

「エネルギーは群速度 $v_g = d\omega/dk$ で伝播する」ということをすでにどこかで学んだことのある読者も多いかと思う．しかし，エネルギーの伝播速度とよぶにふさわしい速度は，あくまでも上のように，エネルギーフラックスとエネルギー密度の比として定義されるべきものである．このように定義されたエネルギー伝播速度 U と，$\omega(k)$ の k 微分で定義される群速度 v_g が果たして本当に一致するのかどうか，以下の例題で確認することにしよう．

例題 3.4 ：エネルギーの伝播速度と群速度の一致

群速度 $v_g = d\omega/dk$ を計算して，式 (3.72) の U と一致することを確認せよ．

解答

$$\omega^2 = gk\tanh kh \quad \longrightarrow \quad 2\omega\frac{d\omega}{dk} = g\tanh kh + \frac{gkh}{\cosh^2 kh} \tag{3.74}$$

したがって，

$$\frac{d\omega}{dk} = \frac{1}{2\omega}\frac{\omega^2}{k} + \frac{1}{2\omega}\frac{gkh}{\cosh^2 kh} = \frac{1}{2}c + \frac{1}{2}c\frac{gk^2h}{\omega^2\cosh^2 kh} = \frac{1}{2}\left(1 + \frac{2kh}{\sinh 2kh}\right)c \quad (3.75)$$

となり，確かに v_g は U と等しくなる．

しかし，上で見るように，U の導出は正弦波解の z についての積分演算によっているのに対し，v_g の導出は $\omega(k)$ の k についての微分演算によっており，両者の導出過程はまったく異なっている．また，上記の導出過程を見ればわかるように，エネルギーの伝播速度 U は完全に単色な正弦波を対象として考えることができる量であるのに対し，群速度 v_g は k についての微分，すなわち少し波数の異なる別の正弦波とのずれを意識しないと出せない量である．

このことを考えると，エネルギーの伝播速度（エネルギーフラックス/エネルギー密度）U と群速度（ω の k 微分）v_g がなぜ一致するのか，両者が一致する必然性はどこにあるのか，などと疑問に感じる読者も少なくないかもしれない†．ここでは，この疑問に対してこれ以上追究することはしない．興味のある読者は，文献 [44]（3.4 節）の一読をお勧めする．なお，群速度 v_g については，第 6 章で再び議論する．

3.4　線形正弦波の非線形解への拡張

3.4.1　線形近似の妥当性の判定基準

水面波の基礎方程式系 (3.27) は非線形である．水が占める領域の各点で成り立つべき式である $\phi(x,z,t)$ に対するラプラス方程式 (3.27a) は線形であるが，水面で要求される境界条件 (3.27b),(3.27c) には波の量 η や ϕ の 1 乗で書けない項，すなわち非線形項が含まれている．それに加えて，これらの条件が課される位置が波によって変形した表面 $z=\eta(x,t)$ であることも，この問題を非線形にしている大きな要因である．線形近似をした基礎方程式系 (3.28) の導出の際にも述べたが，たとえば式 (3.27c) に含まれる $z=\eta(x,t)$ における $\phi(x,z,t)$ を波がない状態，すなわち $z=0$ を基準としたテイラー展開で表現すると，

$$\phi(x, z=\eta, t) = \phi(x,0,t) + \eta\,\frac{\partial\phi(x,0,t)}{\partial z} + \frac{1}{2!}\,\eta^2\,\frac{\partial^2\phi(x,0,t)}{\partial z^2} + \cdots \quad (3.76)$$

のようになる．このことから，波によって変形した表面において境界条件が課され

† 正直なところ，筆者もそのような一人である．

る水面波の問題は，波の量に関して無限次数の非線形項を含む問題になっている．

ここまで議論してきた線形正弦波解は，波が小さいという仮定のもとで式 (3.27) を線形化した方程式系 (3.28) の解である．したがって，線形正弦波解はあくまでも近似的な解である．近似解を適切に使うためには，その解が含む誤差の程度を把握しておくことが重要である．

たとえば，運動学的境界条件 (3.27c) を例にして考えてみよう．線形化の操作では，この式の η_t と ϕ_z を残し，$\phi_x \eta_x$ の項は無視した．また，残した項についても，本来なら $z = \eta$ における値を使うべきところを $z = 0$ における値に置き換えてしまい，式 (3.76) に相当する展開の第 2 項以降はすべて省略してしまった．残した項を線形正弦波解を用いて評価すると，

$$\eta_t(x,t) = \phi_z(x, z=0, t) = -i\omega a\, \mathrm{e}^{i(kx-\omega t)} \tag{3.77}$$

となる．波の振幅が小さいと考えているので，線形化で無視した非線形項のうち，一番大きいのは波の振幅の 2 乗に比例するような非線形項である．このうちの代表として，たとえば $\phi_x \eta_x$ の大きさを同様に線形正弦波解を用いて評価すると，

$$\phi_x(x, z=0, t)\eta_x(x,t) = \frac{-ik\omega a^2}{\tanh kh}\, \mathrm{e}^{2i(kx-\omega t)} \tag{3.78}$$

となり，線形項と比べたときの大きさの比は

$$\frac{|\phi_x(x, z=0, t)\eta_x(x,t)|}{|\eta_t(x,t)|} = \frac{ak}{\tanh kh} \tag{3.79}$$

で与えられる．振幅の 2 乗に比例するほかの非線形項でやっても同様な結果となる．このことから，線形化という操作の結果得られた線形正弦波解が正当性を有するのは，

$$\frac{ak}{\tanh kh} \ll 1 \tag{3.80}$$

を満たす状況ということになる．

kh が十分大きい深水波に対しては $\tanh kh \approx 1$ なので，式 (3.80) は単に

$$ak = \frac{2\pi a}{\lambda} \ll 1 \tag{3.81}$$

を要求するが，これは振幅 a が波長 λ に比べてずっと小さい，すなわち表面波形の勾配が 1 に比べてずっと小さいことを要求する．一方，$kh \ll 1$ の浅水波に対しては $\tanh kh \approx kh$ が成り立ち，したがってこのとき式 (3.80) は

$$ak \ll kh \ll 1 \tag{3.82}$$

となる．これは，浅水波において線形近似が許されるためには，浅水波であるがゆえに，まずは波長 λ に比べて水深 h が非常に小さくなければならず，それに加え，その小さい水深に比べて波の振幅 a が非常に小さくなければならないことを意味している．このことから，波自身の波長に比べて振幅が小さければ線形近似が適用できる深水波（外洋の波）に比べると，浅水波（浅海域での波）に対して線形近似が妥当になる状況はより限定的である．これは，浅海域での波に対しては，非線形の効果がより現れやすいことを示唆している．

ある物理量の大小の議論は，そもそも「何に比べてか」という比較の対象があって初めて成立する．いままで線形近似の脈絡で「振幅が小さいと仮定して $\cdots$」というあいまいな表現をしばしば用いてきたが，その正確な意味を上の議論は教えてくれる．なお，風で起こされる外洋の波は，大きくなりすぎると波が砕波してエネルギーを失うので，あまり大きくなることができない．実際の海の波は波長も伝播方向も異なる無数の波がごちゃごちゃに混ざっているので，上のような正弦波解に則った議論をそのまま適用することはできないが，観測によると，平均的な意味で ak に対応する量は，ほとんどの場合 0.1 以下に収まっているようである．この意味で，海洋波浪場は線形近似がある程度有効な対象であるといえる．

3.4.2　ストークス波：非線形な定常進行波列

上の議論は線形近似が成立するための条件を教えてくれたが，それは同時に，線形正弦波解を出発点として，非線形の効果を含んだより正確な解を求める方法に対するヒントも教えてくれる．簡単のために水深 h は無限大，また表面張力の影響は無視できるとして，非線形性も考慮した近似解の求め方について考えてみよう．

式 (3.78) が例示しているように，線形項が $a\,\mathrm{e}^{i(kx-\omega t)}$ に比例する場合，2 次の非線形項は $a^2\,\mathrm{e}^{2i(kx-\omega t)}$ に比例する形をもつ．このことから，$\eta(x,t)$ に対して最初から

$$\eta(x,t) = a\,\mathrm{e}^{i\Phi} + \alpha_2 a^2\,\mathrm{e}^{2i\Phi} + \alpha_3 a^3\,\mathrm{e}^{3i\Phi} + \cdots, \qquad \Phi = k(x-ct) \tag{3.83}$$

というような展開形を仮定して，これが式 (3.27) を満たすように係数 $\alpha_2, \alpha_3, \ldots$ を決めるという方法が考えられる．対応する速度ポテンシャル $\phi(x,z,t)$ の形としては

$$\phi(x,z,t) = -\frac{i\omega_0 a}{k}\,\mathrm{e}^{kz}\mathrm{e}^{i\Phi} + \beta_2 a^2\,\mathrm{e}^{2kz}\mathrm{e}^{2i\Phi} + \beta_3 a^3\,\mathrm{e}^{3kz}\mathrm{e}^{3i\Phi} + \cdots \tag{3.84}$$

という展開形が適当であろう．ここで，$\omega_0 = \sqrt{gk}$ である．伝播速度 c も非線形の影響で線形の位相速度 c_0 からずれる可能性があるので，

$$c = c_0 + c_1\,a + c_2\,a^2 + \cdots, \qquad c_0 = \frac{\omega_0}{k} = \sqrt{\frac{g}{k}} \tag{3.85}$$

のような振幅 a についての展開形を仮定する．ϕ における z の依存性 e^{mkz} ($m = 1, 2, \ldots$) は，x 依存性が e^{imkx} であることと ϕ がラプラス方程式 (3.28a) を満たさなければいけないこと，そして ϕ が $z \to -\infty$ で発散してはならないことからの帰結である．

これらの展開形を基礎方程式系 (3.27) に代入し，a に比例する項，a^2 に比例する項，… と低次から順に解いていくと，

$$\eta = A\left[\cos\Phi + \frac{1}{2}\epsilon\cos 2\Phi + \frac{3}{8}\epsilon^2\cos 3\Phi + O(\epsilon^3)\right],$$

$$\phi = A\sqrt{\frac{g}{k}}\left[\mathrm{e}^{kz}\sin\Phi + O(\epsilon^3)\right], \qquad c = \sqrt{\frac{g}{k}}\left[1 + \frac{1}{2}\epsilon^2 + O(\epsilon^3)\right] \tag{3.86}$$

というような近似解が得られる [58], [76]．ここで，$A = 2|a|$ である．また，$\epsilon \equiv Ak$ は非線形性の小ささを表す無次元パラメータで，$\epsilon \to 0$ が線形近似に対応する．

このように，線形正弦波解の高調波からなる級数展開形を仮定し，それによって非線形効果を含む定常進行周期波解を求める解析は，ストークス (Stokes, G.G.) によって初めてなされた．それにちなんで，このような解析手法を**ストークス展開** (Stokes expansion)，それによって求められた式 (3.86) のような近似解を**ストークス波** (Stokes wave) とよぶ†．$\epsilon = 0.3$ に対応するストークス波の表面波形 η を，**図 3.11** に示す．図中 ① は基本波のみ（すなわち線形正弦波），② は 2 倍高調波まで，③ は 3 倍高調波まで含んだ場合の波形を表す．ストークス波解 (3.86) は，水面重力波に対する非線形性の効果が，以下の二つの側面で現れることを示している．

1. 線形正弦波においては，水面変位 η の波形が平均水面 $z = 0$ に関して上下対称であったが，非線形効果を考慮すると，図 3.11 が示すように，波の谷（トラフ，trough）はより浅く平らに，山（クレスト，crest）はより高く尖った

† 流体力学の基礎方程式である「ナヴィエ－ストークス方程式」に名前の残るあのストークスであり，またベクトル解析で必ず習う「ストークスの定理」のストークスでもある．

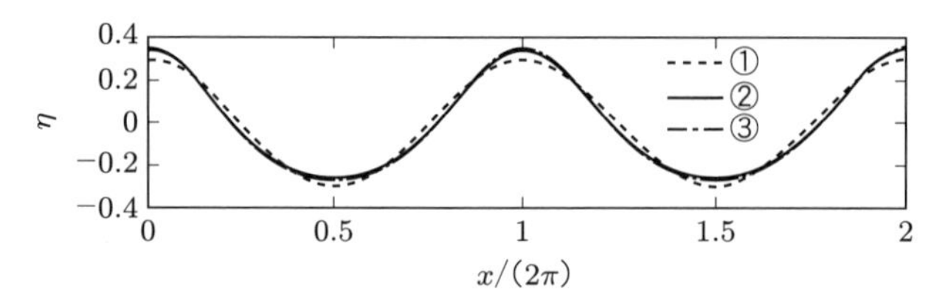

図 3.11　ストークス波の波形 ($k = 1.0$, $A = 0.3$)

形になり，波形が上下非対称になる．

2. 線形正弦波においては，波速は $c_0 = \sqrt{g/k}$ で与えられ，波数（したがって波長）だけに依存していた．しかし，非線形効果を考慮すると，波速に $(Ak)^2$ に比例する補正項が現れ，その結果，同じ波長でも振幅の大きな波ほど伝播速度が少し速くなる†．

ストークス展開が与える解は，振幅の増大とともにクレストがどんどんシャープになっていき，その極限状態としてクレストが尖って角（かど）になる可能性を示唆している．ストークスは，このような極限状態でもしクレストが角をもつならば，自由表面における境界条件（式 (3.27b) で $T = 0$ とした式，および式 (3.27c)）を満たすためには，その角度は $120°$ でなければならないことを，複素関数論の知識を用いて理論的に証明した（たとえば，文献 [77]（13.13 節）を参照）．現在では，コンピュータを用いた高精度の数値計算によって，この $120°$ の角を有する極限的なストークス波，すなわち最大振幅の定常進行周期波の具体的な波形なども求められており，その振幅は無限水深の場合 $Ak = 0.4434$，したがって波高と波長の比が 1/7 程度になることがわかっている．

COLUMN　光や音は非分散性

分散性をもたない，すなわち分散関係が $\omega = c_0 k$（c_0 は定数）となる場合は，すべての波長や振動数の波が同一の波速 c_0 で伝わる．したがって，初期にある波形を与えると，それを構成しているさまざまな波長成分がすべて同じ速度で伝わるので，波形がゆがむことなく，初期波形が波速 c_0 でそのまま伝わる．このような非分散性の波動の例としては，光や音がある．

† 第 6 章で詳しく扱うが，この波速の振幅依存性が波列の「変調不安定」という現象を引き起こし，それがたとえば海洋における巨大波の発生などの興味深い（場合によっては危険な）現象にもつながっている．

「光の速さは？」と聞かれたら，多くの人は「秒速 30 万 km」とか「1 秒間で地球 7 周半」と即座に答えるであろう．このとき，「何色の光なら $\cdots$」という条件を付けることはない．「光」とは，電磁波の中で人間に見ることができる「可視光」を指す言葉であり，その波長はおよそ $(4\sim8)\times10^{-7}$ m である．電磁波の仲間には，可視光よりずっと波長の長いものも短いものもある．たとえば，ラジオの AM 放送で放送局から送られる電磁波の波長は数 100 m と，可視光と比べると格段に波長が長い．一方，病院のレントゲン撮影などに用いられる X 線も電磁波の一種であるが，その波長は 10^{-9} m (=1 nm) 以下で，可視光の 1/100 以下である．それでも電磁波は非分散性波動であり，X 線であろうがラジオ局の電波であろうが，波長にかかわらず伝播速度はすべて秒速約 30 万 km である†.

光と並んで，我々にもっとも身近な波動として「音」がある．光の速さの場合と同じように，音の速さを尋ねられれば，高校で物理を習った人なら「秒速 331 m + 0.6 × 温度 [℃]」と答えられる人も少なくないかもしれない．しかし，このときも「何ヘルツの音？」と聞き返す人はいない．これもまさに，音波が非分散性の波動だからこそである．可聴域，すなわち人間の耳に聴こえる周波数は，ほぼ 20〜20000 Hz といわれている．この範囲だけでも 1000 倍もの周波数の違いがある．可聴域の外にも，人間には聴こえないがコウモリには聴こえるような超音波や，周波数が低くて人間には直接聴こえないが健康に悪影響があるとされる超低周波音などもあり，これらを含めると音にもかなり広い範囲の周波数がある．しかし，これらすべての周波数成分は同じ速さで伝わり，したがって初期波形が伝播とともに変化することはない．

我々が声，すなわち音波を日常のコミュニケーションの道具として使うことができるのは，ひとえに音波が非分散性の波動であるおかげである．たとえ恋人に大声で "I love you" と叫んでも，もしその声が生み出した圧力変動に含まれるさまざまな周波数成分が互いに異なる速度で伝わるとすれば，口から発したときの圧力変動波形が伝播とともにどんどん変化していき，彼女の耳に届いたときには，まったく意味不明のただの雑音になってしまうことであろう．本章 3.2 節で示したように，水面重力波は分散性をもち，周波数の低い成分ほど波速が速い．もし音波が水面重力波のような分散性をもっていたとしたら，たとえばコンサー

† ただし，可視光を含め電磁波が非分散性であるのは真空中に限った話であり，物質中では分散性，すなわち波長によって伝播速度に差が現れる．ガラスのプリズムで光が虹の七色に分かれるのはまさにその表れである．真空中の光の速度を物質中の光の速度で割ったものをその物質の**屈折率**といい，屈折率が大きいほど物質に入射した際に大きく物質側に折れ曲がる．ガラス中では，波長の短い紫色の光は波長の長い赤色の光に比べて伝播速度が遅く，そのためガラスに入射した際により大きく屈折する．ガラスのプリズムで分光ができるのは，まさに物質中の光（電磁波）が分散性を有するからにほかならない．

トホールでオーケストラのすべての楽器が一斉に演奏していても，ホール後方の観客にはまず低音のコントラバスの音だけが先に届き，ピッコロの高い音が遅れて届くといったようなことになってしまう．これでは，名演奏も台無しであろう．波動が分散性をもたないためには，分散関係は $\omega(k) = c_0\, k$ という形しか許されない．この意味で，非分散性波動はかなり特殊な波動であるといえる．そう考えると，音波が非分散性波動であったという「偶然」に，我々はもう少し感謝すべきかもしれない．

この章のまとめ

▶ **線形正弦波**は，あらゆる波動現象において，もっとも基本的な構成要素である．

▶ ある系において正弦波 $A\cos(kx - \omega t)$ が存在するためには，波数 k と振動数 ω は，その系の支配方程式が要求する**線形分散関係** $\omega = \omega(k)$ を満足する必要がある．

▶ 波の伝播速度（位相速度）は，$c = \omega/k$ で与えられる．分散関係によって，ω は一般的には k に依存するので，波速 c も一般には k に依存する．c が k や ω に依存するような波を**分散性波動**という．水面波は分散性波動である．一方，電磁波や音波は分散性をもたない**非分散性波動**である．

▶ 正弦波解が求められれば，波に付随するエネルギー密度，エネルギーフラックスなどを求めることができる．このとき，エネルギーの伝播速度 U も，エネルギー密度に対するエネルギーフラックスの比として知ることができる．

▶ 水面重力波に対してエネルギーの伝播速度を具体的に求めると，$v_g = d\omega/dk$ で定義される**群速度**に等しくなる．波長に比べて水深が十分に深い場合，水面重力波のエネルギーは位相速度の 1/2 の速さでしか伝わらない．

▶ **ストークス展開**とよばれる振幅展開を用いることで，水面重力波の線形正弦波に対する非線形補正を求めることができる．それによると，非線形性は波形の上下非対称性，および波速の振幅依存性をもたらす．

なお，本章の内容全般に関しては，文献 [11], [44], [51], [72], [77] などが参考になる．

第4章 摂動法と多重尺度解析

摂動法とは，解きたい方程式系の中に小さなパラメータが含まれているとき，そのパラメータの小ささを利用して近似的な解を求めたり，方程式系自体をより簡単な系に帰着させたりする方法である．摂動法は，今後本書の多くの部分で重要な役割を果たすことになるので，本章でそれに関する基礎知識をまとめておく．また，単純な摂動法が破綻する状況において力を発揮する，発展型の摂動法である「多重尺度法」についても紹介する．

4.1 近似解法の必要性

再び図 3.9 のような単振り子を考える．接線方向の運動に対するニュートンの運動法則は，

$$ml\frac{d^2\theta}{dt^2} = -mg\sin\theta \tag{4.1}$$

となる．この方程式は非線形の常微分方程式であり，解くことが大変難しい†．この方程式を非線形にしているのは，右辺の $\sin\theta$ である．$\sin\theta$ は，テイラー展開が

$$\sin\theta = \theta - \frac{\theta^3}{3!} + \frac{\theta^5}{5!} - \cdots \tag{4.2}$$

となることが示すように，θ の無限次数のベキを含んでおり 1 次関数ではない．

しかし，$\sin\theta$ を θ で近似してもよい程度に振れ角が十分小さければ，解くべき式は線形の微分方程式

$$ml\frac{d^2\theta}{dt^2} = -mg\theta \quad\longrightarrow\quad \frac{d^2\theta}{dt^2} = -\omega_0^2\,\theta, \quad \omega_0 \equiv \sqrt{\frac{g}{l}} \tag{4.3}$$

となり，一般解は $\theta(t) = A\cos(\omega_0 t + \phi)$ と容易に求めることができる．ここで，A，ϕ は任意定数で，A は振幅，ϕ は初期位相を表す．この解から，振れ幅が小さい振り子の振動数 ω_0 は，振り子の長さ l と重力加速度 g の比から $\omega_0 = \sqrt{g/l}$ で決まり，

---

† 楕円関数という高級な関数を用いれば解けなくはない．その場合，厳密解は $\theta(t) = 2\sin^{-1}[k\,\mathrm{sn}(\omega_0 t, k)]$，$k = \sin(\theta_{\max}/2)$ で与えられる．ここで，$\mathrm{sn}(x,k)$ はヤコビの楕円関数とよばれるものの一つである．

おもりの質量 m や振幅 A に依存しないことがわかる．この性質は，「振り子の等時性」として知られている．このように，振幅を小さいとして線形方程式で近似してしまえば，解くことは大幅に楽になる．しかし，線形化しないもとの式 (4.1) に支配される振り子では，等時性は成り立たず，振幅が大きくなるにつれて周期が長くなることが知られている．線形化をすることで，「周期の振幅依存性」という重要な性質が失われてしまったのである．

単振り子に限らず，身の回りのいろいろな現象について，それを支配する法則を数式を用いて表現すると，非線形の微分方程式の形になることが多い．しかし，これら非線形微分方程式の大部分は，厳密に解くことはできない．楕円関数という高級な関数を使えば厳密に解ける単振り子の場合は，むしろ例外的なのである．ほとんどの場合に厳密な解を得る手段がないのであれば，真の解がもつ性質の重要な部分を不完全ながらも再現するような，近似的な解を求めることが大変重要になる．そのような近似解を得るための代表的な手法の一つとして，**摂動法** (perturbation method) がある．

4.2　摂動法

摂動法とは，解きたい方程式の中に小さなパラメータ（たとえば ϵ としよう）が含まれているとき，ϵ についての級数の形で近似的な解を求める方法である[†]．

4.2.1　摂動法の計算例 (1) ： 2 次方程式の根の近似値

まず，一つ練習問題をやってみよう．2 次方程式

$$x^2 + \epsilon x - 1 = 0 \tag{4.4}$$

について，$\epsilon \ll 1$ と思って根の近似値を求めてみよう．もちろん，2 次方程式の根の公式を使えば厳密な根が

† ちなみに，「摂動」とは天文学に由来する言葉である．たとえば，太陽を回る地球の運動を考える場合，太陽と地球の間の引力だけを考慮したニュートンの運動方程式（2 体問題）は厳密に解くことができ，地球は太陽を一つの焦点とする楕円軌道を描くことになる．しかし実際には，太陽からの引力に比べれば弱いながらも，火星や木星などほかの惑星からの引力もあり，それらによって地球の楕円軌道は乱される．このような，問題としている二つの天体以外の天体からの微小な影響による軌道の乱れのことを，天文学では古くから「摂動」(perturbation) とよんでいた．

$$x = \frac{-\epsilon \pm \sqrt{\epsilon^2 + 4}}{2} \tag{4.5}$$

と容易に求められるが，ここでは摂動法の手順を示す意味で，あえて摂動法で根の近似値を求めてみる．

まず，根 x を

$$x(\epsilon) = x_0 + \epsilon x_1 + \epsilon^2 x_2 + \cdots \tag{4.6}$$

のように微小パラメータ ϵ の級数で近似することを考える．ここで，$\epsilon = 0$ とすると $x = x_0$ なので，x_0 は $\epsilon = 0$ のときの根，すなわち

$$x^2 - 1 = 0 \tag{4.7}$$

の根になっていなければならず，これより $x_0 = \pm 1$ となる．これらのうち $x_0 = 1$ を選び，これが $\epsilon \neq 0$ のときにどのように修正されるかを求めることにしよう．そのために，

$$x(\epsilon) = 1 + \epsilon x_1 + \epsilon^2 x_2 + \cdots \tag{4.8}$$

と仮定して，式 (4.4) に代入すると，

$$(1 + \epsilon x_1 + \epsilon^2 x_2 + \cdots)^2 + \epsilon(1 + \epsilon x_1 + \epsilon^2 x_2 + \cdots) - 1 = 0 \tag{4.9}$$

となる．これを ϵ のべきで整理すると，

$$(1 - 1) + (2x_1 + 1)\epsilon + (2x_2 + x_1^2 + x_1)\epsilon^2 + O(\epsilon^3) = 0 \tag{4.10}$$

が得られる．

ϵ は微小でさえあればどんな値もとりうるパラメータなので，この式が成り立つためには，左辺の ϵ の各次数の係数がすべてゼロにならなくてはならない．このとき，ϵ^1 の係数から $x_1 = -1/2$，これを ϵ^2 の係数に代入してゼロとなるためには $x_2 = 1/8$，これらを ϵ^3 の係数に代入してゼロとなるためには $x_3 = \cdots$ という風に，展開 (4.8) の係数が簡単な計算で下から順番に決まっていく．この結果，式 (4.4) の 2 根のうち，1 に近い根に対する近似として

$$x = 1 - \frac{1}{2}\epsilon + \frac{1}{8}\epsilon^2 + O(\epsilon^3) \tag{4.11}$$

が得られる．

微小パラメータ ϵ が，たとえば $\epsilon = 0.1$ のとき，根の公式が与える厳密な値が $0.9512492\cdots$ であるのに対して，摂動法で求めた $O(\epsilon^2)$ までの近似解 $1-(1/2)\epsilon+(1/8)\epsilon^2$ は 0.95125 を与え，誤差はわずか 100 万分の 1 以下である．$\epsilon \ll 1$ と仮定して展開 (4.8) の最初の数項だけで近似していることを思えばとんでもない話であるが，仮に $\epsilon = 1$ としてしまっても，厳密な根 $0.6180339\cdots$ に対し，摂動法の 2 次近似解は 0.625 で，その相対誤差は 1%ほどにすぎない．摂動法を用いるとき，頭の中では $\epsilon \ll 1$ と思っているが，この例が示すように，得られた結果は意外なほど大きな ϵ に対してまで有効である場合が少なくない．

4.2.2　摂動法の計算例 (2)：微分方程式の近似解

摂動法を使って，微分方程式を近似的に解くこともできる．たとえば，時間の関数 $x(t)$ に対する非線形常微分方程式の初期値問題

$$\dot{x} + x + \epsilon x^2 = 0, \qquad x(0) = 1 \tag{4.12}$$

の近似解を摂動法で求めてみよう．

計算例 (1) と同様，まず

$$x(t) = x_0(t) + \epsilon x_1(t) + \epsilon^2 x_2(t) + \cdots \tag{4.13}$$

とおく．計算例 (1) と異なるのは，展開の係数 x_i が定数でなく t の関数である点である．初期条件

$$x(0) = x_0(0) + \epsilon x_1(0) + \epsilon^2 x_2(0) + \cdots = 1 \tag{4.14}$$

より，各 $x_i(t)$ に対する初期条件

$$x_0(0) = 1, \qquad x_1(0) = 0, \qquad x_2(0) = 0, \qquad \cdots \tag{4.15}$$

を得る．

式 (4.13) を式 (4.12) に代入すると，

$$\begin{aligned}&(\dot{x}_0 + \epsilon\dot{x}_1 + \epsilon^2\dot{x}_2 + \cdots) + (x_0 + \epsilon x_1 + \epsilon^2 x_2 + \cdots) + \epsilon(x_0 + \epsilon x_1 + \epsilon^2 x_2 + \cdots)^2 \\ &\quad = 0\end{aligned} \tag{4.16}$$

となる．これを ϵ のベキで整理して，低次から順に解いていくと，

$$O(\epsilon^0):\quad \dot{x_0}+x_0=0,\quad x_0(0)=1 \quad\longrightarrow\quad x_0(t)=\mathrm{e}^{-t} \tag{4.17a}$$

$$O(\epsilon^1):\quad \dot{x_1}+x_1=-x_0^2=-\mathrm{e}^{-2t},\quad x_1(0)=0 \quad\longrightarrow\quad x_1(t)=-\mathrm{e}^{-t}+\mathrm{e}^{-2t} \tag{4.17b}$$

$$O(\epsilon^2):\quad \dot{x_2}+x_2=-2x_0x_1=2\mathrm{e}^{-2t}-2\mathrm{e}^{-3t},\quad x_2(0)=0$$

$$\longrightarrow\quad x_2(t)=\mathrm{e}^{-t}-2\mathrm{e}^{-2t}+\mathrm{e}^{-3t} \tag{4.17c}$$

となり，$O(\epsilon^2)$ までの近似解として

$$x(t)=\mathrm{e}^{-t}+\epsilon\left(-\mathrm{e}^{-t}+\mathrm{e}^{-2t}\right)+\epsilon^2\left(\mathrm{e}^{-t}-2\mathrm{e}^{-2t}+\mathrm{e}^{-3t}\right)+O(\epsilon^3) \tag{4.18}$$

を得ることができる．

実は，式 (4.12) は非線形微分方程式でありながら，ベルヌーイ型とよばれるタイプで，簡単な変数変換で線形微分方程式に帰着できる．また，変数分離型でもあるので，そう考えて解くこともでき，厳密解は

$$x(t)=\frac{1}{(1+\epsilon)\mathrm{e}^t-\epsilon} \tag{4.19}$$

で与えられる．近似解 (4.18) に含まれる誤差は時間 t とともにしだいに増大するが，たとえば $\epsilon=0.1$ のとき，$t=10$ でも相対誤差は 0.1%以下にとどまっていることを確認できる．また，厳密解 (4.19) を ϵ の関数とみなして，ϵ についてのマクローリン展開（すなわち，$\epsilon=0$ のまわりのテイラー展開）を求めると，摂動法で得た近似解 (4.18) と一致することもわかる．

4.3　摂動法の非線形振り子への適用

4.3.1　摂動法の破綻

これまでの例で，厳密には解くことのできない非線形な問題に対しても，摂動法を用いることによって，比較的単純な計算で有効な近似解を得ることができることがわかった．しかし，残念ながらいつもこのようにうまくいくとは限らない．実は，以下に見るように，本章冒頭で取り上げた単振り子という単純な問題でも，通常の摂動法では有効な近似解を得ることができないのである．

単振り子の式 (4.1) には微小パラメータが目に見える形で入っていないので，ま

ずは摂動法が使えるような，微小パラメータが陽に入った形に書き直す必要がある．振り子の最大振れ角を $\theta_{\max}$ とし，$x = \theta/\theta_{\max}$ で無次元変数 x を導入しよう．また，$\tilde{t} = \omega_0 t$ で新しい時間変数 $\tilde{t}$ を導入し，$\tilde{t}$ についての微分を $\dot{x}$ のように上付きドットで表すことにする．式 (4.1) の $\sin\theta$ にマクローリン展開 (4.2) を代入し，$\epsilon = \theta_{\max}^2/6$ で ϵ を導入すれば，式 (4.1) は

$$\ddot{x} + x - \epsilon x^3 + \frac{3}{10}\epsilon^2 x^5 - \cdots = 0, \qquad x(0) = 1, \qquad \dot{x}(0) = 0 \tag{4.20}$$

のようになる．ここでは問題を特定するために，初期条件としては，時刻 $t = 0$ で振り子を $\theta_{\max}$ まで引き上げ，速度ゼロでそっと離す場合を想定した．振り子の等時性を予言する線形理論では，この式で ϵ の付いた左辺第 3 項以降のすべての項を無視する．しかし，ここでは非線形の効果を含む近似解を得るために，ϵ は小さいながらもゼロではない微小パラメータとして扱い，摂動法で近似解を求めることを試みよう．

まず，4.2 節のように $x(t)$ を

$$x(t) = x_0(t) + \epsilon x_1(t) + \epsilon^2 x_2(t) + \cdots \tag{4.21}$$

と仮定する．混同のおそれもないので，今後 $\tilde{t}$ のチルダを省略して，単に t と書くことにする．初期条件より，

$$x(0) = x_0(0) + \epsilon x_1(0) + \cdots = 1, \qquad \dot{x}(0) = \dot{x}_0(0) + \epsilon \dot{x}_1(0) + \cdots = 0 \tag{4.22}$$

であるから，これより，各 $x_i(t)$ に対する初期条件

$$x_0(0) = 1, \qquad x_i(0) = 0 \quad (i = 1, 2, \ldots), \qquad \dot{x}_i(0) = 0 \quad (i = 0, 1, 2, \ldots) \tag{4.23}$$

を得る．式 (4.21) を式 (4.20) に代入すると，

$$\begin{aligned}&\left(\ddot{x}_0 + \epsilon\ddot{x}_1 + \epsilon^2\ddot{x}_2 + \cdots\right) + \left(x_0 + \epsilon x_1 + \epsilon^2 x_2 + \cdots\right)\\&- \epsilon\left(x_0 + \epsilon x_1 + \epsilon^2 x_2 + \cdots\right)^3 + \frac{3}{10}\epsilon^2\left(x_0 + \epsilon x_1 + \epsilon^2 x_2 + \cdots\right)^5 - \cdots = 0\end{aligned} \tag{4.24}$$

となる．これを ϵ のベキで整理して，低次から順に解いていくと，

$$O(\epsilon^0): \quad \ddot{x}_0 + x_0 = 0, \quad x_0(0) = 1, \quad \dot{x}_0(0) = 0 \quad \longrightarrow \quad x_0(t) = \cos t \tag{4.25a}$$

$$O(\epsilon^1):\quad \ddot{x}_1 + x_1 = x_0^3 = \cos^3 t = \frac{1}{4}\cos 3t + \frac{3}{4}\cos t, \quad x_1(0) = 0, \quad \dot{x}_1(0) = 0$$

$$\longrightarrow \quad x_1(t) = \frac{1}{32}\cos t - \frac{1}{32}\cos 3t + \frac{3}{8}t\sin t \tag{4.25b}$$

となる．したがって，線形理論からのずれを表す最初の項である $\epsilon x_1(t)$ までを考慮した近似解 $\tilde{x}(t)$ として，

$$\tilde{x}(t) = \cos t + \epsilon\left(\frac{1}{32}\cos t - \frac{1}{32}\cos 3t + \frac{3}{8}t\sin t\right) + O(\epsilon^2) \tag{4.26}$$

が得られる．しかし，ここで $O(\epsilon)$ の最後に現れた $(3/8)t\sin t$ がトラブルを引き起こす．

解に対して無限級数による表現 (4.21) を仮定したとき，現実的には最初のいくつかの項を求めてそこで打ち切ることを想定しており，無限級数を最後まで求めるなどということは考えてもいない．この級数を途中のどこで打ち切っても，合理的な近似解が得られるためには，$\epsilon^n x_n \gg \epsilon^{n+1} x_{n+1}$，すなわち残した最後の項に比べて無視した最初の項がずっと小さくなければならない[†]．式 (4.21) は，各係数 $x_n(t)$ が $O(1)$ 程度の大きさにとどまっていれば，$\epsilon \ll 1$ の条件のもとでこの性質を満たす．近似解 (4.26) を見ると，ϵ^0 の部分 $x_0(t) = \cos t$ は常に 1 程度の値に収まっている．一方，ϵ^1 の部分の三つの項のうち 1 項目と 2 項目は常に ϵ 程度の大きさにとどまるため問題はないが，3 項目の $\epsilon(3/8)t\sin t$ はいくら ϵ が小さくても，時間経過とともに際限なく大きくなる．このように，振動展開に現われる時間とともに限りなく大きくなっていく項を**永年項** (secular term) とよぶ．

時刻 t が $1/\epsilon$ 程度になると，近似級数 (4.21) の第 1 項 x_0 と第 2 項 $\epsilon x_1(t)$ が同程度の大きさになって近似の合理性が失われてしまう．仮に $\epsilon = 0.01$ としよう．これは，振幅でいえば $\theta_{\max} \approx 0.25$（約 14°）に対応する．$\epsilon \ll 1$ という想定がそれほど悪くないと考えられる値だが，この場合でも $t = 1/\epsilon = 100$ 程度になると，近似解 (4.26) はまったく役に立たなくなってしまう．線形理論によると，この振り子の周期は 2π なので，$t = 100$ というのは振り子がたった 15 回程度振れる時間にすぎない．**図 4.1** は $\theta_{\max} = 45°$（$\epsilon \approx 0.1$）のときに，摂動法による近似解 (4.26) と厳密解の比較を示したものである．厳密解（実線）が一定振幅で振動しているのに対し，摂動法の解（破線）は，永年項の出現のために時間とともにどんどん大きくなっていく様子が見られる．

---

† このような性質をもつ級数を，漸近級数 (asymptotic series) とよぶ．

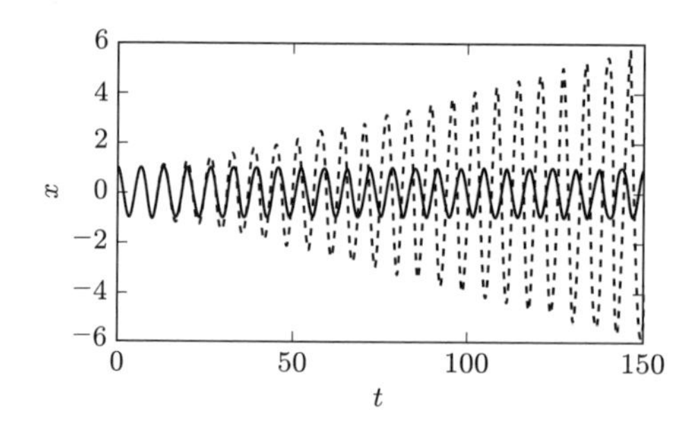

図 4.1　摂動法による近似解（破線）と厳密解（実線）($\theta_{\mathrm{max}} = 45°$)

4.3.2　強制振動と共鳴

2次方程式の根の近似や1階微分方程式の近似解の計算ではあれほどうまくいった摂動法が，どうして非線形振り子の問題ではうまくいかないのであろうか．その直接の原因は，上で見たように，$O(\epsilon)$ の解に時間とともに限りなく大きくなる永年項が出現したためであるが，この永年項の出現の背景には，**共鳴** (resonance) とよばれる現象がある．

固有振動数 ω_0 の線形振動子に，振動数 ω，振幅 F の外力を加えた場合の強制振動の式

$$\ddot{x} + \omega_0^2 x = F\cos\omega t \tag{4.27}$$

について考えよう．$\omega \neq \omega_0$，すなわち外力の振動数が固有振動数と異なる場合には，この方程式の一般解は

$$x(t) = A\cos(\omega_0 t + \phi) + \frac{F}{\omega_0^2 - \omega^2}\cos\omega t \tag{4.28}$$

で与えられる．ここで，A, ϕ は初期条件から決まるある定数である．式 (4.28) は，このとき実現する振動が，振動子自身の固有振動数 ω_0 をもつ調和振動と，外力の振動数 ω をもつ調和振動の重ね合わせになること，外力の振動数で振動する部分の振幅は外力の強さ F に比例し，また ω^2 と ω_0^2 が近いほど大きくなることを示している．解を構成する二つの調和振動の振幅は一定であり，$x(t)$ が限りなく大きくなるということは起こらない．

一方，$\omega = \omega_0$ の場合，式 (4.27) は

$$\ddot{x} + \omega_0^2 x = F\cos\omega_0 t \tag{4.29}$$

となるが，この式は

$$x_p(t) = \frac{F}{2\omega_0} t \sin \omega_0 t \tag{4.30}$$

という特解をもつ．したがって，この場合の一般解は，強制外力がないときの一般解 $A\cos(\omega_0 t + \phi)$ と $x_p(t)$ の和として，

$$x(t) = A\cos(\omega_0 t + \phi) + \frac{F}{2\omega_0} t \sin \omega_0 t \tag{4.31}$$

で与えられる．このように，ある固有振動数 ω_0 で振動する性質のある振動系に対し，それと同じ振動数をもつ振動的外力を加えると，時間とともに振動振幅が際限なく増大するという現象が起こる．この現象は**共鳴**や**共振**とよばれる．

2000 年 6 月に，ロンドンのミレニアムブリッジが開通 2 日目にして閉鎖されるという事件が起こった．ミレニアムブリッジは，その名のとおり，21 世紀の到来を記念して 30 億円以上の巨費を投じて建設された歩行者専用の素晴らしい橋であったが，大勢の歩行者が通行した際に大きな横揺れが発生したため，一時閉鎖されてしまったのである．

人間は二足歩行なので，一歩一歩を踏み出すときに体の重心が多少左右に振れる．このとき人間は，橋に対して横方向の力を及ぼす．巨大な橋に対して 1 人の人間が及ぼす力は微々たるものである．しかし，何らかの原因（たとえば横風が吹いたり，大勢の人が歩調を合わせたりするなど）でたまたま橋が少し横に揺れ始めると，その上にいる多くの人はその揺れに合わせて足を踏み出すようになる．橋の揺れに合わせるほうが歩きやすいからである．こうなると，橋の横揺れと多くの人が橋に加える横方向の力の振動数が同じになり，共鳴現象が発生し揺れがどんどん大きくなる．ミレニアムブリッジの振動問題を引き起こした原因は，このような共鳴現象だったと考えられている．とんちで有名な一休さんの童話の中にも，指一本でお寺の大きな鐘をゆっさゆっさと揺らしたという逸話があるが，一休さんもこの共鳴現象をうまく利用したに違いない．

非線形振り子の問題に摂動法を適用して近似解を求める過程で，実はこの共鳴が起きていたのである．すなわち，式 (4.25) の中の $x_1(t)$ に対する式 (4.25b) $\ddot{x}_1 + x_1 = (1/4)\cos 3t + (3/4)\cos t$ を見ると，固有振動数 $\omega_0 = 1$ の振動子に対して，同じ振動数の強制外力 $(3/4)\cos t$ が作用する形になっていることがわかる．このため，共鳴が起こって $t \sin t$ という永年項が現れ，近似解が破綻してしまったのである．

4.4 多重尺度解析

4.4.1 多重時間の考え方

それでは，この非線形振り子という単純な問題ですら，摂動法はお手上げなのであろうか．摂動法を再び有用な方法にするようなうまい工夫はないのであろうか．この問題に対する先人達の努力の結果，通常の摂動法が破綻するような場合にも力を発揮する，言わば発展型の摂動法の一群が開発されてきた．それらは**特異摂動法** (singular perturbation method) とよばれる．ここでは，それらの中でももっとも取っ付きやすく，かつ汎用性のある**多重尺度法** (multiple-scale method) を取り上げ，それを非線形振り子の問題に適用することで，その考え方や有効性を紹介する．

再び非線形振り子の式 (4.20) を考える．ここで，ϵ は微小なパラメータで $\epsilon \ll 1$ と考える．このとき，式 (4.20) の中では ϵ が付いていない最初の 2 項が断然大きく，運動の基本的な部分はまずここが決める．これが，線形理論が与える $\omega_0 = 1$ の調和振動である．それに比べると，第 3 項以降の ϵ が掛かっている項はごく微小である．これらの微小な要因がもたらす影響（たとえば等時性からのずれ）を目に見える形で実感したり記述したりするためには，それなりの長時間の観察が必要になるであろう．

すなわち，この非線形振り子の運動には，二つの重要な時間が混在しているのである．一つは，振り子の 1 振り 1 振りを問題にする通常の時間である．方程式 (4.20) で使われている t は，まさにこの 1 振り 1 振りを見るのに適した時間変数になっている．もう一つは，微小な非線形の効果が目に見えるような長い時間である．非線形効果を生み出す項の大きさが ϵ 程度であるので，それが積み重なって目に見えてくるためには，$1/\epsilon$ 程度の長い時間が必要と思われる．このことは，4.3.1 項で通常の摂動法を適用した際に，永年項の成長のために摂動解が破綻する時間 t が $1/\epsilon$ 程度であったことからもうなずけるであろう．

たとえば，陸上競技の 100 m 走が対象ならば秒単位で話をするが，同じ時間の流れでも地球の気候変動が対象なら 100 年や 1000 年を単位として話をするように，もし非線形振り子の現象の中に大きく異なる二つの重要な時間が含まれているのであれば，それに対応して二つの時間変数を導入しようという発想が生まれてきたのも不思議ではない．これが**多重時間尺度** (multiple time-scale) とよばれる考え方である．多重時間尺度法では，最初から入っている時間変数 t に加え，新しい時間変数

τ を $\tau = \epsilon t$ によって導入する．この新しい時間変数 τ は，もともとの時間変数 t で見ると，$1/\epsilon$ 程度の長時間経過してやっと 1 程度しか変化しないので，非線形の効果が現れるような長時間を見るのに適した時間変数になっている．そして，もともとは t だけの関数である従属変数 $x(t)$ を，$x(t, \tau)$ のように二つの互いに独立な時間変数の関数として扱う．

もちろん $\tau = \epsilon t$ なので t と τ は独立ではなく，x をこのようにあたかも 2 変数関数のように扱うのは一種のトリックにすぎない．しかし以下に見るように，このちょっとしたトリックで，通常の摂動法が直面した問題を回避することができる．すなわち，もともと t だけの関数である x を，t と τ の関数とみなすことで新たに生まれる「自由度」をうまく利用することによって，摂動法を破綻させた永年項を発生しないようにすることができるのである．以下では，式 (4.20) を対象にして多重時間尺度法の手続きを具体的に示す．

4.4.2 非線形振り子に対する多重時間尺度法の適用

$\tau = \epsilon t$ によって新しい時間変数 τ を導入する．同時に，多重時間の中の t を，もともとの単一時間 t と区別するために，t_0 と書くことにする．そして，$x(t)$ を $x(t_0, \tau)$ とみなす．このとき，もともとの時間微分は，偏微分の連鎖の法則により

$$\frac{dx}{dt} = \frac{\partial x}{\partial t_0}\frac{dt_0}{dt} + \frac{\partial x}{\partial \tau}\frac{d\tau}{dt} = \frac{\partial x}{\partial t_0} + \epsilon\frac{\partial x}{\partial \tau} \tag{4.32}$$

に変わる．すなわち，演算の部分だけを抜き出せば，

$$\frac{d}{dt} = \frac{\partial}{\partial t_0} + \epsilon\frac{\partial}{\partial \tau} \tag{4.33}$$

という置き換えが起こる．これを式 (4.20) に代入し，これまでと同様に x を ϵ に関する級数展開

$$x(t) = x(t_0, \tau) = x_0(t_0, \tau) + \epsilon x_1(t_0, \tau) + \cdots \tag{4.34}$$

で表すと，

$$\begin{aligned}&\left(\frac{\partial}{\partial t_0} + \epsilon\frac{\partial}{\partial \tau}\right)^2 (x_0 + \epsilon x_1 + \cdots) + (x_0 + \epsilon x_1 + \cdots) - \epsilon\,(x_0 + \epsilon x_1 + \cdots)^3 + \cdots \\ &= 0\end{aligned} \tag{4.35}$$

となる．これを ϵ のベキで整理して，低次から順に解いていく．まず，$O(\epsilon^0)$ では

$$\frac{\partial^2 x_0}{\partial t_0^2} + x_0 = 0 \quad \longrightarrow \quad x_0(t_0, \tau) = A(\tau)\cos\left[t_0 + \phi(\tau)\right] \tag{4.36}$$

となる．ここで，振幅 A と位相定数 ϕ は，従来ならば初期条件から決まる定数である．しかし，多重時間尺度法の立場では，これらは速い時間 t_0 に関しては定数であるが，遅い時間 τ の関数であることは許される．

次の $O(\epsilon^1)$ の式は

$$\frac{\partial^2 x_1}{\partial t_0^2} + x_1 = x_0^3 - 2\frac{\partial^2 x_0}{\partial t_0 \partial \tau} \tag{4.37}$$

となる．ここで，x_0 に $O(\epsilon^0)$ の解を代入すると，

$$\begin{aligned}\frac{\partial^2 x_1}{\partial t_0^2} + x_1 &= A^3\cos^3(t_0+\phi) + 2\frac{\partial}{\partial \tau}\left[A\sin(t_0+\phi)\right] \\ &= \frac{1}{4}A^3\cos[3(t_0+\phi)] + \frac{3}{4}A^3\cos(t_0+\phi) + 2\frac{\partial A}{\partial \tau}\sin(t_0+\phi) \\ &\quad + 2A\cos(t_0+\phi)\frac{\partial \phi}{\partial \tau}\end{aligned} \tag{4.38}$$

となる．通常の摂動法での対応する式 (4.25b) と比べると，A や ϕ が遅い時間 τ に依存することを許された結果，それらの τ 微分を含む二つの項が右辺に新たに追加されていることがわかる．式 (4.38) の右辺のうち，永年項を発生させる要因となる共鳴的な「外力項」は，$\sin(t_0+\phi)$ および $\cos(t_0+\phi)$ の項である．これらが消えて永年項が発生しない条件として，以下が得られる．

$$\sin(t_0+\phi) \text{ の消去：} \quad \frac{\partial A}{\partial \tau} = 0 \quad \longrightarrow \quad A(\tau) = A_0 \quad (A_0 = \text{定数}) \tag{4.39}$$

$$\cos(t_0+\phi) \text{ の消去：} \quad \frac{\partial \phi}{\partial \tau} + \frac{3}{8}A^2 = 0 \quad \longrightarrow \quad \phi(\tau) = -\frac{3}{8}A_0^2\tau + \phi_0 \quad (\phi_0 = \text{定数}) \tag{4.40}$$

このような永年項が発生しないための条件を，**非永年条件** (non-secular condition) とよぶ．振幅 A や位相定数 ϕ が，この条件を満たすようにゆっくり変化すれば永年項は発生せず，x_1 は有限にとどまり続け，したがって級数近似解 (4.34) も破綻しない．このとき，式 (4.36) より，$x(t)$ の主要部分である x_0 は

$$\begin{aligned}x_0 &= A(\tau)\cos\left[t_0 + \phi(\tau)\right] = A_0\cos\left(t_0 - \frac{3}{8}A_0^2\tau + \phi_0\right) \\ &= A_0\cos\left[\left(1 - \frac{3}{8}\epsilon A_0^2\right)t + \phi_0\right]\end{aligned} \tag{4.41}$$

で与えられる．式 (4.41) において，もともとの時間変数に戻し[†]，ϵ の定義 $\epsilon=\theta_{\max}^2/6$ を代入し，かつ $t=0$ で $x_0=\theta_{\max}$ であることを考えると，

$$\theta(t)=\theta_{\max}\cos\left[\omega_0\left(1-\frac{1}{16}\theta_{\max}^2\right)t\right]+O(\epsilon) \tag{4.42}$$

が得られる．この近似解は，振り子の角振動数 ω や振動周期 T が

$$\omega\approx\omega_0\left(1-\frac{1}{16}\theta_{\max}^2\right),\qquad T=\frac{2\pi}{\omega}\approx T_0\left(1+\frac{1}{16}\theta_{\max}^2\right) \tag{4.43}$$

となり，振幅 $\theta_{\max}$ の増大に伴い振動数が低下し，周期が長くなっていくことを示している．

図 4.2 は，振幅 $\theta_{\max}$ の関数として，周期 T と線形周期 $T_0\,(=2\pi/\omega_0)$ の比を描いたものである．実線が厳密解に基づく結果，破線は多重時間尺度法によって得られた式 (4.43) の結果，すなわち $T/T_0=1+\theta_{\max}^2/16$ を描いたものである．最低限の非線形効果を取り込んだだけの近似であるにもかかわらず，$\theta_{\max}$ が 80° 程度に大きくなってもまだかなりよい予測を与えることがわかる．

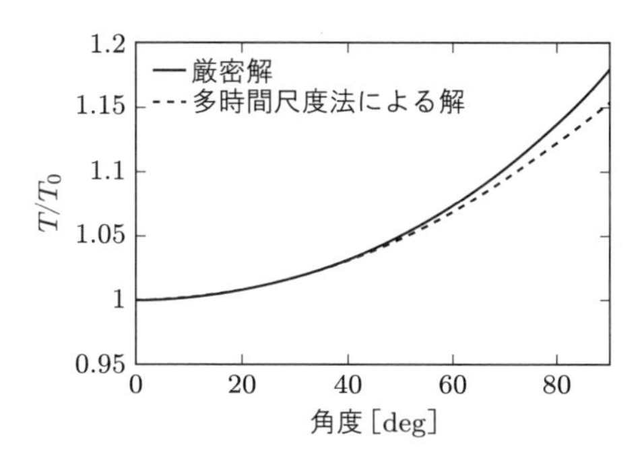

図 4.2　振幅と周期の関係

図 4.3(a) は，$\theta_{\max}=45°$ のとき，非線形効果を考慮しない線形理論による解（破線）と厳密解（実線）との比較を示したものである．線形理論の解は，非線形効果から生じる周期の延びを考慮できないので，時間とともに厳密解との位相のずれが増大し，10 回程度振動しただけで，位相が大きくずれて，厳密解が右に振れているのに線形解は左に振れるという状態になってしまうことがわかる．

一方，図 4.3(b) は同じく $\theta_{\max}=45°$ のとき，多重時間尺度法による最低次の解

† 式 (4.20) を導出した際に，$\tilde{t}=\omega_0 t$ で $\tilde{t}$ を導入した．その後チルダを省略してここまできているので，ここでの t は正しくは $\tilde{t}=\omega_0 t$ のことである．

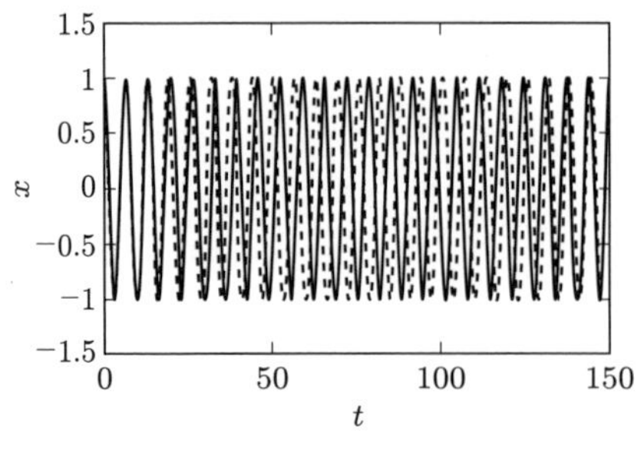

（a）線形理論の解（破線）と厳密解（実線）

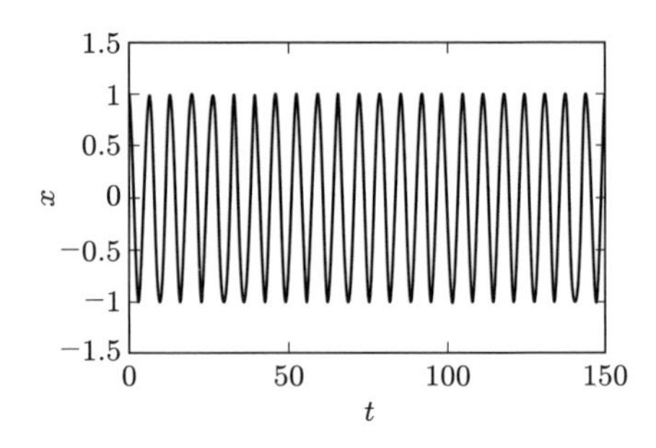

（b）多重時間尺度による解（破線）と厳密解（実線）

図 4.3　厳密解との比較 ($\theta_{\max} = 45°$)

(4.42) と厳密解の比較を示したものである．$\theta_{\max} = 45°$ とかなり大きな振幅であるにもかかわらず，図に示した 20 周期程度の時間に関しては，厳密解との差異がほとんど見えないほどよく一致している．「複数の時間変数を導入して，それらをあたかも独立変数のように扱う」というトリッキーなアイデアではあるが，この「多重尺度」という方法論が非常にシンプルかつ強力な手法であることを，この結果は明瞭に示している．この多重尺度的な考え方は，本書でも今後随所で用いていく．

なお，摂動法に関しては，文献 [4], [66] などが読みやすい．

COLUMN　多重時間尺度法について

筆者には，複数の時間変数を導入する「多重時間尺度法」について思うとき，必ず頭に浮かんでくる SF 小説がある．もう 50 年近くも前に，ある新聞社が中学生向けに発行した新聞に掲載されていたごく短いものである．タイトルや著者は記憶になく，内容もおぼろげであるが，話の大筋は以下のようであったと記憶している．

『ある考古学者が，砂漠の中で古代文明の遺跡を発見した．そこには，神殿を守る巨大な守護神の石像が立っていた．考古学者は詳しく調べるために，その石像の足の指の一部をハンマーで少し欠いて自国へ持ち帰った．その後戦争が勃発して調査が中断したが，終戦後何年かぶりに再びその遺跡を訪れたところ，直立していた石像の上体がやや前かがみになり，以前学者がハンマーで欠いた足の指先に向かって手を伸ばそうとした形になっていた．』

ただこれだけの話なのであるが，この世のさまざまな現象が互いにまったく異なる時間スケールで同時並行で進行していること，まさに多重時間尺度の概念を背景にしたショートショートの傑作のように思える．

これに近い話として，SF の世界ではなく，**ピッチドロップ実験** (pitch drop experiment) とよばれる，れっきとした流体力学的現象があるので紹介しておこう．ピッチとは，原油から石油などを蒸留で取り出した後に残る黒い物体である．高温ではドロドロの液状だが，常温では固体である．道路舗装に使われるアスファルトを想像してもらえばよい．オーストラリアのクイーンズランド大学のパーネル氏が 1927 年に，高温に熱しドロドロになったピッチを出口をふさいだ漏斗に注ぎ，そのまま 3 年ほど常温で放置した．もちろんこの時点でピッチは完全に固化し，ハンマーで叩けば粉々に飛び散るような完全な固体になっていた．そこで，パーネル氏はふさいでいた漏斗の口を切って，ピッチが流れ出られるようにして置いておいた（**図 4.4** 参照）．すると，8 年後の 1938 年に漏斗の口からピッチのしずく (drop) が 1 滴落ちたということである．この実験は，その開始から 90 年近く経った現在もまだ継続中で，いままでに 8 滴のピッチのしずくが落下している．我々の日常生活の時間スケールで見れば完全に固体で静止しているように見えるピッチの固まりも，数十年というより長いスケールで見れば，まさに液体のように流れているのである．なお，この実験は，世界でもっとも長く継続的に行われている実験として，ギネスブックにも登録されている．

図 4.4　ピッチドロップ実験

(https://commons.wikimedia.org/wiki/File:University_of_Queensland_Pitch_drop_experiment.jpg より転載)

この章のまとめ

- ▶ 身の回りのさまざまな現象は，数学的には微分方程式という形で表現することができる．しかし，それらの多くは非線形で，解析的に解くことが困難である．したがって，厳密ではないが，解の重要な側面を含むような近似解を求める手法が重要になる，

- ▶ 方程式が微小パラメータ ϵ を含む場合，**摂動法**とよばれる近似解法が有用である．摂動法では，解に対する ϵ についての展開形を仮定してもとの方程式に代入し，ϵ の各次数から得られる一連の方程式を順次解いていくことによって，近似解を求める．

- ▶ ただし，摂動法は，時間とともに発散する**永年項**の出現によって破綻する場合がある．永年項の出現の背景には，**共鳴**という現象がある．

- ▶ 発展型の摂動法の一つに，**多重時間尺度法**とよばれる手法がある．多重時間尺度法においては，たとえば時間 t の関数 $x(t)$ に対して，「速い時間変数」 t_0 と「遅い時間変数」 $\tau = \epsilon t$ を導入して，$x(t)$ を $x(t_0, \tau)$ のように 2 変数関数として扱う．この拡張によって新たに生じる「自由度」を活用することで，永年項の出現を防ぎ，その結果，長時間有効な近似解を得ることができる．

第5章 KdV方程式：分散性の影響

非線形波動方程式 $u_t + c(u)u_x = 0$ においては，伝播速度 $c(u)$ が従属変数 u に依存するゆえに伝播とともに波形が突っ立ちを起こし，有限時間で解が破綻してしまうことを第1章で紹介した．水面波では，水深に比べ波長が非常に長い波に非線形の効果を導入すると，このことが起こる（詳細は付録Bを参照）．一方，水面波は分散性波動であり，波長によって伝播速度が異なることを第3章で紹介した．本章では，非線形性と分散性の両方を同時に考慮した場合の波の性質について調べていく．これら二つの効果が競合することで，きわめて安定に伝播する「ソリトン」とよばれる不思議な孤立波が出現することや，それにまつわる研究の背景や広がりについても紹介する．

5.1 KdV方程式とその直感的な導出

水深 h の波のない静かな水域に，h に比べて波長の非常に長い波が x 方向に進入していくとき，水面変位 $\eta(x,t)$ は

$$\frac{\partial \eta}{\partial t} + \left[3\sqrt{g(h+\eta)} - 2\sqrt{gh}\right]\frac{\partial \eta}{\partial x} = 0 \tag{5.1}$$

という非線形波動方程式に支配される†．伝播速度が η の増加関数であるため，η の大きなところ（水面の高いところ）ほど速く伝わる．このため，第1章で見たように，波形の $\eta_x < 0$ の部分が時間とともにしだいに突っ立ち，ついには水面変位 η が（したがって流速 u も）x の多価関数になるという，物理的に許されない状況が発生してしまう．式(5.1)は「長波」，すなわち波形 $\eta(x,t)$ の空間変化の代表的な長さが，水深 h に比べてずっと長いという仮定のもとで導出された式である．しかし，非線形効果のために波形の前傾化が進むと，その部分では波形変化が急になり，この仮定が成立しなくなる．この意味で式(5.1)は，自らがもつ非線形効果のために，自らの成立の前提条件を崩してしまうという，自己矛盾をはらんだ式になっている．

† 詳細については，付録Bを参照されたい．

一方，第3章で示したように，水面波は波長によって波速が異なる分散性波動であり，x 方向へ伝播する波数 k，振動数 ω の水面重力波の線形分散関係は

$$\omega = \sqrt{gk \tanh kh} \tag{5.2}$$

で与えられる．水深 h に比べ，波長 $\lambda = 2\pi/k$ が非常に長い「完全な長波」（すなわち浅水極限）$kh \to 0$ においては，$\tanh kh/kh \to 1$ より $\omega = \sqrt{gh}\,k$（波速 $c = \omega/k = \sqrt{gh} =$ 一定）となり，分散性が消滅する．このため，完全な長波を想定して導出された式 (5.1) には，分散性がまったく反映されていない．しかし，非線形効果がもたらす波形の前傾化に伴い，「完全な長波」状態は永続することができず，必然的に波の分散性を考慮せざるをえない状況が生じる．

もちろん，水面波の基礎方程式系 (3.27) を出発点として，摂動法を用いた系統的な方法によって，式 (5.1) に分散性の効果を加味した新しい方程式を導出することもできる．しかし，この方法は計算がかなり煩雑になるので，それは付録 F に回すことにして，ここではより直感的な方法で式 (5.1) に分散性の影響を取り込むことを考えよう．といっても，水面波の分散性 (5.2) を完全に取り込むわけではなく，「完全な長波」($kh \to 0$) を前提にして導出された式 (5.1) に対して，波速が波長に依存するという分散性の効果を近似的にでも取り込むことで，式 (5.1) の適用範囲をもう少し短波長側に拡張しようというわけである．

水面重力波の線形分散関係 (5.2) を長波極限 $kh = 0$ のまわりにテイラー展開すると，

$$\omega = \sqrt{gh}\,k - \frac{1}{6}\sqrt{gh}h^2k^3 + O(kh)^5 \tag{5.3}$$

が得られる．ここで，右辺第2項以降が分散性をもたらす部分である．式 (5.1) の修正を考えている以上，ここで対象とする波はある程度の長波であり，その意味で kh は微小な量である．このとき，式 (5.3) の右辺第2項以降の各項は後ろへいくほど小さくなり，したがって第2項を考慮するだけでも長波に対する分散性効果の一番重要な部分を取り込むことができるはずである．ここで，5.1 節で見た線形正弦波 $a\,\mathrm{e}^{i(kx-\omega t)}$ に対して成立する対応関係

$$\frac{\partial}{\partial t} \quad \longrightarrow \quad -i\omega, \qquad \frac{\partial}{\partial x} \quad \longrightarrow \quad ik \tag{5.4}$$

を思い出すと，線形分散関係 (5.3) の第2項の効果を式 (5.1) に取り込むには，$(\sqrt{gh}\,h^2/6)\eta_{xxx}$ なる項を付加すればよいことがわかる．このようにして，x 方向

へ伝播する長波に対して，非線形性の効果と分散性の効果を同時に取り込んだ式として，

$$\frac{\partial\eta}{\partial t}+\left[3\sqrt{g(h+\eta)}-2\sqrt{gh}\right]\frac{\partial\eta}{\partial x}+\frac{1}{6}\sqrt{gh}h^2\frac{\partial^3\eta}{\partial x^3}=0 \tag{5.5}$$

が得られる．

ただし，ここで一つ考慮すべき点がある．式 (5.1) の導出には，長波であり kh が非常に小さいことは仮定されているが，非線形性 η/h が小さいことは仮定されていない．しかし，分散性の影響を線形分散関係に基づいて，$(\sqrt{gh}h^2/6)\eta_{xxx}$ という付加項の形で式 (5.1) に取り込んだ時点で，その式は線形に近い波に対してのみ合理性を有する式になっている．したがって，$\eta/h \ll 1$ の近似のもとでは

$$3\sqrt{g(h+\eta)}-2\sqrt{gh}=\sqrt{gh}\left(3\sqrt{1+\frac{\eta}{h}}-2\right)=\sqrt{gh}\left[1+\frac{3}{2}\frac{\eta}{h}+O\left(\frac{\eta^2}{h^2}\right)\right] \tag{5.6}$$

となることを考慮して，式 (5.5) の非線形項も同時に $\sqrt{gh}(1+3\eta/2h)$ と置き換えるのが筋が通っている．このようにして，x の正方向へ伝播する弱非線形長波に弱い分散性の影響を付加した式として，最終的に

$$\frac{\partial\eta}{\partial t}+\sqrt{gh}\frac{\partial\eta}{\partial x}+\frac{3}{2}\sqrt{\frac{g}{h}}\eta\frac{\partial\eta}{\partial x}+\frac{1}{6}\sqrt{gh}h^2\frac{\partial^3\eta}{\partial x^3}=0 \tag{5.7}$$

が得られる．式 (5.7) は，コルトヴェーグ (Korteweg, G.J.) とド・フリース (de Vries, G.) によって 1895 年に初めて導出された式で，**コルトヴェーグ–ド・フリース方程式** (Korteweg–de Vries equation)，または両者の頭文字を取って **KdV 方程式**とよばれている [41]．

もともとのコルトヴェーグとドフリースの解析では表面張力の影響も考慮されているが，その場合も表面張力重力波の線形分散関係 (3.35) の kh についての展開

$$\begin{aligned}\omega&=\sqrt{\left(gk+\frac{\tau}{\rho}k^3\right)\tanh kh}=\sqrt{\left[\frac{g}{h}(kh)+\frac{\tau}{\rho h^3}(kh)^3\right]\left[(kh)-\frac{1}{3}(kh)^3+\cdots\right]}\\&=\sqrt{gh}\,k-\frac{\sqrt{gh}}{2}\left(\frac{h^2}{3}-\frac{\tau}{\rho g}\right)k^3+\cdots\end{aligned} \tag{5.8}$$

を用いれば，同様な方法で

$$\frac{\partial\eta}{\partial t}+\sqrt{gh}\frac{\partial\eta}{\partial x}+\frac{3}{2}\sqrt{\frac{g}{h}}\eta\frac{\partial\eta}{\partial x}+\frac{\sqrt{gh}}{2}\left(\frac{h^2}{3}-\frac{\tau}{\rho g}\right)\frac{\partial^3\eta}{\partial x^3}=0 \tag{5.9}$$

のように導出することができる．式 (5.8) が示すように，完全な重力波 ($\tau = 0$) の場合も含めて $h^2/3 - \tau/\rho g > 0$ が成り立つ場合には，分散性の効果（すなわち，波長が無限大でない効果）は振動数（したがって伝播速度）を下げるようにはたらき，**負の分散** (negative dispersion) とよばれる．一方，表面張力の効果が大きく $h^2/3 - \tau/\rho g < 0$ となる場合には，分散性の効果は逆に振動数や伝播速度を上げる方向にはたらき，**正の分散** (positive dispersion) とよばれる．

式 (5.9) によると，ちょうど $h^2/3 = \tau/\rho g$ が成り立つときには，分散性の効果は kh のより高次の項から始まり，したがって波長がかなり短くなってもなかなか分散性の効果が現れない．水と空気の場合，$h^2/3 = \tau/\rho g$ が成り立つのは，水深 h が約 5 mm のときである．**図 5.1** は，$h = 5\,\mathrm{mm}$ の場合の表面張力重力波の位相速度を波長の関数として示したものである．第 3 章で述べたように，表面張力を無視した純粋な重力波を考えた場合，分散性による速度減少分が長波極限の速度 $\sqrt{gh}$ から 3%以内に収まるためには，波長は水深の 14 倍程度以上である必要があった．しかし，重力の負の分散効果と表面張力の正の分散効果がつり合う水深 5 mm あたりでは，図 5.1 で見られるように，波長 λ がかなり短くなるまで波速 c は長波極限 $\sqrt{gh} \approx 22\,\mathrm{cm/s}$ のまま一定にとどまる．波長が水深のたった 3 倍の $\lambda = 1.5\,\mathrm{cm}$ にまで短くなっても，波速は長波極限での値 $\sqrt{gh}$ から 4%もずれていない．ライトヒルは，「水深 5 mm の水槽を使えば，水の波を使って，非分散性波動である音波の実験が可能であろう」と述べている [44]．波速 $c = 22\,\mathrm{cm/s}$ は音速（約 340 m/s）に比べて桁違いに遅いので，この事実を利用すれば，水面波を使うことによって音波の現象をスローモーションで観察することができるかもしれない．

ここでは水面波を例にして直感的な方法で KdV 方程式を導いたが，その導出過程が示すように，

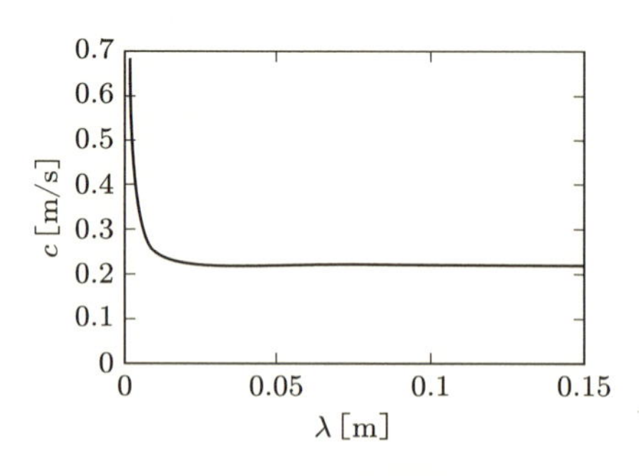

図 5.1　水深 $h = 5\,\mathrm{mm}$ のときの表面張力重力波の波速 c

1. 長波極限 $k \to 0$ で分散性が消滅し，線形正弦波の波速が一定値 c_0 に近づくこと．
2. 長波極限の近傍で，線形正弦波の波速 $c(k)$ が $c = c_0 - \beta k^2 + \cdots$ のように展開されること．
3. 非線形性による波速の変化が，$u(x,t)$ の 1 次項 αu で評価できること．

という三つの要件を満たす系であれば，どのような物理現象を表現する系であれ，弱非線形かつ弱分散の極限では，必ず

$$\frac{\partial u}{\partial t} + c_0 \frac{\partial u}{\partial x} + \alpha u \frac{\partial u}{\partial x} + \beta \frac{\partial^3 u}{\partial x^3} = 0 \tag{5.10}$$

という形の KdV 方程式で近似することができる．実際に KdV 方程式は，水面波に限らず，イオン音波や磁気音波などプラズマ中の種々の波動，気液混相流中の波動，非線形格子を伝わる波動など，さまざまな波動現象に共通して登場する非常に一般的で重要な非線形波動方程式の一つである．

以下では，c_0 で平行移動する座標系を導入して，KdV 方程式を

$$\frac{\partial u}{\partial t} + \alpha u \frac{\partial u}{\partial x} + \beta \frac{\partial^3 u}{\partial x^3} = 0 \tag{5.11}$$

のように書くことにする．

5.2　孤立波解：非線形性と分散性のバランス

式 (5.11) は，形を変えないで一定速度で伝播する次のような定常進行波解をもつ．

$$u(x,t) = a\,\mathrm{sech}^2\left[\sqrt{\frac{\alpha a}{12\beta}}\,(x - ct - x_0)\right], \qquad c = \frac{\alpha}{3}a \tag{5.12}$$

これは KdV 方程式の**孤立波解** (solitary wave solution) とよばれ，以下のような特徴をもつ．

1. 波の中心に関して左右対称で，$x \to \pm\infty$ で $u = 0$ に漸近するパルス的な波形をもつ（これが孤立波とよばれるゆえんである）†．
2. 伝播速度（より正確には，線形長波の速度 c_0 からのずれ）は振幅 a に比例する．
3. 波の幅は $\sqrt{|a|}$ に逆比例し，大きい孤立波ほど細い．

† 変換 $u \longrightarrow u + u_\infty$，$c \longrightarrow c + \alpha u_\infty$ により，ゼロでない任意の一定値 u_∞ に漸近する解も得られる．

式 (5.11) において分散項 u_{xxx} がなければ，初期にどのような波形を入力しても非線形項による前傾化（$\alpha > 0$ のとき）もしくは後傾化（$\alpha < 0$ のとき）が起こり，一定の波形を保ったまま伝わることはできない．また，式 (5.11) で非線形項がなければ，分散項のために，初期波形を構成するさまざまな波長成分がおのおの異なる速度で伝播し，やはり一定の波形で伝わることはできない．したがって孤立波解 (5.12) は，非線形効果と分散効果が共存しているからこそ実現する定常進行波解である．

孤立波解 (5.12) が存在するためには，平方根の中，すなわち $\alpha a/\beta$ が正でなければならない．これは，孤立波解が確かに非線形効果と分散効果のバランスの上に成り立っていることをよく示している．

たとえば水面重力波 (5.5) の場合，$\alpha = (3/2)\sqrt{g/h} > 0$, $\beta = (1/6)\sqrt{gh}h^2 > 0$ なので，この条件は $a > 0$，すなわち孤立波は**図 5.2**(a) のように，必ず水面の盛り上がりになっていることを要求する．$\alpha > 0$ の場合，非線形効果は波の高い部分ほど速く進ませようとするので，波形前面が急になろうとし，その結果多くの短波長成分が生み出される．ところが，$\beta > 0$ で負の分散性があると，これら短波長成分は長波より遅くしか伝わることができず，非線形性のために前傾していく波形を後ろに引き戻す効果が生じる．もし，$\alpha > 0$, $\beta > 0$ の状況で逆に $a < 0$，すなわち水面にくぼみができたとすると，非線形効果も分散性もともに波形を後ろに引っ張る効果になってしまい，一定波形を保ったまま伝わることはできない．したがって，物理的に考えても，水面重力波 ($\alpha > 0$, $\beta > 0$) では $a > 0$，すなわち上に凸の孤立波のみが存在するはずである．一方，表面張力が卓越する場合には $\alpha > 0$，$\beta < 0$ となるが，その場合にも同様に考えると，今度は $a < 0$ の場合にのみ，非線形効果と分散効果の競合・バランスが可能となり，その結果図 5.2(b) のような水面が凹んだ孤立波のみが存在することになる．

孤立波解 (5.12) の幅 d は x の係数の逆数で見積もることができ，これより幅は，$d = \sqrt{\beta/\alpha a}$ のように係数 α, β および孤立波の波高 a と連動していることがわか

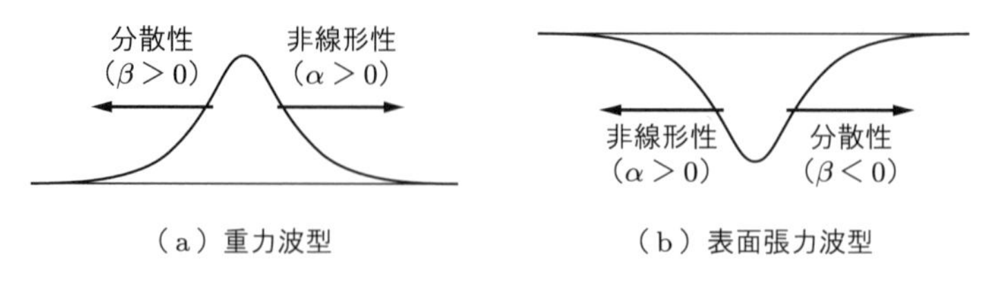

図 5.2　孤立波における非線形性と分散性の拮抗（孤立波の進行方向は右向きとしている）

る．このことも，KdV 方程式の孤立波解が非線形性と分散性のバランスの上に実現していることを示している．波形変化の代表的長さが d のとき，式 (5.11) の非線形項および分散項のおよその大きさは，それぞれ $O(\alpha a^2/d), O(\beta a/d^3)$ で見積もることができる．非線形効果と分散効果が競合・バランスするためには，これら 2 項が同程度の大きさになる必要がある．そのためには

$$\frac{\alpha a^2}{d} \sim \frac{\beta a}{d^3} \quad \longrightarrow \quad d \sim \sqrt{\frac{\beta}{\alpha a}} \tag{5.13}$$

となっていなければならないが，これはまさに孤立波解の幅に一致している．すなわち孤立波の幅は，非線形効果と分散効果が同程度になるように調節されているのである．

例題 5.1 ： KdV 方程式の孤立波解の導出

KdV 方程式 (5.11) の定常進行波解として，孤立波解 (5.12) を求めよ．

解答　2.4 節の例題 2.1 で，バーガース方程式の定常進行波解として衝撃波解を求めたときと同じようにして，常微分方程式の境界値問題に帰着させる．まず，$u(x,t) = U(\xi)$, $\xi = x - ct$ と仮定して，KdV 方程式 (5.11) に代入すると，$U(\xi)$ に対する以下の常微分方程式が得られる．

$$-cU' + \alpha UU' + \beta U''' = 0 \tag{5.14}$$

ここで，$'$ は ξ 微分を表す．1 回積分して $U \to 0\,(x \to \pm\infty)$ を考慮すると，

$$-cU + \frac{1}{2}\alpha U^2 + \beta U'' = 0 \tag{5.15}$$

となる．両辺に U' を掛けてから 1 回積分し，$U \to 0\,(x \to \pm\infty)$ を考慮すると

$$-cUU' + \frac{1}{2}\alpha U^2 U' + \beta U'' U' = 0 \quad \longrightarrow \quad -\frac{1}{2}cU^2 + \frac{1}{6}\alpha U^3 + \frac{1}{2}\beta U'^2 = 0 \tag{5.16}$$

となり，1 階常微分方程式の境界値問題

$$\left(\frac{dU}{d\xi}\right)^2 = \frac{\alpha}{3\beta}U^2\left(\frac{3c}{\alpha} - U\right), \qquad U \to 0 \quad (\xi \to \pm\infty) \tag{5.17}$$

の解を見つければよいことになる．

これを解くことは読者に任せるとして，ここでは孤立波解 (5.12) がこの式を満足することだけを確認しておく．まず，

$$\operatorname{sech} x = (\cosh x)^{-1} \quad \longrightarrow \quad (\operatorname{sech} x)' = -\operatorname{sech} x \tanh x \tag{5.18}$$

より，$y(x) = \operatorname{sech}^2 x$ は

$$\left(\frac{dy}{dx}\right)^2 = 4y^2(1-y), \qquad y \to 0 \quad (x \to \pm\infty) \tag{5.19}$$

を満たし，したがって $y(x) = a \operatorname{sech}^2 bx$ は

$$\left(\frac{dy}{dx}\right)^2 = \frac{4b^2}{a} y^2(a-y), \qquad y \to 0 \quad (x \to \pm\infty) \tag{5.20}$$

を満たすことがわかる．これと式 (5.17) の係数比較より，

$$\frac{3c}{\alpha} = a \quad \longrightarrow \quad c = \frac{\alpha}{3} a, \qquad \frac{\alpha}{3\beta} = \frac{4b^2}{a} \quad \longrightarrow \quad b = \sqrt{\frac{\alpha a}{12\beta}} \tag{5.21}$$

とすれば，$U(\xi) = a \operatorname{sech}^2 b\xi$ は式 (5.17) を満たし，したがって KdV 方程式 (5.11) の孤立波解を与える．

なお，ここではその具体的な表現は記さないが，コルトヴェーグとド・フリースは孤立波解 (5.12) のほかに，一定波長をもつ周期的な定常進行波解も導出している [41]．この解は，ヤコビの楕円関数 cn を用いて表現されるので，**クノイド波** (cnoidal wave) とよばれる．クノイド波は，波長 $\to \infty$ の極限では孤立波解に一致し，振幅 $\to 0$ の極限では KdV 方程式の線形正弦波解に一致する．この意味でクノイド波解は，典型的な非線形波である孤立波解と線形正弦波解を連続的につなぐ役割を果たしている．

5.3　ソリトン：「粒子性」をもつ孤立波

5.3.1　ソリトンの発見

1895 年にすでに導出されていた KdV 方程式を再び一躍有名にしたのは，ザブスキー (Zabusky, N.J.) とクラスカル (Kruskal, M.D.) の研究である [79]．彼らは，KdV 方程式の初期値境界値問題

$$\frac{\partial u}{\partial t} + u\frac{\partial u}{\partial x} + \delta^2 \frac{\partial^3 u}{\partial x^3} = 0, \quad \delta = 0.022, \quad u(x,0) = \cos \pi x, \quad u(0,t) = u(2,t) \tag{5.22}$$

の数値シミュレーションを行った†．その結果，

† 彼らが KdV 方程式の数値的研究を行った背景には，単に水面波からの興味ではなく，統計力学の根本にもかかわる，より広い非線形物理的な問題意識があった．それに関しては付録 G を参照されたい．

1. 初期波形は非線形項のはたらきで突っ立ちを起こした後，分散項の影響で複数のパルスに分裂すること．
2. これらのパルスはその波形や，波高と幅と伝播速度の関係から KdV 方程式の孤立波解と考えられること．
3. これらの孤立波は伝播速度が異なるために，周期境界条件のもとで互いに衝突を繰り返すが，そのつど大きさも形もほとんど変化することなく衝突後再び出現すること．

などを発見した．**図 5.3** は，数値シミュレーションの結果を示す．同図 (b) では，u の値がグレースケールで表現されており，白っぽい筋は分裂でできた孤立波のピーク位置の移動を表している．孤立波が衝突をしながらも自己を保持したまま移動している様子が見える．このように，KdV 方程式の孤立波が相互作用に対してきわめて安定で，まるで粒子のごとくふるまうことから，彼らはこの孤立波を**ソリトン** (soliton) と名付けた†．

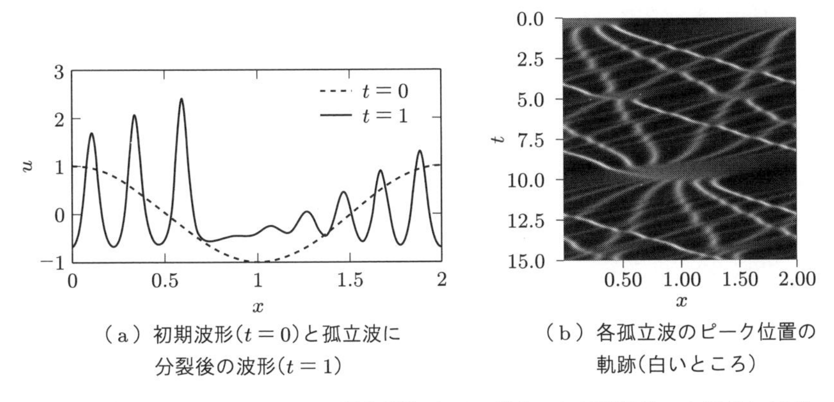

（a）初期波形($t=0$)と孤立波に分裂後の波形($t=1$)

（b）各孤立波のピーク位置の軌跡(白いところ)

図 5.3　ザブスキーとクラスカルの数値計算（(b) では白いところほど u の値が大きい）

線形の系であれば，このような粒子的なふるまいは何も驚くべきことではない．線形系においては解の重ね合わせが許される．したがって，もし伝播速度の異なる二つの孤立波解 $u_1(x,t)$，$u_2(x,t)$ があるとき，二つのうち速いほうが後ろに来るように初期位置を調節したうえで，初期条件として $u(x,0)=u_1(x,0)+u_2(x,0)$ を採用すれば，時間経過とともに後ろにある速い孤立波が前にある遅い孤立波を追い越す（すり抜ける）ということが起こるのは明らかである．

† 陽子 (proton), 電子 (electron) のごとく，“–on” という接尾子は粒子的なニュアンスを与える．

ザブスキーとクラスカルの数値計算結果が衝撃的であった理由は，KdV 方程式が重ね合わせの許されない非線形方程式であるという点である．非線形方程式である KdV 方程式においては，たとえ $u_1(x,t)$ と $u_2(x,t)$ が解であっても，$u_1(x,t)+u_2(x,t)$ は解になることはできない．前節で見たように，KdV 方程式の孤立波解は非線形効果と分散性効果の絶妙なバランスの上に成立している，まさに，本質的に非線形な解である．そのような非線形な解どうしが，何も相互作用をしないまま素通りしている（ように見える）ことが非常に不思議なのである．ただし，以下の 5.3.3 項で見るように，KdV の孤立波どうしは実は単にすり抜けているわけではなく，接近時においては強くて複雑な非線形相互作用を及ぼし合っている．

1.2 節において，従属変数 u の関数 ρ, q が

$$\frac{\partial \rho}{\partial t}+\frac{\partial q}{\partial x}=0 \tag{5.23}$$

満たすとき，これは ρ を密度とし，q をフラックスとするようなある量の保存則を表すことを紹介した．式 (5.23) は，q が $|x|\to\infty$ で 0 になるとき，$(d/dt)\int_{-\infty}^{\infty}\rho\,dx=0$，すなわち $\int_{-\infty}^{\infty}\rho\,dx$ が保存量であることを意味する．実は，KdV 方程式に対しては，式 (5.23) のような保存則が無限個存在することが知られている [53]．KdV 方程式の形を式 (5.11) とするとき，保存則のうち，次数の低い最初の三つは以下のようになる．

$$\frac{\partial u}{\partial t}+\frac{\partial}{\partial x}\left(\frac{1}{2}\alpha u^2+\beta u_{xx}\right)=0 \tag{5.24a}$$

$$\frac{\partial u^2}{\partial t}+\frac{\partial}{\partial x}\left(\frac{2}{3}\alpha u^3+2\beta u u_{xx}-\beta u_x^2\right)=0 \tag{5.24b}$$

$$\begin{aligned}&\frac{\partial}{\partial t}\left(\alpha u^3-3\beta u_x^2\right)\\&+\frac{\partial}{\partial x}\left(\frac{3}{4}\alpha^2u^4+3\alpha\beta u^2u_{xx}-6\alpha\beta u u_x^2-6\beta^2u_xu_{xxx}+3\beta^2u_{xx}^2\right)=0\end{aligned} \tag{5.24c}$$

無限個の保存則の存在と，KdV 方程式の孤立波解（ソリトン）の粒子的ともいえる安定性・自己保持能力との間には密接な関係があることが知られている．

例題 5.2 ： KdV 方程式の保存則

KdV 方程式 (5.11) に対して，保存則 (5.24) が成り立つことを確認せよ．

解答　式 (5.24a) は明らか．式 (5.24b) も，微分をすべて分解すれば，

$$2uu_t+2\alpha u^2u_x+2\beta u_xu_{xx}+2\beta uu_{xxx}-2\beta u_xu_{xx}$$

$$= 2u(-\alpha uu_x - \beta u_{xxx}) + 2\alpha u^2 u_x + 2\beta u_x u_{xx} + 2\beta uu_{xxx} - 2\beta u_x u_{xx} = 0 \quad (5.25)$$

となって確かに成り立つ．式 (5.24c) はやや煩雑になるので省略するが，同様にすれば確認できる．

5.3.2 逆散乱法：KdV 方程式の厳密解法

ザブスキーとクラスカルによるソリトン発見 [79] の衝撃の直後，ガードナー (Gardner, C.S.) らは，$|x| \to \infty$ で十分速く減衰する任意の初期条件に対して，KdV 方程式の初期値問題を解析的に解く画期的な方法を開発した [22], [23]．この方法においては，KdV 方程式

$$\frac{\partial u}{\partial t} - 6u\frac{\partial u}{\partial x} + \frac{\partial^3 u}{\partial x^3} = 0 \tag{5.26}$$

の解 $u(x,t)$ は，量子力学における，時間に依存しないシュレディンガー方程式

$$-\frac{d^2\phi}{dx^2} + u\phi = \lambda\phi \tag{5.27}$$

のポテンシャル $u(x)$ と同一視される†．

ポテンシャル $u(x)$ が $|x| \to \infty$ で十分速く減衰する場合，式 (5.27) は $|x| \to \infty$ において

$$-\frac{d^2\phi}{dx^2} = \lambda\phi \tag{5.28}$$

となり，したがって，エネルギー準位 λ が正で $\lambda = k^2$ $(k > 0)$ と書ける状態に対しては，$\phi(x)$ の $|x| \to \infty$ でのふるまいは $\mathrm{e}^{\pm ikx}$ の 1 次結合となる．そして，うまく規格化することで，

$$\phi(x) \sim \begin{cases} \mathrm{e}^{-ikx} + R(k)\mathrm{e}^{ikx} & (x \to +\infty) \\ T(k)\mathrm{e}^{-ikx} & (x \to -\infty) \end{cases} \tag{5.29}$$

なる境界条件を満たす解を構成することができる．これを「散乱状態の波動関数」とよぶ．この解は，振幅 1 の物質波が $|x| \to +\infty$ より入射し，そのうち $R(k)\mathrm{e}^{ikx}$ がポテンシャル $u(x)$ によって反射され，$T(k)\mathrm{e}^{-ikx}$ が透過するという状態に対応して

† 量子力学は，分子や原子，それらを構成する陽子，中性子，電子などミクロな世界の物理現象を支配する力学である．また，シュレディンガー方程式 (5.27) は，エネルギー準位 λ の定常状態の波動関数 $\phi(x)$ が満たすべき方程式であり，ミクロ粒子の存在確率は $|\phi(x)|^2$ に比例する．

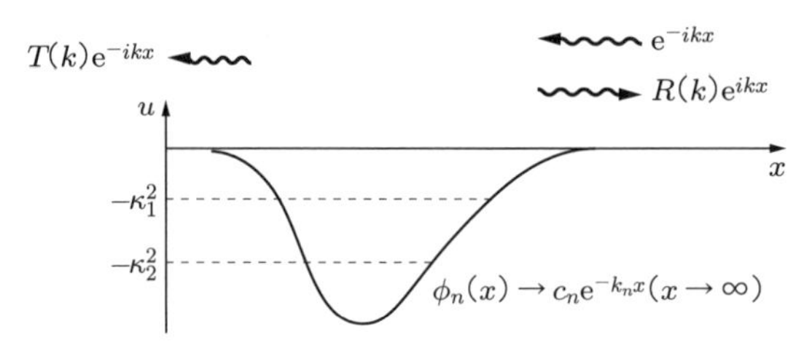

図 5.4　ポテンシャルと散乱データ

いる（**図 5.4** 参照）．このため，$R(k)$，$T(k)$ はそれぞれ反射係数，透過係数とよばれ，また確率の保存より $|R(k)|^2 + |T(k)|^2 = 1$ が成り立つ．

一方，エネルギー準位 λ が負で，$\lambda = -\kappa^2\ (\kappa > 0)$ と書ける状態に対しては，$\phi(x)$ の $|x| \to \infty$ でのふるまいは $\mathrm{e}^{\pm\kappa x}$ の 1 次結合となるが，$\phi(x)$ が遠方で発散しないためには，

$$\phi(x) \sim \begin{cases} c(\kappa)\mathrm{e}^{-\kappa x} & (x \to +\infty) \\ d(\kappa)\mathrm{e}^{\kappa x} & (x \to -\infty) \end{cases} \tag{5.30}$$

のようでなければならない．このように，$x \to \pm\infty$ の両方向で指数関数的に減衰する波動関数が存在できるのは，ポテンシャル $u(x)$ から決まる有限個の特定のエネルギー準位 $\lambda_n = -\kappa_n^2\ (n = 1, \ldots, N)$ に対してのみである．また，規格化条件 $\int_{-\infty}^{\infty} |\phi(x)|^2\, dx = 1$ を要求すると，係数 $c_n\ (= c(\kappa_n))$ は確定し，対応する $d_n\ (= d(\kappa_n))$ も自動的に決まる．このときの $\phi(x)$ を「束縛状態の波動関数」とよぶ．

散乱状態の反射率 $R(k)$，束縛状態のエネルギー準位を決める $\kappa_n\ (n = 1, \ldots, N)$ と規格化係数 $c_n\ (n = 1, \ldots, N)$ を合わせて**散乱データ** (scattering data) とよぶ．与えられたポテンシャル $u(x)$ に対してこれらの散乱データを求める問題は**散乱問題**とよばれる．また，従来の研究によって，散乱データだけからポテンシャル $u(x)$ が確定することが知られており，その $u(x)$ を求める具体的な手法も開発されている．このように，散乱データから逆にポテンシャルを決定する問題は**逆散乱問題**とよばれる．

ガードナーらは，シュレディンガー方程式 (5.27) のポテンシャル $u(x)$ が KdV 方程式 (5.26) に従って時間とともに変形するときの，散乱データ $\{R(k), \kappa_n, c_n\}$ それぞれの時間発展を調べた．その結果，これらが

$$\frac{d\kappa_n}{dt} = 0 \quad \longrightarrow \quad \kappa_n(t) = \kappa_n(0) \tag{5.31a}$$

$$\frac{dc_n}{dt} = 4\kappa_n^3 c_n \quad \longrightarrow \quad c_n(t) = c_n(0)\,\mathrm{e}^{4\kappa_n^3 t} \tag{5.31b}$$

$$\frac{dR(k)}{dt} = 8ik^3 R(k) \quad \longrightarrow \quad R(k,t) = R(k,0)\,\mathrm{e}^{8ik^3 t} \tag{5.31c}$$

のように，$u(x,t)$ を含まない非常に簡単な形で表現されることを見出した．

以上のことを背景にして，ガードナーらは KdV 方程式 (5.26) の初期値問題を解析的に解く，以下のような手法を提案した．

1. まず，KdV 方程式の初期波形 $u(x,0)$ をポテンシャルとするシュレディンガー方程式 (5.27) の散乱問題を解き，$u(x,0)$ に対する散乱データ $\{R(k,0), \kappa_n(0), c_n(0)\}$ を求める．
2. ポテンシャル $u(x)$ が KdV 方程式に従って時間発展する際の，時刻 t における散乱データ $\{R(k,t), \kappa_n(t), c_n(t)\}$ を式 (5.31) より求める．
3. 時刻 t における散乱データ $\{R(k,t), \kappa_n(t), c_n(t)\}$ に対して逆散乱問題を解き，対応するポテンシャル $u(x,t)$，すなわち KdV 方程式の時刻 t における解を求める．

ガードナーらが開発したこの解法は，**逆散乱法** (inverse scattering method) とよばれている．逆散乱法の手続きを図式的に示すと，**図 5.5** のようになる．

この方法は，定数係数線形偏微分方程式の初期値問題をフーリエ変換を用いて解く方法（**図 5.6** 参照）とよく似ている．解くべき定数係数線形偏微分方程式を形式的に

$$\frac{\partial u}{\partial t} + \mathcal{L}(u) = 0 \tag{5.32}$$

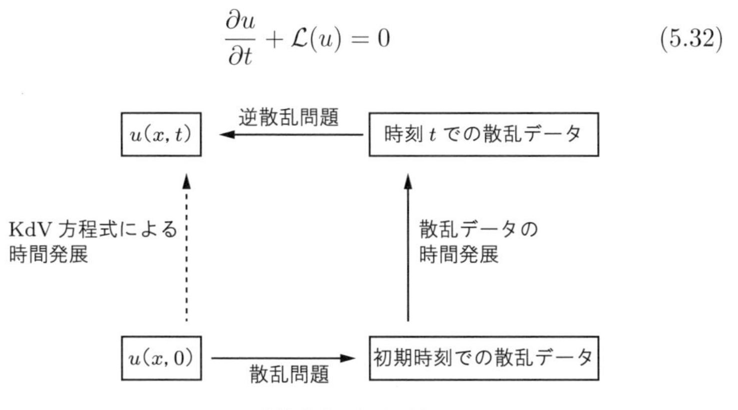

図 5.5　逆散乱法の解法手順

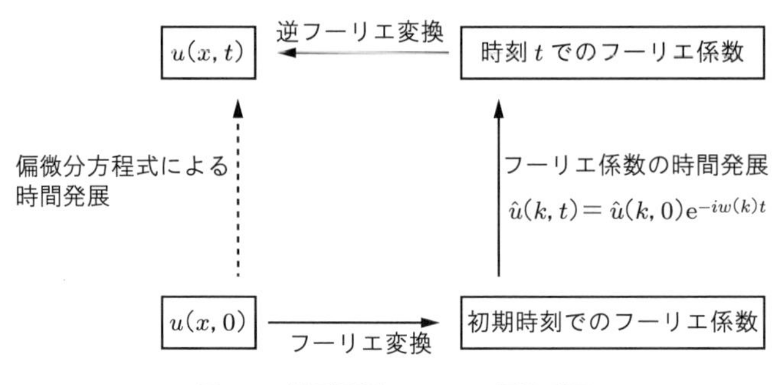

図 5.6　線形問題 (5.32) の解法手順

としよう．ここで，$\mathcal{L}(u)$ は $u(x,t)$ について線形で，u およびその x についての偏微分係数を含むものとする．式 (5.32) に正弦波解 $a\,\mathrm{e}^{i(kx-\omega t)}$ を代入して得られる線形分散関係を $\omega = \omega(k)$ とする．初期波形 $u(x,0)$ がフーリエ変換によって

$$u(x,0) = \int_{-\infty}^{\infty} \hat{u}(k,0)\,\mathrm{e}^{ikx}\,dk \tag{5.33}$$

と表されるとき，任意時刻 t における波形 $u(x,t)$ は

$$u(x,t) = \int_{-\infty}^{\infty} \hat{u}(k,0)\,\mathrm{e}^{i[kx-\omega(k)t]}\,dk = \int_{-\infty}^{\infty} \left[\hat{u}(k,0)\mathrm{e}^{-i\omega(k)t}\right]\,\mathrm{e}^{ikx}\,dk \tag{5.34}$$

で与えられる．すなわち，式 (5.32) の初期値問題は，以下の手順で解くことができる．

1. 初期波形 $u(x,0)$ に対するフーリエ変換 $\hat{u}(k,0)$ を求める．
2. $\hat{u}(k,0)\exp[-i\omega(k)t]$ により，時刻 t の波形 $u(x,t)$ に対するフーリエ変換 $\hat{u}(k,t)$ を求める．ここで，$\omega = \omega(k)$ はこの方程式の線形分散関係である．
3. $\hat{u}(k,t)$ を逆フーリエ変換することによって $u(x,t)$ を求める．

逆散乱法との対応でいえば，フーリエ変換，逆フーリエ変換がそれぞれ散乱問題，逆散乱問題を解く過程に，フーリエ変換 $\hat{u}(k,t)$ が散乱データに，そして線形分散関係 $\omega = \omega(k)$ を用いて $\hat{u}(k,t)$ を時間方向に更新する過程が式 (5.31) を用いて散乱データを更新する過程に，それぞれ対応している．

KdV 方程式 (5.26) とシュレディンガー方程式 (5.27) の結びつきの中でとくに重要な点は，式 (5.31a) に記したように，$u(x,t)$ が KdV 方程式に従って変化する限り，どれだけ波形が変化しても，それをポテンシャルとするシュレディンガー方程式の束縛状態のエネルギー準位 $-\kappa_n^2$ が変わらないという点である．逆散乱法によ

ると，シュレディンガー方程式 (5.27) の N 個の束縛状態のおのおのが KdV 方程式の一つひとつの孤立波

$$u_i(x,t) = -2\kappa_i^2 \operatorname{sech}^2\left[\kappa_i(x - 4\kappa_i^2 t - x_0)\right] \quad (i = 1, \ldots, N) \tag{5.35}$$

に対応しており，このエネルギー準位の不変性こそが，KdV ソリトンの際立った安定性を支えているともいえる．

逆散乱法の詳細はともかく，ガードナーらは，もともとは波長の長い水面波を記述する方程式として導出された KdV 方程式を，原子や素粒子レベルの運動を対象とする量子力学におけるシュレディンガー方程式のポテンシャル問題と結びつけることによって，従来解くことが困難とされていた非線形偏微分方程式の初期値問題に対して，逆散乱法というまったく新しい画期的な解法を編み出した．彼らのこの慧眼は，まさにセレンディピティの好例といえよう．なお，逆散乱法の詳細については，たとえば文献 [1], [58]（第 5 章), [71] などを参照されたい．また，発見者の一人であるミウラ氏自身による逆散乱法発見に至る経緯の紹介 [52] は読みやすく，また研究の現場の興奮や躍動感が直に伝わってきて，とても興味深い．

5.3.3 ソリトン相互作用

KdV 方程式に対しては，N 個のソリトンの相互作用を記述する N **ソリトン解**とよばれる解析解が知られている．ここではソリトン相互作用の端的な例として，二つのソリトンの追い抜きを表現する 2 ソリトン解のみを紹介する．KdV 方程式 (5.26) の 2 ソリトン解 $u(x,t)$ は

$$\begin{aligned}
&u = -2\,(\ln f)_{xx}, \qquad f = 1 + E_1 + E_2 + \left(\frac{\kappa_1 - \kappa_2}{\kappa_1 + \kappa_2}\right)^2 E_1 E_2, \\
&E_i = \exp[2\kappa_i(x - 4\kappa_i^2 t - x_i)] \quad (i = 1, 2)
\end{aligned} \tag{5.36}$$

のように表される†.

例として，$\kappa_1 = 1$, $\kappa_2 = 2$ の場合を**図 5.7** に示す．式 (5.35) から，この解は高さ 8，速度 16 の孤立波が高さ 2，速度 4 の孤立波を追い抜く様子を表現している．

一見，高くて速い孤立波が低くて遅い孤立波を，まるで線形波のように何の干渉もなく追い抜いたかのように見える．しかしよく見ると，両孤立波間にはれっきと

---

† ここで，$\kappa_2 = 0$ とすれば，κ_1 に対応する 1 ソリトン解 (5.35) に帰着する．

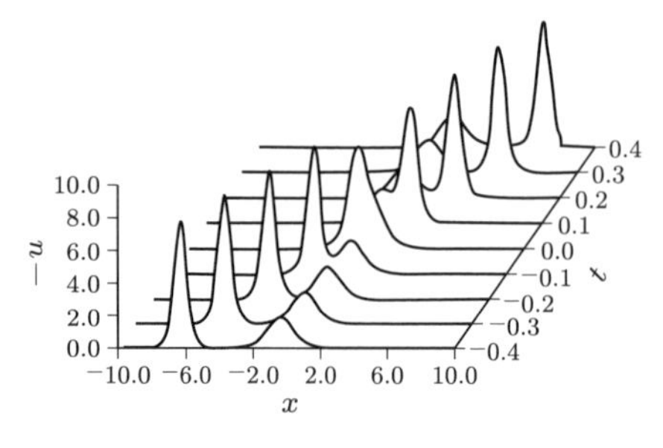

図 5.7　2 ソリトン解 ($\kappa_1 = 1$, $\kappa_2 = 2$)

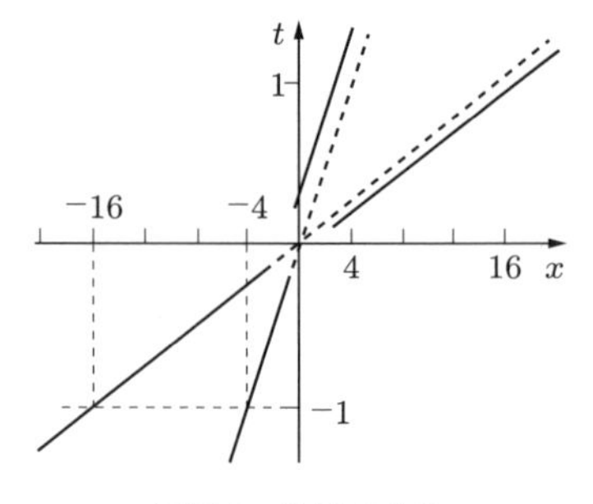

図 5.8　位相のずれ

した非線形な相互作用が存在する証拠を見つけることができる．その一つは，二つのソリトンが重なっているときの波形にある．もし単純な線形波的な相互作用であれば，両者が重なったときにできる波形の高さは $10\,(=8+2)$ になるはずであるが，図 5.7 を見ると，両者が重なったとき $(t = 0.0)$ の波形の高さは 6 しかない．これだけを見ても，二つの孤立波が単純に重なり合っているわけではないことがわかる．

もう一つの証拠は，位相のずれ (phase shift) である．**図 5.8** は，x-t 平面における二つのソリトンの軌跡，すなわち各時刻における位置を示したものである．図からわかるように，二つのソリトンの位置は，両者の間に相互作用がまったくなかった場合（破線）に比べ，追い抜いた高いほうのソリトンは前方に押し出され，抜かれた低いほうのソリトンは逆に後方に引き戻されていることがわかる．

ソリトン解の解法としては，広田良吾氏が開発した**広田の方法** (Hirota's method) もよく知られている．この方法によると，逆散乱法を使わなくても，複数のソリトンの相互作用を表現するような KdV 方程式の厳密解を得ることができるので，「直接法」ともよばれている．ここではこれ以上触れないが，興味のある読者は文献 [29], [58]（第 6 章）などを参照されたい．

例題 5.3 ： KdV 方程式の数値シミュレーション ……………………………………

2 ソリトン解を使わず，KdV 方程式 (5.26) を直接に数値シミュレーションすることによって，図 5.7 に示したソリトンの追い抜きを再現せよ．

解答　ソリトンを見出したザブスキーとクラスカルは，以下のような差分スキームを用いている．

$$\frac{\partial u}{\partial t} - 6u\frac{\partial u}{\partial x} + \frac{\partial^3 u}{\partial x^3} = 0$$

$$
\begin{aligned}
\longrightarrow \quad & \frac{u_i^{j+1}-u_i^{j-1}}{2\Delta t}-6\left(\frac{u_{i+1}^j+u_i^j+u_{i-1}^j}{3}\right)\left(\frac{u_{i+1}^j-u_{i-1}^j}{2\Delta x}\right) \\
& +\frac{u_{i+2}^j-2u_{i+1}^j+2u_{i-1}^j-u_{i-2}^j}{2(\Delta x)^3}=0 \\
\longrightarrow \quad & u_i^{j+1}=u_i^{j-1}+\frac{2\Delta t}{\Delta x}\left(u_{i+1}^j+u_i^j+u_{i-1}^j\right)\left(u_{i+1}^j-u_{i-1}^j\right) \\
& \qquad -\frac{\Delta t}{(\Delta x)^3}\left(u_{i+2}^j-2u_{i+1}^j+2u_{i-1}^j-u_{i-2}^j\right) \qquad (5.37)
\end{aligned}
$$

ここで，$u_i^j = u(i\Delta x, j\Delta t)$ である．このスキームは時間微分を中心差分で近似している（このような手法は蛙飛び (leap-frog) などとよばれる）ので，$j+1$ ステップの値を算出するのに，j ステップと $j-1$ ステップでの値が必要となる．そのため，初期条件を与えられてもそれだけでは出発することができないが，たとえば最初の 1 ステップだけは前進差分（オイラー法）で求め，第 2 ステップ以降に式 (5.37) を用いるなどとすればよい．面倒ならば，第 2 ステップ以降もそのまま前進差分だけでどんどん進んでもとくに問題はないであろう†．このザブスキー－クラスカルのスキームを含め，KdV 方程式に対する陽的な差分スキームに関しては，文献 [65] が参考になる．

5.3.4 ソリトン理論の水面波への応用

もともとの水面重力波に対する KdV 方程式 (5.7) は，変数変換

$$
\tau = \frac{1}{6}\sqrt{\frac{g}{h}}\,t, \qquad \xi = \frac{x-\sqrt{gh}\,t}{h}, \qquad u = -\frac{3\eta}{2h} \qquad (5.38)
$$

によって標準形 (5.26) に変換することができる．この対応関係を用いて，逆散乱法からわかる KdV 方程式の解の主な性質を水面波の言葉で言い換えると，以下のようになる．

1. 遠方で十分速く減衰する任意の初期波形は，いくつかの定常孤立波解（ソリトン）と分散性の波列（テイル）に分裂する．
2. テイルの振幅は，時間とともに $t^{-1/3}$ 程度で減衰していく．
3. 初期波形の面積 $\int_{-\infty}^{\infty} \eta(x,0)\,dx$ が正ならば，最低一つのソリトンが出現する．
4. すべての x について $\eta(x,0) < 0$ ならば，ソリトンは出現しない．
5. 初期波形 $\eta(x,0)$ から出現するソリトンの数 N は，$u(x) = -3\eta(x,0)/2h$ をポテンシャルとするシュレディンガー方程式 (5.27) の束縛状態の数に等しく，

† 図 5.3 に示した数値シミュレーションでは，時間発展はすべて前進差分で行っている．

またそれぞれの孤立波の波高 $a_n\,(n=1,\dots,N)$ は，対応する束縛状態のエネルギー準位 $-\kappa_n^2$ によって $a_n = 4\kappa_n^2 h/3$ で与えられる．

逆散乱法が予言するKdV方程式の解のふるまいは水槽実験の結果と比較検討されており，出現するソリトンの数やその波高などは，水槽の壁による粘性減衰の影響などを適切に補正すれば，かなり良好であることが報告されている（図5.9参照）．

ソリトンへの分裂現象は，1983年の日本海中部地震や2003年の十勝沖地震における津波，2011年の東日本大震災の際に東北地方太平洋岸を襲った大津波においても報告されている．

なお，KdVソリトンのように，非線形効果によって非常に安定したパルス的構造

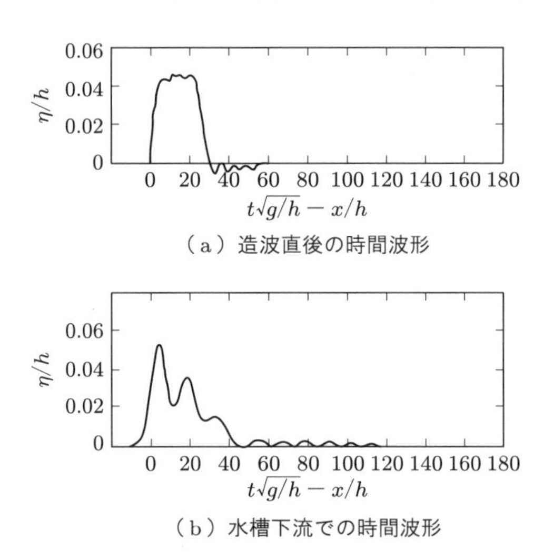

（a）造波直後の時間波形

（b）水槽下流での時間波形

図5.9　ソリトン分裂を再現した水槽実験（文献[24]より転載）

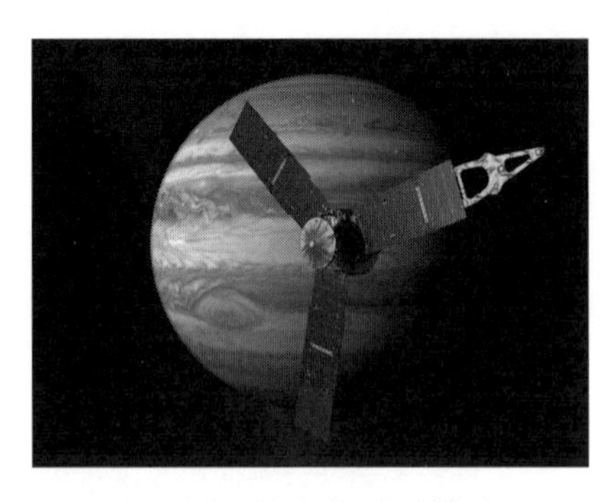

図5.10　木星の大赤斑と探査機ジュノー

が存在しうるという事実は，水面波研究にとどまらず自然科学の広い分野に大きな影響を与えている．中には木星の大赤斑（図 5.10）を，惑星規模のロスビー波とよばれる波動の孤立波解と関係付けて説明しようという興味深い研究などもある [47]．

5.4 KdV 方程式の仲間

本章の冒頭で，水面波の脈絡で KdV 方程式 (5.7) を導出したときの議論からもわかるように，KdV 方程式導出の原点には，まず非線形性も分散性も考慮しない「線形長波」，すなわち振幅が微小で非線形効果は無視することができ，同時に波長が非常に長くて分散性の効果も無視できるという状況がある．式 (5.10) の形の KdV 方程式についていえば，この状況を表現するのが，最初の 2 項からなる $u_t + c_0 u_x = 0$ である．これに対して，弱いながらも非線形の効果を取り込むために第 3 項 $\alpha u u_x$ を追加し，同時に弱いながらも分散性の効果を取り込むために第 4 項 βu_{xxx} を追加したのが KdV 方程式 (5.10) である．この導出の精神を踏まえれば，KdV 方程式 (5.10) の第 1 項と第 2 項は，後の 2 項に比べて非常に大きい．

このことを，水面波に対する KdV 方程式 (5.7) に即して，もう少し定量的に考えてみよう．$\eta(x,t)$ の大きさの代表値を a, η の空間変化（x 依存性）の代表的長さを l とし，η の時間変化（t 依存性）の代表的時間を l/c_0 （$c_0 = \sqrt{gh}$）とする．無次元パラメータ ϵ, μ を $\epsilon = a/h$, $\mu = (h/l)^2$ で導入すると，非線形性が小さいという仮定は $\epsilon \ll 1$ に，長波で分散性が小さいという仮定は $\mu \ll 1$ に，それぞれ対応する．式 (5.7) の各項の大きさをこれらを用いて見積もると，第 1 項と第 2 項は $O(c_0 a/l)$, 第 3 項は $O(c_0 \epsilon a/l)$，第 4 項は $O(c_0 \mu a/l)$，したがって，第 1 項に対する相対的な大きさは，第 1 項から順に $1:1:\epsilon:\mu$ という程度である．

また，KdV 方程式の導出過程において，分散関係を長波長極限のまわりで展開した際に，kh について，したがって μ について高次の項を切り捨てており，また非線形項を書き換えた際に a/h について，したがって ϵ について高次の項を切り捨てている．よって，KdV 方程式はあくまでも近似式であり，本当は右辺はゼロではなく，第 1 項と第 2 項に対して相対的な大きさが $O(\epsilon^2, \mu^2)$ 程度の量があるのに無視して書いていないのである．

このように考えると，KdV 方程式 (5.10) の分散項 u_{xxx} は，たとえば $-u_{xxt}/c_0$ と書き換えても何も問題はない．なぜなら，式 (5.10) では $u_x = -u_t/c_0 + O(\epsilon, \mu)$ であり，したがってもともと $O(\mu)$ の大きさの分散項において $u_x \to -u_t/c_0$ の置き換えをしても，そこで新たに発生する誤差は相対的に $O[\mu \times (\epsilon, \mu)]$ にすぎず，この程度の誤差は最初から無視しているからである．このことから，KdV 方程式 (5.11) の高次項（非線形項と分散項）においては，x 微分のいくつかを最低次の関係 $\partial/\partial t \sim -c_0 \partial/\partial x$ を使って t 微分に置き換えても，近似のよしあしには影響しない．したがって，KdV 方程式と同等の正当性を有する方程式として，たとえば

$$u_t + c_0 u_x + \left\{ \begin{array}{c} \alpha u u_x \\ -(\alpha/c_0) u u_t \end{array} \right\} + \left\{ \begin{array}{c} \beta u_{xxx} \\ -(\beta/c_0) u_{xxt} \\ +(\beta/c_0^2) u_{xtt} \\ -(\beta/c_0^3) u_{ttt} \end{array} \right\} = 0 \tag{5.39}$$

が得られる．

式 (5.39) の中で，とくに分散項の中の三つの x 微分のうち一つを時間微分に置き換えた

$$\frac{\partial u}{\partial t} + c_0 \frac{\partial u}{\partial x} + \alpha u \frac{\partial u}{\partial x} - \frac{\beta}{c_0} \frac{\partial^3 u}{\partial x^2 \partial t} = 0 \tag{5.40}$$

は，ベンジャミン (Benjamin, T.B.)，ボナ (Bona, J.L.)，マホーニー (Mahony, J.J.) により詳しく研究された [5] ので，三者の頭文字を取って **BBM 方程式**，もしくは**正規化長波方程式** (regularized long wave equation)，略して **RLW 方程式**などとよばれている．

KdV 方程式 (5.11) の線形分散関係は

$$\omega(k) = c_0 k - \beta k^3 \tag{5.41}$$

で与えられるが，これによると水面重力波型 $(\beta > 0)$ の場合，$k > \sqrt{c_0/\beta}$ なる波は，方程式の導出の仮定に反して $-x$ 方向に伝播することになる．しかも，位相速度や群速度に下限がなく，波数の大きな成分は $-x$ 方向にいくらでも速いスピードで伝わっていく．一方，BBM 方程式 (5.40) の線形分散関係は

$$\omega(k) = \frac{c_0 k}{1 + \beta k^2 / c_0} \tag{5.42}$$

で与えられ，小さな k に対しては当然 KdV の分散関係 (5.41) と一致するが，式 (5.41) とは異なり，すべての k に対して有限な正の位相速度，群速度を与える．BBM 方程式も定常進行波解として孤立波解をもつ．ただし，二つの孤立波の追い越しを数値シミュレーションによって調べると，追い越し後に小さなテイル部分を生じ，し

たがって厳密な意味でのソリトンではないようである．

ソリトンの発見や逆散乱法の成功によって KdV 方程式が脚光を浴びるにつれて，BBM 方程式はその陰にかすんでしまった感がある．しかし，上で議論したように，KdV 方程式も BBM 方程式も，もとの物理系に対する近似式としては同じ値打ちの式である．これらの方程式がもつ物理的な意味を尊重するならば，孤立波解がソリトン的ふるまいを示すかどうかで両者の優劣を云々するのは筋違いであり，むしろ両者の解のふるまいがあまり違わないような状況に対してのみ，これらの方程式を適用するというのが，近似方程式としての本来の使い方であろう．

なお，KdV 方程式には，式 (5.39) 以外にも多くの「兄弟分」が知られている．以下にその代表的なものを挙げる．

1. **2 次元 KdV 方程式**：

$$(u_t + c_0 u_x + \alpha u u_x + \beta u_{xxx})_x = \gamma u_{yy} \tag{5.43}$$

波の伝播方向 x と直角な y 方向のゆっくりした変化も考慮した KdV 方程式の拡張版．カドムチェフ (Kadomtsev, B.B.) とペトビアシュビリ (Petviashvili, V.I.) により初めて調べられた [33] ので，カドムチェフ－ペトビアシュビリ方程式，略して **KP 方程式**ともよばれている．

2. **KdV バーガース方程式**：

$$u_t + c_0 u_x + \alpha u u_x + \beta u_{xxx} = \nu u_{xx} \tag{5.44}$$

非線形性や分散性に加えて，拡散効果も同時に考慮した式．

3. **変形 (modified)KdV 方程式**：

$$u_t + c_0 u_x + \alpha u^2 u_x + \beta u_{xxx} = 0 \tag{5.45}$$

プラズマ中のアルヴェーン波とよばれる波動などに対する近似方程式．KdV 方程式と異なり，3 次の非線形項をもつ．この変形 KdV 方程式は，ガードナーらが KdV 方程式に対する逆散乱法を編み出す過程で，重要な役割を果たしたことでも知られている．

4. **ベンジャミン－小野方程式** (Benjamin–Ono equation) [59]：

$$u_t + c_0 u_x + \alpha u u_x + \gamma \mathcal{H}[u_{xx}] = 0 \tag{5.46}$$

ここで，$\mathcal{H}$ は

$$\mathcal{H}[f(x)] = \frac{1}{\pi}\mathcal{P}\int_{-\infty}^{\infty}\frac{f(x')}{x'-x}\,dx' \tag{5.47}$$

で定義される**ヒルベルト変換** (Hilbert transform) とよばれる積分変換であり，$\mathcal{P}$ は主値積分を表す．e^{ikx} にヒルベルト変換を作用させると，

$$\mathcal{H}\left[\mathrm{e}^{ikx}\right] = i\,\mathrm{sgn}(k)\,\mathrm{e}^{ikx} \quad (\mathrm{sgn}\text{ は符号関数}) \tag{5.48}$$

が成り立つことから，ベンジャミン－小野方程式 (5.46) の線形分散関係は

$$\omega = c_0 k - \gamma|k|k \tag{5.49}$$

で与えられる．

分散性が消滅する長波極限 $\omega = c_0 k$ の近くで，ω が $\omega = c_0 k - \beta k^3$ ではなく，$\omega = c_0 k - \gamma|k|k$ となる場合には KdV 方程式の代わりにベンジャミン－小野方程式が導かれる．たとえば，密度が異なる二つの流体が重なった 2 層流体系における**界面波** (interfacial wave) の現象では，このベンジャミン－小野型の分散関係が現れることがある†．

5.5　ウィザム方程式と砕波

水面重力波に対しては，2 種類の「解の限界」が知られている．一つは第 3 章で紹介したストークス波，すなわち非線形効果を考慮した周期的な定常進行波解に関するものである．ストークス波は，波高の増大とともに波の山の部分が尖った形になり，ある限界波高に達すると波頂は滑らかさを失い，120 度の角をもつに至る．この現象を，**尖峰化**（せんぽう）(peaking) とよぶことにしよう．深水重力波に対する限界波高は，波長の 0.142 倍程度であることが知られている．この限界波高を超える波高をもつ周期的定常進行波解は存在しない．

もう一つの「解の限界」は，長波の非定常伝播に関するものである．KdV 方程式の導出の出発点である式 (5.1) が示すように，長波長の波に非線形の効果だけを考慮すると，波の高い部分ほど伝播速度が速くなり，その結果伝播に伴って波形の前

† 海洋の表面近くの海水が強い日射によって暖められ軽くなると，その下にある温度が低くより重い海水と混ざり合いにくくなる．この結果，海洋には水深数百メートルあたりに海水の密度が急激に変化する層が形成されることがあり，**温度躍層** (thermocline)，**密度躍層** (pycnocline) などとよばれている．同様の現象は，湖でもよく見られる．このような状況は，近似的に 2 層流体系として扱うことができる．

面が急峻化し，最終的には微分係数が発散する**砕波** (wave breaking) に至る．防波堤など構造物に波が当たる場合，波が砕波しているかどうかで加わる衝撃圧の大きさが大きく異なることが知られており，波の砕波・非砕波は工学上も重要な問題である．

この「尖峰化」と「砕波」は，どちらも現実の水面波で発生する興味深い非線形現象であるが，KdV 方程式では残念ながらこれらのどちらも再現することができない．たとえば，KdV 方程式にはソリトン解とよばれるきわめて安定なパルス的定常進行波解があるが，その波高には限界はなく，波高をいくら大きくしても波頂が尖って角になることはない．また，任意の初期波形からスタートした非定常な波形変形についても，たとえ非線形項のためにある程度の前傾化が起こっても，分散項 (u_{xxx} の項) が必ずそれを食い止めてしまい，砕波 (微分係数の発散) に至ることはない．

このような背景からウィザム (Whitham, G.B.) は，尖峰化も砕波もともに再現できるような，KdV 方程式に代わる簡単なモデル波動方程式を模索していた．その過程の中で彼は，KdV 方程式と同じタイプの非線形項と，線形の積分項をもつ以下のようなモデル方程式

$$u_t + \alpha u u_x + \int_{-\infty}^{\infty} K(x-\xi) u_\xi(\xi,t)\, d\xi = 0 \tag{5.50}$$

を提案した (たとえば文献 [77] (13.14 節) 参照)．式 (5.50) において，非線形項を無視して線形化した式に正弦波 $u(x,t) = a\mathrm{e}^{i(kx-\omega t)}$ を代入すると，

$$\begin{aligned}
&-i\omega a\mathrm{e}^{i(kx-\omega t)} + \int_{-\infty}^{\infty} K(x-\xi) aik\mathrm{e}^{i(k\xi-\omega t)}\, d\xi = 0 \\
&\longrightarrow \quad c(k) = \frac{\omega}{k} = \int_{-\infty}^{\infty} K(x-\xi)\mathrm{e}^{-ik(x-\xi)}\, d\xi = \int_{-\infty}^{\infty} K(x)\mathrm{e}^{-ikx}\, dx
\end{aligned} \tag{5.51}$$

となる．したがって，$K(x)$ として位相速度 $c(k)$ のフーリエ変換を採用することで，式 (5.50) に思いどおりの線形分散関係 $\omega = kc(k)$ をもたせることができる．ただし，$c(k)$ も $K(x)$ も実の偶関数とする．

さまざまな可能性の中で，ウィザムはとくに $K(x) = K_{\mathrm{w}}(x) = B\mathrm{e}^{-b|x|}$ ($b > 0$) の場合に着目した．以下では，式 (5.50) においてこの $K_{\mathrm{w}}(x)$ を採用した方程式

$$u_t + \alpha u u_x + \int_{-\infty}^{\infty} B\mathrm{e}^{-b|x-\xi|} u_\xi(\xi,t)\, d\xi = 0 \tag{5.52}$$

を**ウィザム方程式** (Whitham equation) とよぶことにする．ウィザム方程式 (5.52)

の線形分散関係は

$$c(k) = \int_{-\infty}^{\infty} K_{\mathrm{w}}(x)\mathrm{e}^{-ikx}\,dx = \frac{2Bb}{k^2+b^2} \quad \longrightarrow \quad \omega(k) = \frac{2Bbk}{k^2+b^2} \tag{5.53}$$

で与えられる．

ウィザムは，式(5.52)に対しては尖峰化が起こること，すなわち定常進行波（周期波と孤立波）に波高の上限があり，このとき波形は波頂にシャープな角をもつことを示した．たとえば，$\alpha = 1$, $B = \pi/4$, $b = \pi/2$ のとき，定常進行孤立波解の限界波高は 8/9 で，その波形は

$$u(x,t) = \frac{8}{9}\mathrm{e}^{-(\pi/4)|X|}, \qquad X = x - Ut, \qquad U = \frac{4}{3} \tag{5.54}$$

で与えられる．この波形の波頂角は 110° で，本当の水面重力波の限界波高における波頂角 120° とかなり近い値をとるが，これは単なる偶然にすぎない．また，ウィザム方程式(5.52)に対しては砕波，すなわち波形の前傾化に伴う微分係数の発散も起こることが，数学的にも，また数値シミュレーションによっても示されている [18], [64]．**図 5.11** は，式(5.52)の数値シミュレーション結果の一例である．この図から，初期波形 $u_0(x) = \sin x$ がしだいに前傾化し，有限時間のうちに波形前面がほぼ垂直になる様子を確認することができる．

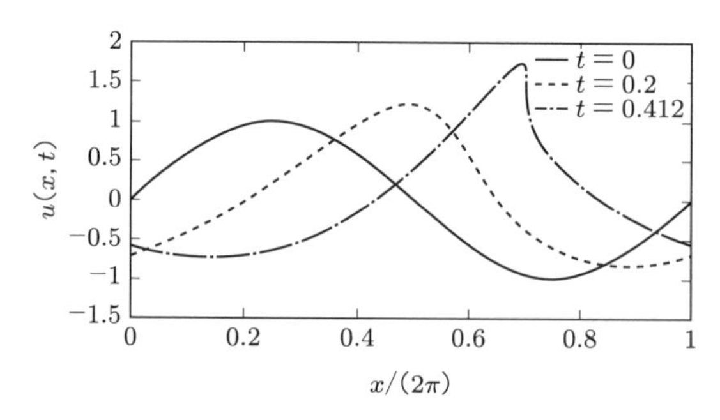

図 5.11　ウィザム方程式の解の砕波の数値計算の一例 ($B = 2.5$, $b = 0.5$)

COLUMN　水面孤立波の発見

KdV方程式の孤立波が初めて科学者の視点で観察されたのは，1834年8月のある日，スコットランドのエジンバラ郊外のユニオン運河 (Union Canal) でのことだった．造船技師で流体力学者でもあったラッセル (Russell, J.S.) が運河沿いの道を馬に乗って散策していた．その当時運河は物資輸送の重要なルートであっ

たが，物資の運搬方法は，「バージ」（はしけ）とよばれる動力をもたない平底の舟を運河に浮かべて物資を積み込み，それを運河沿いの曳舟道を歩く馬に引っ張らせるというものだった．スチーブンソンが実用的な蒸気機関車を開発したのが 1810 年代後半〜1820 年代であり，ラッセルは運河輸送への蒸気船導入の可能性を検討しつつ，運河を見回っていたようである．

そんなとき，馬に引かれて動いていた一隻のバージが急に静止したときに，そのへさきに水が盛り上がったかと思うと，美しい形をした盛り上がりが運河に沿って伝わり始め，それが一定のスピードでほとんど減衰することなく伝わっていった．興味を覚えたラッセルは馬に乗ってその波を 2, 3 km も追いかけたが，結局運河の曲がり角で見失ってしまった．その後，彼は実際の運河を使ったり自宅の庭につくった水槽を使ったりして，この美しい「並進波」(wave of translation) の研究を行い，孤立波のさまざまな性質を見出し，論文として報告している．しかし，当時科学界に影響力のあったエアリー（Airy, G.B., 後に有名なグリニッジ天文台の台長を 45 年間務めた）や，水面波列に対する非線形補正を初めて導出したとして第 3 章で言及したストークスらは，ラッセルが報告したような一定波形を保ったまま並進するような孤立波は存在できないと否定的であったようである [15],[32]．ラッセルの孤立波が名誉を回復したのは，コルトヴェーグとドフリースがのちに KdV 方程式とよばれるようになった長波に対する近似方程式を導出し，その方程式が定常進行波解として孤立波解をもつことを明瞭に示した 1895 年のことであり，ラッセルの「孤立波発見」以来，実に 60 年以上も経てからであった．**図 5.12** は，孤立波（ソリトン）を主テーマとする国際会議が 1995 年にイギリスで開催された折に，ユニオン運河の近くで，ボートを急停止させることによって，ラッセルが見たであろう孤立波と同じような波を起こして，楽しんでいる研究者たちの様子を撮影したものである．

図 5.12 ユニオン運河での孤立波の再現実験（文献 [83] より転載）

この章のまとめ

▶ 振幅が小さく，波長が長い水面重力波に対して，非線形性の効果と分散性の効果を同時に導入すると，**KdV 方程式** (5.7) が得られる．

▶ KdV 方程式は，水面波の問題に限らず，幅広い物理系において，弱い分散性と弱い非線形性を同時に考慮した際に現れてくる，汎用性の高い重要な非線形波動方程式である．

▶ KdV 方程式には，波形を変えずに一定速度で伝わる**孤立波解**が存在する．

▶ 振幅が大きい孤立波ほどその波形は細く，また伝播速度は速い．これは，孤立波が非線形性と分散性のバランスの上に実現していることを反映している．

▶ 水面重力波の場合，水面が盛り上がるタイプの孤立波しか存在できないが，これも孤立波が非線形性と分散性のバランスの上に実現していることを反映している．

▶ KdV 方程式の孤立波は非常に安定で，お互いの衝突に対してあたかも粒子のようにふるまうことから，**ソリトン**とよばれる．

▶ KdV 方程式は，非線形偏微分方程式でありながら，**逆散乱法**とよばれる手法によって，初期値問題を厳密に解くことができる．

第6章 単一の波列の変調と自己相互作用

水面波のような分散性波動は，波長によって伝播速度が異なるので，遠方に伝わるに従って波長ごとに分別され，局所的に見るとほぼ波長のそろった正弦波列のような状態が自動的に実現する．このような波列は，より長いスケールで見ると波長や振幅がゆっくりと変化しており，「変調波列」や「準単色波列」などとよばれる．本章では，このような変調波列に対して，分散性や非線形性が及ぼす影響，および両者の競合の結果もたらされるさまざまな現象について学ぶ．

6.1 変調波列・準単色波列

3.2 節で紹介したように，水面重力波は分散性波動であり，波の伝播速度が波長や振動数に依存する．この分散性は，水深 h に比べて波長 λ が長くなるにつれて弱くなり，水深よりずっと長い波長をもつ波はすべて $\sqrt{gh}$ という同じ速度で伝播する．第 4 章では，この長波極限の少し手前，弱いながらもまだ分散性の効果が残っているような波を対象として，その扱い方や性質などについて考えた．海洋においてこのような取り扱いが許される波が存在する領域は，基本的には沿岸域に限られる．これに対して，沖合の海面に広く分布する海洋波浪の大部分は，その波長に対して水深は非常に深く，ほとんどが深水波の状態に対応し，したがって強い分散性を有する波動になっている．

波動が強い分散性を有する場合，その分散性のために，波は伝播とともに波長や振動数に従って自動的に分別される．たとえば，ある海域で低気圧が発達して強風が吹いたとしよう．強風によって，さまざまな波長の波が一斉に励起される．したがって，その海域における波動場は，広い範囲の波数や周波数成分を含む広帯域スペクトルをもつ，非常に不規則な状態になっている．嵐によって起こされたこれらの波は，その後嵐の海域を抜けて，ほかの海域にまで伝わっていく．このとき，分散性がもたらす伝播速度の差によって，波数や周波数ごとにしだいにその居場所が分かれていく．たとえば，嵐で起こされてから丸一日伝わった後のことを想像してみよう．

波のエネルギーは群速度で伝わることを考えると，周期 10 秒の波は 1 日後には発生した場所から 670 km ほど，周期 11 秒の波は 740 km ほど離れたところまで伝わることになる．嵐の海域を同時に出発した，周期が 1 秒しか違わないこれら二つの成分波でも，丸一日後には互いに 70 km 以上も離れたところで観測されるのである．

このように分散性波動においては，異なる波長や周波数をもつ成分が時間経過とともに空間的にどんどん分離していくので，局所的に見ると，波長や振動数がきれいにそろった一様波列に近い状態が自発的に実現する．このように，局所的にはほぼ一様波列に見えるものの，その振幅や波長がゆっくりと変化している波列は**変調波列** (modulated wave train) とよばれる．完全に一様な波列 $A\cos(k_0x-\omega_0t)$ は，フーリエ解析的に見れば，波数 k_0 のみにエネルギーが集中した線スペクトルをもつ．これに対して変調波列は，ある波数を中心とした幅の狭い**狭帯域スペクトル**をもち，この意味で**準単色波列** (quasi-monochromatic wave) ともよばれる．

変調波列の典型例として，放送局から送られる電波がある．ラジオ放送では放送局ごとに周波数が決まっている．たとえば，岐阜在住の筆者になじみ深い FM 愛知という放送局の場合，その周波数は 80.7 MHz である．しかし，厳密に 80.7 MHz だけの周波数を含む電波は完璧な一様波列であり，アナウンサーの声や音楽などの情報を何も伝えることはできない．この場合，80.7 MHz の電波は声や音楽などの情報を遠くまで運ぶのが役割の電波であり，**搬送波** (carrier wave) とよばれる．音声などの情報は，本来一様波列であるこの搬送波の振幅や周波数を時間的・空間的に変化させることによって表現される†．

人間の耳に聴こえる周波数の範囲，いわゆる可聴域は大体 20〜20000 Hz といわれる．仮に FM 愛知で，人間の可聴域上限の 20000 Hz 成分を含む音信号を送るとしよう．信号を乗せたことで変調された搬送波をフーリエ解析的に周波数の世界で見ると，その周波数スペクトルは，搬送波成分に対応する 80.7 MHz を中心にして，重ねた信号が含む周波数程度の広がりをもつ．スペクトルの中心位置が 8.07×10^7 Hz であるのに対し，その幅は 2.0×10^4 Hz 程度なので，線スペクトルにきわめて近い，まさに準単色なスペクトルの様相を呈するであろう．

この波形を実空間で見るとどうであろうか．運びたい信号の周波数は 20000 Hz である．これを搬送波の変調で送るということは，搬送波の振幅や波長を 1 秒間に 20000 回という速さで変化させることになる．しかし，搬送波は 1 秒間に 8000 万

† ここで，振幅変調によって情報を乗せる方式を AM (amplitude modulation)，振動数の変調によって情報を乗せる方式を FM (frequency modulation) という．

回以上も振動するので，変調の 1 周期の中に搬送波は 4000 波以上も含まれる．すなわち，搬送波から見れば，上乗せされている変調（信号）はものすごくゆっくりとしか変化していない．実空間で見て波列の振幅や波長などが非常にゆっくり変調していることと，周波数や波数などスペクトルの世界で見てスペクトルが非常に狭いこととは同等である．前者を意識すれば「変調波列」，後者を意識すれば「準単色波列」という呼び方になる．

6.2 群速度：変調が伝わる速度

6.2.1 変調の伝播速度としての群速度

エネルギースペクトルが狭く，振幅や波数がゆっくり変化しているような準単色波列を考える．これまで「長い」，「速い」などの言葉を用いる場合は，「何に比べてか」をはっきりと意識しなくてはいけないと繰り返し述べてきた．たとえば前章の KdV 方程式の場合であれば，対象とする波は長波であったが，それはあくまでも水深 h に比べて波長 λ が長いのであった．このとき，無次元パラメータ δ を $\delta^2 = h/\lambda$ で導入すると，δ は微小なパラメータであり，この δ に基づく摂動法を用いることによって，水面波に対する複雑な基礎方程式系を，ずっと簡便な KdV 方程式に帰着することができた．また同時に，その過程で無視した項の大きさの評価から，KdV 方程式が含む誤差の程度やその成立範囲なども把握することができた．

この節で扱おうとしている準単色波列の場合でも，「振幅や波数がゆっくり変化している」という場合，本来ならば「何に比べて，どの程度ゆっくりなのか」をより明確に規定する必要がある．しかし，それは次節に回すとして，ここでは単に「波長程度の長さでは変化しない」いう程度に理解しておこう．また，本節では非線形性の効果はまだ考慮しないので，振幅は無限小としておく．

このような準単色波列は，局所的にはほぼ正弦波に見えるので，局所的な波数 $k(x,t)$ や振動数 $\omega(x,t)$ を導入することができる．ただし，これらは定数ではなく，時間的・空間的にゆっくり変化している．波列中に微小区間 Δx を考え，微小時間 Δt の間の波の出入りを考えよう（図 6.1 参照）[†]．波は左から右に向かって伝わって

† ここでは，波数 k や振動数 ω の変化を調べようとしているので，「微小区間」「微小時間」といっても，あくまでも k や ω がほとんど変化しないという意味での「微小」なのであって，波長や周期に比べればずっと長い．したがって，Δx の中にはかなりの数の波が含まれており，また Δt の間にはかなりの数の波が通過する．

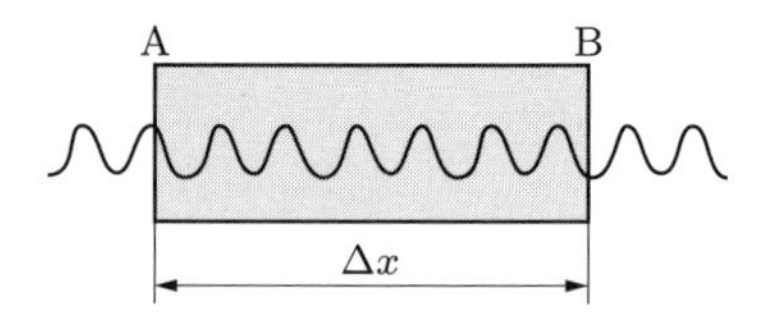

図 6.1　波の保存則

いるとしよう．Δt の間には，区間の左端 A からは $\omega_{\mathrm{A}}\Delta t/2\pi$ 個の波が入り，右端 B からは $\omega_{\mathrm{B}}\Delta t/(2\pi)$ 個の波が出ていく．一方，この区間にある波の数は $k\Delta x/(2\pi)$ 個で与えられる．滑らかな k や ω が定義できるようなゆっくり変化する波列においては，波の 1 山 1 山を追跡していくことができ，波が突然出現したり消滅したりすることはない．したがって，区間 AB 内にある波の数の増減は，流入と流出の差に直結している．単位時間あたりの，区間内の波の数の増加率と正味の流入量が等しいことより，

$$\frac{\partial}{\partial t}\left(\frac{k\Delta x}{2\pi}\right) = (\omega_{\mathrm{A}} - \omega_{\mathrm{B}})\frac{1}{2\pi} = -\frac{\partial\omega}{\partial x}\Delta x\frac{1}{2\pi} \quad \longrightarrow \quad \frac{\partial k(x,t)}{\partial t} + \frac{\partial\omega(x,t)}{\partial x} = 0 \tag{6.1}$$

が成り立つ．これは，**波の保存則** (conservation of waves) とよぶべき関係式である．

波長などが非常にゆっくり変化する波列を考えているので，局所的な k と ω の間には，一様波列に対して成立する分散関係 $\omega = \omega(k)$ がそのままよい近似で成り立つと考えられる．したがって，式 (6.1) からただちに

$$\frac{\partial k}{\partial t} + v_g\frac{\partial k}{\partial x} = 0, \qquad v_g(k) \equiv \frac{d\omega(k)}{dk} \tag{6.2}$$

が導かれる．これは，k の一定値は，$v_g(k)$ という速度で伝播することを示している．$\omega = \omega(k)$ のように ω が k のみの関数の場合，$k =$ 一定はただちに $\omega =$ 一定を意味し，したがって ω に対しても，式 (6.2) と同型の式

$$\frac{\partial\omega}{\partial t} + v_g\frac{\partial\omega}{\partial x} = 0 \tag{6.3}$$

が成立する．ここで現れた $d\omega(k)/dk$ で定義される v_g は**群速度** (group velocity) とよばれる．式 (6.2), (6.3) の結果は，k や ω の変調は v_g で伝わることを示している．

補足

上のように，分散関係が $\omega = \omega(k)$，すなわち ω が k のみの関数になるのは，波が伝わる媒質の性質が空間的に一様で，かつ時間的に定常な場合である．媒質が時

間的にゆっくり変化する場合には，分散関係は $\omega = \omega(k,t)$ のように t を陽に含む形になり，また媒質が空間的にゆっくり変化する場合には，$\omega = \omega(k,x)$ のように x を陽に含む形になる．

たとえば海の波が，沖合から水深 $h(x)$ が徐々に減少する領域を通って岸近くに伝わる場合，その分散関係は $\omega = \sqrt{gk\tanh kh(x)}$ となり，x に陽に依存する．このような $\omega = \omega(k,x)$ のタイプの分散関係の場合，ω の変化は，k の変化を通してもたらされる通常の部分に加え，ω が直接 x に依存しているために発生する部分が新たに生じる．これを式で具体的に表現すれば，波の保存則 (6.1) の $\partial\omega/\partial x$ の項が

$$\frac{\partial\omega}{\partial x} = \left.\frac{\partial\omega}{\partial k}\right|_x \frac{\partial k}{\partial x} + \left.\frac{\partial\omega}{\partial x}\right|_k \tag{6.4}$$

となる．ここで，$\partial\omega/\partial k|_x$ は x を固定したときの ω の k についての偏微分，$\partial\omega/\partial x|_k$ は k を固定したときの ω の x についての偏微分を表す．このとき，群速度 v_g を $\partial\omega/\partial k|_x$ で定義すると，波の保存則 (6.1) は

$$\frac{\partial k}{\partial t} + v_g\frac{\partial k}{\partial x} = -\left.\frac{\partial\omega}{\partial x}\right|_k \neq 0 \tag{6.5}$$

を与え，k は v_g で進む観測者から見ても一定値にはならない．

しかし，このような非一様媒質の場合においても，

$$\frac{\partial\omega}{\partial t} = \left.\frac{\partial\omega}{\partial k}\right|_x \frac{\partial k}{\partial t} = v_g\frac{\partial k}{\partial t} \tag{6.6}$$

であることを考慮すると，式 (6.1) の両辺に v_g を掛けることで式 (6.3) はそのまま成立し，したがって非一様媒質中でも ω の一定値が群速度 v_g（一定ではない）で伝播することになる．このことから，たとえばある振動数のうねりが，沖合の深海域から水深がゆっくり変化する領域を通過して岸近くにやってくる場合，うねりの波長は水深の変化に伴って場所によって変化するのに対し，振動数は沖合での値を保ったまま伝わり，その結果波の周期は沖合から岸近くの浅い場所までどこで測っても等しい値を取ることになる†.

今後は，媒質は一様で定常と仮定して話を進めることにする．

† 逆に分散関係が $\omega = \omega(k,t)$，すなわち媒質が空間的には一様であるが時間的にゆっくり変化するような場合，波の伝播に伴って ω は保存されないが k が保存されることになる．

6.2.2　エネルギーの伝播速度としての群速度

上述のように，群速度 v_g は $d\omega(k)/dk$ で定義される．これに対して，ω/k で定義される速度 c は波形の伝播速度を表し，位相速度とよばれる．

$$v_g = \frac{d\omega}{dk} = \frac{d(ck)}{dk} = c + k\frac{dc}{dk} \tag{6.7}$$

より，分散性波動（すなわち $dc/dk \neq 0$）においては必ず $v_g \neq c$ となる．ちなみに，分散関係が $\omega = \sqrt{gk}$ で与えられる深水水面重力波の場合，群速度 v_g は位相速度 c の 1/2 となる．

エネルギーが群速度で伝わることの説明 (1)

一様で定常な媒質を伝わる線形波の場合，異なる波数成分の間にはエネルギーのやりとりがない．したがって，k の伝播速度が $v_g(k)$ であるということは，とりもなおさずその波数成分がもつエネルギーも速度 $v_g(k)$ で運ばれることを意味する．すなわち，群速度は波数や振動数が伝わる速度であると同時に，エネルギーが伝わる速度でもある．これは水面波に限定した話ではなく，あらゆる波動現象に適用できる話である．とくに水面重力波に対しては，3.3.3 項において，線形正弦波解に基づいて波のエネルギーとエネルギーフラックスを求め，両者の比として定義されるエネルギー伝播速度 U が，確かに群速度 $d\omega/dk$ に一致することを直接計算によっても確認した．

そもそも，波はエネルギーが伝わって初めて攪乱として観測にもかかり，またほかの物体にも影響を与えることができる．その意味では，エネルギーが伝わる速度である群速度は，波形が伝わる速度である位相速度よりも重要な意味をもっているといえる．

式 (6.2) より，一定速度 V で移動する観測者は，$V = v_g(k)$ を満たすような k を常に目の前に見ることになる．異なる波数成分の間にエネルギーのやりとりがなければ，エネルギースペクトルは時間的に変化せず，波数 k_1 と波数 k_2 の間にあるエネルギー量は時間的に変わらない（**図 6.2**(a) のグレーの部分）．一方，実空間で見ると時間 t の後には，波数 k_1 の波は $x_1 = v_g(k_1)t$ の位置に，波数 k_2 の波は $x_2 = v_g(k_2)t$ の位置にまで伝播するので，両者の間の距離は t に正比例して広がっていく（図 6.2(b) 参照）．

実空間の x_1 と x_2 の間にある波のエネルギーは，エネルギースペクトルの k_1 と

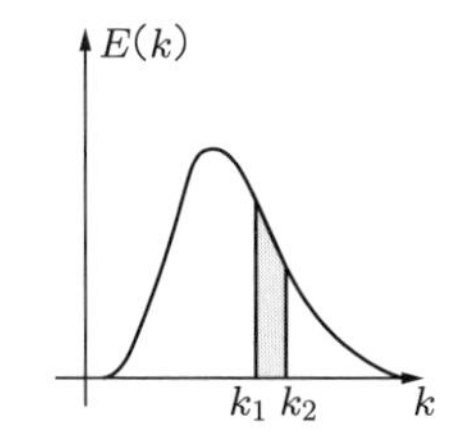

（a）エネルギースペクトル

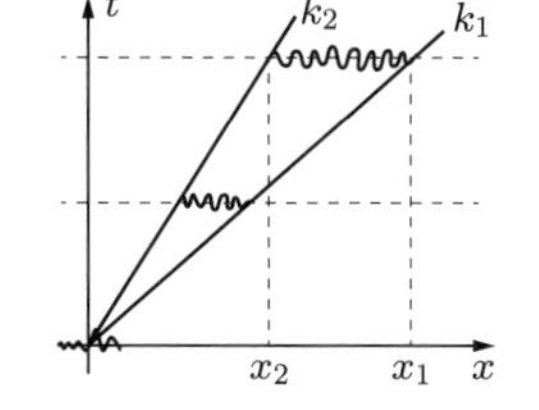

（b）$k_1<k<k_2$ を満たす波数 k の波が存在する x の範囲

図 6.2　エネルギーのスペクトルと伝播

k_2 の間に含まれるエネルギーであり一定である．この一定量のエネルギーが時間 t に比例して長くなっていく区間 $x_1 < x < x_2$ に分配されるのであるから，そこにある波の振幅（エネルギー密度の平方根に比例）は，時間とともに $1/\sqrt{t}$ で減衰していくことになる．

エネルギーが群速度で伝わることの説明 (2)

エネルギーが群速度で伝播することは，次のような考察からもわかる．3.3 節で見たように，線形理論の範囲ではエネルギーは振幅の 2 乗に比例するので，波の振幅の大きいところほどエネルギーも大きいはずである．たとえば，**図 6.3** のように波群が伝わっていく場合，波群がいる場所がすなわちエネルギーがある場所であり，したがって波群の移動速度を見れば，ただちにエネルギーの伝播速度を知ることができる．

しかし，ある波数 k の波に付随するエネルギーの伝播速度を，このような振幅パ

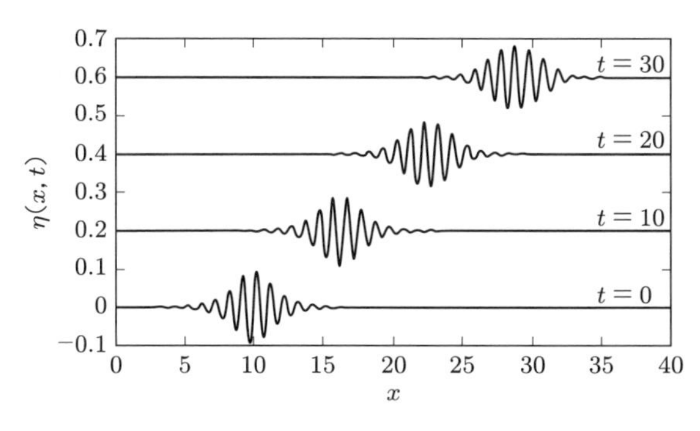

図 6.3　波群の伝播

ターンの移動速度として定めることはできない．なぜなら，ある波数 k だけからなる単色波列は一定振幅の一様波列なので，たとえ波列に沿ってエネルギーが流れていたとしても，それを振幅パターンの移動としてとらえることはできないからである．したがって，一様波列中のエネルギーの伝播を議論するためには，いったん何らかの方法で一様波列に振幅の非一様性を持ち込み，その状況で振幅パターンの伝播速度としてエネルギーの伝播速度を確定した後に，導入した非一様性を小さくする極限をとって一様波列に戻すという手続きが必要になる．

具体的にこれを実行すると，以下のようになる．波数 k_0，振動数 $\omega_0 = \omega(k_0)$ の一様波列 $\eta = A\cos(k_0x - \omega_0t)$ に対して，ほんの少しだけ異なる波数，振動数をもつ二つの波の重ね合わせからなる非一様波列

$$\eta = \frac{1}{2}A\cos[(k_0+\Delta k)x-(\omega_0+\Delta\omega)t]+\frac{1}{2}A\cos[(k_0-\Delta k)x-(\omega_0-\Delta\omega)t] \quad (6.8)$$

を考える．ここで，Δk はごく微小な波数のずれ，$\Delta\omega$ はそれに伴う振動数のずれを表す．極限 $\Delta k \to 0$ をとれば，式 (6.8) は一様波列 $\eta = A\cos(k_0x - \omega_0t)$ になる．式 (6.8) に三角関数の加法定理を適用すれば，

$$\eta = A\cos(\Delta k\, x - \Delta\omega\, t)\cos(k_0x - \omega_0t) \quad (6.9)$$

と書くことができ，これが表す波形は**図 6.4** のようになる．式 (6.9) の二つの cos のうち，後ろの $\cos(k_0x - \omega_0t)$ は波数 k_0，振動数 ω_0 をもつ一様波列を表す．それに対して，前の $A\cos(\Delta k\, x - \Delta\omega\, t)$ は波数 Δk，振動数 $\Delta\omega$ なので，$\Delta k \ll k_0$，$\Delta\omega \ll \omega_0$ の場合には，後ろの cos に比べて時間的にも空間的にも変化が非常に遅く，したがって $\cos(k_0x - \omega_0t)$ に対する局所的な振幅を与える役割をしている．こ

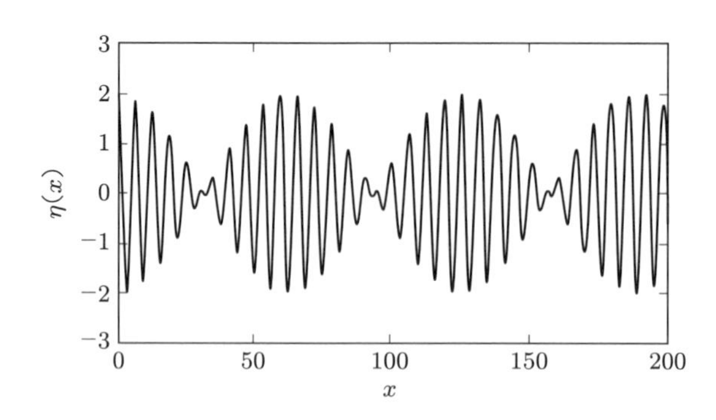

図 6.4　二つの近い波数から構成される波形 ($a = 1$, $k_0 = 1$, $\Delta k = 0.05$)

の振幅部分は一定ではなく，$\Delta\omega/\Delta k$ という速さで伝わっていく．振幅パターンの伝播は，すなわちエネルギーの伝播であり，したがって $\Delta\omega/\Delta k$ がエネルギーの伝播速度である．ここで，$\Delta k \to 0$ の極限をとって一様波列に戻すと，微分の定義より $\lim_{\Delta k \to 0}(\Delta\omega/\Delta k) = d\omega(k_0)/dk$ となる．このことから，波数 k の一様波列におけるエネルギーの流れを振幅パターンの移動としてとらえることはできないが，波列の中では確かにエネルギーが群速度 $v_g = d\omega(k)/dk$ で移動していることが理解できる．

6.2.3　エネルギーが群速度で伝わることを示す事例

身近な水面波の現象から，エネルギーが確かに群速度で伝わっていることを示す例を 2, 3 紹介しよう．

小石がつくる波

3.2 節で示したように，復元力として表面張力と重力を考慮した場合の水面波の線形分散関係は

$$\omega^2 = gk + \frac{\tau k^3}{\rho} \tag{6.10}$$

で与えられる．ただし，水深は波長に比べて十分深いとしている．**図 6.5** は，位相速度 c，群速度 v_g を波長 $\lambda(= 2\pi/k)$ の関数として描いたものである．ここで，群速度 v_g は波長 4.4 cm で 18 cm/s という最小値をもつことに注意する．水面に小石を投げ込むと波は同心円状に拡がっていくが，中心付近はすぐに乱される前の鏡のような静けさを取り戻す．これは v_g に 18 cm/s というゼロでない最小値があり，エネ

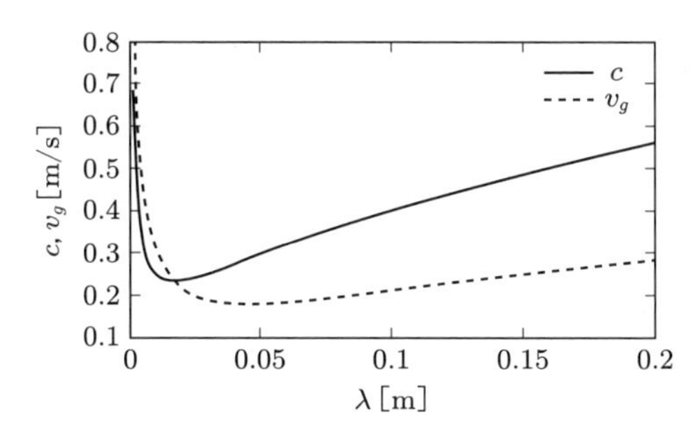

図 6.5　表面張力重力波の位相速度 c と群速度 v_g

ルギーが中心付近にとどまることができないためである．もし v_g に最小値がなく，エネルギーがいくらでも遅く伝わることができれば，中心付近の水面はいつまでもざわざわと波立っていることであろう．

空間波形と時間波形の波の数の違い

図 3.1 のような長い水槽で，一端に設置した造波機を振動数 ω で 10 回動かして波を起こしたとしよう．水槽の側面から水面の瞬間的な波形（空間波形）をカメラで撮影したとすると，分散関係を通して ω と対応する波長 λ の波 10 波から構成された波群が写るであろう．水槽の下流の固定点 A に波高計を設置して，そこで水面の高さの時間的な変化（時間波形）を記録するとする．造波機によって起こされた波群が点 A を通過するとき，そこで観測される時間波形にはいくつの波が記録されるであろうか．波群が 10 波程度の波から構成されているのであるから，それが点 A を通過するときには当然水面は 10 回くらい上下に振動すると思いきや，実はその 2 倍ほどの回数の振動が観測される．

図 6.6(a) 中の左側の波群は $t=0$ において与えた初期波形，右側の波群はその初期波形から出発し，線形化した水面波の基礎方程式系 (3.28) の数値シミュレーションによって得られた 30 秒後の空間波形を示している．波群を構成している波の波長は 1 m としており，この波長に対する群速度は $v_g = 0.62\,\mathrm{m/s}$ である．波群は多少の変形は見られるものの，群速度から予想されるように 30 秒間に 18 m ほど伝播していることが確認できる．

一方，図 6.6(b) は，この数値シミュレーションの結果から，地点 $x = 20\,\mathrm{m}$ にお

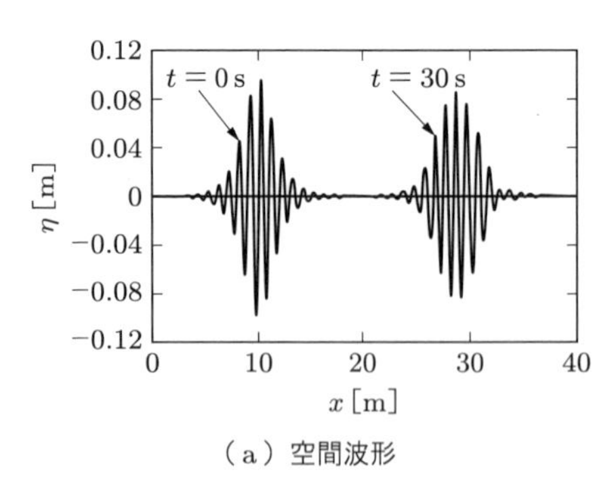

（a）空間波形

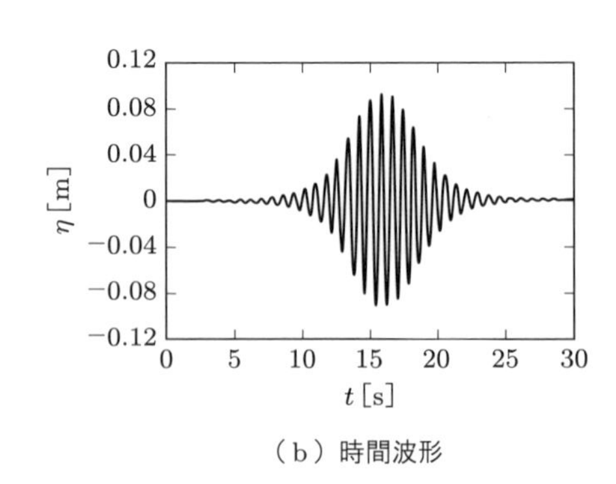

（b）時間波形

図 6.6　空間波形と時間波形の波の数の違い

ける時間波形を求めたものであるが，時間波形に見える振動の数は明らかに空間波形に含まれる波の数よりずっと多く，2 倍ほどもあるように見える．これは，もし自分が浮き輪につかまって海に浮かんでいるときに 10 波の波からなる波群が通過すると，その間に 20 回も上下に揺すられることを意味している．一体どうしてこのようなことが起こるのであろうか．この一見奇妙な現象も，波形は位相速度 c で伝わり，エネルギーや波のかたまり（波群）は群速度 v_g で伝わるという性質が原因となっている．

仮に造波機を n 回振動させて，n 個の波からなる波群を発生させたとする．波群を構成する波の波長を λ とすると，波群の空間的長さ L は $L = n\lambda$ で与えられる．波群の伝播速度はエネルギーと同じく v_g なので，この波群が空間的に固定されたある観測点 A を通過するのに要する時間 τ は，$\tau = L/v_g = n\,\lambda/v_g$ で与えられる．一方，波長 λ に対応する波の周期 T は，$T = \lambda/c$ で与えられる．時間波形においては時間が T 経過するごとに 1 回の振動が観測されるので，固定点 A で観測される波の数 N は

$$N = \frac{\tau}{T} = \frac{n\lambda/v_g}{\lambda/c} = n \times \frac{c}{v_g} \tag{6.11}$$

となる．すなわち，時間波形に見られる波の数 N は，空間波形に見られる波の数 n の c/v_g 倍となる．深水重力波の場合，分散関係 $\omega = \sqrt{gk}$ より $c/v_g = 2$ なので，定点で時間波形を記録すると，空間波形に含まれる波の数の 2 倍の波が観測されることになるのである†．

図 6.7 は，図 6.6 と同じ数値計算の結果を異なる方法で示したものである．横軸

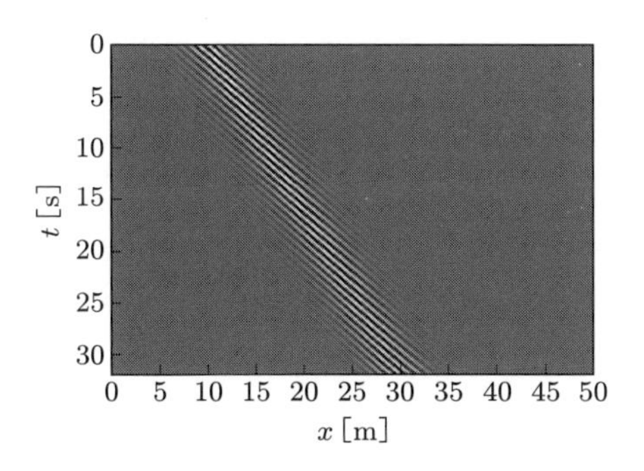

図 6.7　波群の伝播のイメージ

† 表面張力波の場合は $\omega \propto k^{3/2}$ なので $c/v_g = 2/3$ となり，逆に時間波形中の波の数のほうが空間波形中の波の数より少なくなる．

が空間 x [m]，縦軸が時間 t [s] である．t 軸は上から下に向かっている．各時刻各座標における η の値がグレースケールで示されている．白は η の値が一番大きいところ，すなわち波の山に対応し，黒は η の値が一番小さいところ，すなわち波の谷に対応している．$\eta = 0$ に対応するグレーの背景の中，波群が 32 秒程度の間に $x = 10$ あたりから $x = 30$ あたりまで約 20 m 移動していることがわかる．しかし，波群の中の山や谷に対応する白や黒の部分は，波群の移動に対応する右下がりの線に比べて，より水平に近い線に沿って移動していることが見られる．より水平に近いということは，少しの時間の間に位置がより大きく変化している，すなわち速度がより速いことを意味している．この図をよく見ると，波群の後端から波が湧き出し，それが波群の中を波群の移動速度（=群速度）より速い速度（=位相速度）で移動し，波群の前端で消滅している様子がわかる．このように，波群の中を波群より速い速度で波形が移動していることが，時間波形中の波の数を増大させる原因になっているのである．

うねりを起こした嵐の特定

遠くの嵐によって生み出された波が大洋を横切って伝わり，いま自分のいる海岸に打ち寄せているとしよう．嵐は一度にいろんな波長の波を生み出すが，それらが嵐の領域を去ってうねりとして伝播する際には，波長が長く，周期が長い（振動数が低い）波ほど速く伝播する．したがって，同じ嵐によって同時に起こされたうねりでも，遠方の海岸には周期の長いものから順に到達することになる．仮に自分がいる海岸に，4 日前には周期 23 秒のうねりが届いていたのが，その後徐々に周期が短くなり，今日は周期 10 秒のうねりが観測されているとしよう．周期 23 秒のうねりの群速度は約 18 m/s（約 1500 km/日），また周期 10 秒のうねりの群速度は 7.8 m/s（約 670 km/日）である．**図 6.8** に示すように，これらのうねりをそれぞれの群速度で過去にさかのぼらせ，両者が交差する点を見ることで，これらのうねりは，この海岸から約 5000 km 離れたところで 7 日前に起こった嵐によって生み出されたものであることが推察される．うねりが来る方向を同時に観測することによって，嵐の方向も推察することができる．このようにして，距離，方向，日時が推定できれば，この海岸に打ち寄せているうねりを起こした張本人である嵐を特定することもできそうである．

この原理を活用して，世界中のサーファーがあこがれる夏場のハワイやカリフォ

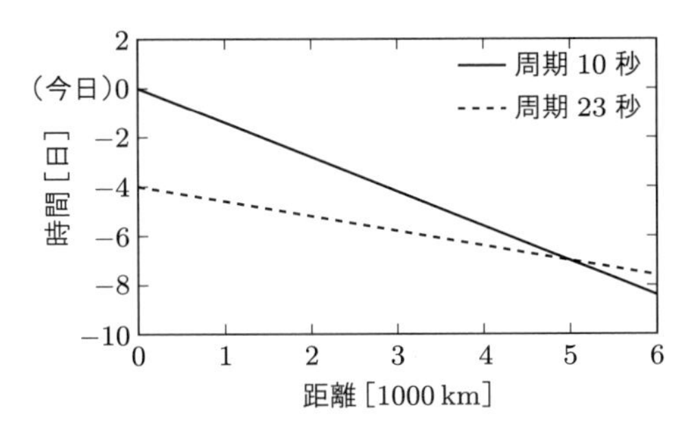

図 6.8 うねり周期の時間変化による発生源の特定

ルニアに押し寄せる周期 10 数秒から 20 秒を超すような長いうねりがどこから来ているのかを調べる大規模な研究が，スノッドグラス (Snodgrass, F.E.) らによって実施された [68]．**図 6.9** は，彼らが配置した観測拠点であるが，オセアニアからアラスカまで文字どおり南北太平洋にまたがっている．**図 6.10** は，彼らがある場所で観測した周波数スペクトルの一例である．横軸は日付，縦軸は周波数であり，ある日にその観測点に届くうねりの周波数スペクトルを求め，その強度分布を等高線で示している．色の濃い部分がスペクトル強度が大きい部分を表す．たとえば，図中破線で囲った部分に着目すれば，8 月 6 日の朝には周波数で約 45 mc/s†，すなわ

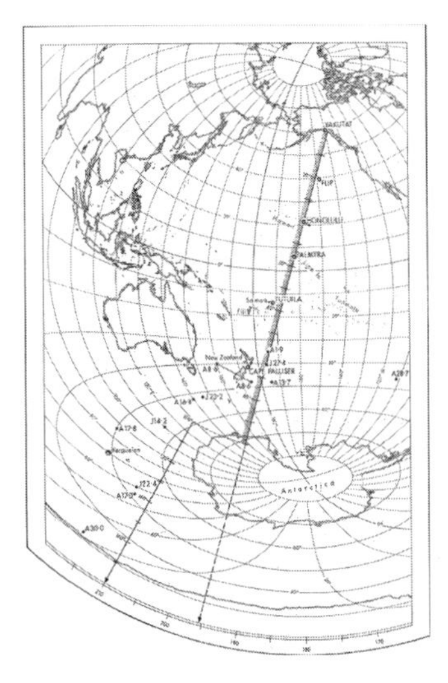

図 6.9 スノッドグラスらの観測点（文献 [62] より転載）

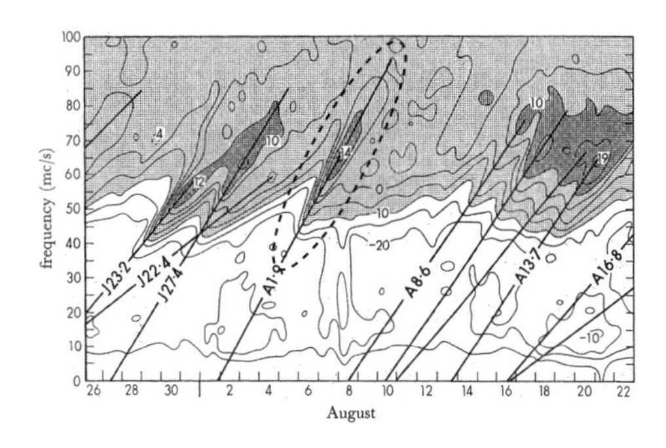

図 6.10 スノッドグラスらが得た周波数スペクトルの一例（文献 [62] より転載）

† 単位 mc/s はミリサイクル/秒のことで，ミリヘルツと同じ．1mc/s は周期 1000 秒に対応する．

ち周期22秒程度のうねりが卓越していたが，時間とともにしだいに周波数が上がり，8月8日の夜には約75 mc/s，すなわち周期13秒程度のうねりが卓越するようになった様子が見られる．嵐がうねりを起こした時刻をt_0，嵐と観測点との距離をL，振動数ωのうねりが観測点に届く時刻を$t(\omega)$とするとき，水面重力波の分散関係$\omega^2 = gk$を用いると，

$$t(\omega) = t_0 + \frac{L}{v_g(\omega)} = t_0 + \frac{2L}{g}\omega \quad \longrightarrow \quad \omega = \frac{g}{2L}(t - t_0) \tag{6.12}$$

が成り立つ．図6.10において，卓越する周波数が時間に対して直線的に変化しているように見えるが，これは式(6.12)から期待されるふるまいと一致している．図6.10に記入された卓越周波数の時間変化を示す直線の1本1本が，一つひとつの嵐に対応している．式(6.12)より，嵐の発生時刻t_0は対応する直線の横軸（t軸）の切片から，また嵐までの距離Lは直線の傾きから，それぞれ知ることができる．対応する直線の傾きが小さい嵐ほど，観測点から遠くで起こったことを意味している．たとえば，図6.10の破線で囲った一連のうねりは，8月1日の深夜に約6400 kmも離れた場所での嵐によって生み出されたということがわかる．

スノッドグラスらによって収集されたこれらの観測結果の分析によって，夏のハワイやカリフォルニアに到達するうねりの大部分は，赤道を越えてはるか南極大陸の周辺からやってきていることが明らかになった[54]．南半球にも北半球の偏西風にあたる地球を取り巻いて回る西風が吹いているが，南半球は北半球に比べ陸地が少なく風にブレーキがかかりにくいため，その風が強い．とくに，冬季（北半球の夏）には強い低気圧が発達し大嵐が吹くことが多く，南緯40〜60度あたりは「吼える40度」(roaring forties)，「狂える50度」(furious fifties)などとよばれ，船乗りたちにおそれられている．なお，日本のサーファーには残念であろうが，これらのうねりはオーストラリアやインドネシアの島々に阻まれて，日本には伝わってこない．

6.3 非線形シュレディンガー方程式：変調を支配する方程式

前節では，時間的・空間的にゆっくり変調した波列（準単色波列）においては，振幅や波数などの変化が群速度で伝わることを示した．本節では，そのような準単色波列における変調の伝わり方を，より系統的に調べよう．

6.3.1　分散性の寄与：線形シュレディンガー方程式

搬送波の波数を k_0，対応する振動数を ω_0 とする．準単色波列の発展を記述するには，以下のように，完全な一様波列である搬送波からのずれをすべて「複素振幅」に押し込めてしまうのが便利である．まず，非線形性は無視して，分散性の影響だけを考えよう．

対象にしている物理量（たとえば水面変位）$\eta(x,t)$ の初期値 $\eta(x,0)$ がそのフーリエ変換 $f(k)$ で

$$\eta(x,0) = \int_0^\infty f(k)\mathrm{e}^{ikx}\,dk + \mathrm{c.c.} \tag{6.13}$$

と表されるとしよう．ここで，c.c. は前にある表現の複素共役を意味する．$\eta(x,t)$ は実数と想定しているので，このように複素共役との和として書くことができる．このとき，線形分散関係を $\omega = \omega(k)$ とすると，任意時刻の解 $\eta(x,t)$ は

$$\eta(x,t) = \int_0^\infty f(k)\mathrm{e}^{i[kx-\omega(k)t]}\,dk + \mathrm{c.c.} \tag{6.14}$$

で与えられる．ここで，k_0 からの波数のずれ $\kappa = k - k_0$ を導入し，$\omega(k)$ を k_0 のまわりに

$$\omega(k) = \omega(k_0+\kappa) = \omega(k_0) + \omega'(k_0)\kappa + \frac{1}{2}\omega''(k_0)\kappa^2 + \cdots \tag{6.15}$$

のようにテイラー展開すると，式 (6.14) は

$$\eta(x,t) = \mathrm{e}^{i(k_0x-\omega_0t)}\int_{-\infty}^\infty f(k_0+\kappa)\mathrm{e}^{i\kappa x}\mathrm{e}^{-i\left[\omega_0'\kappa+(1/2)\omega_0''\kappa^2+\cdots\right]t}d\kappa + \mathrm{c.c.} \tag{6.16}$$

のように書き換えられる†．ここで，**複素振幅** $a(x,t)$ を

$$a(x,t) \equiv \int_{-\infty}^\infty f(k_0+\kappa)\mathrm{e}^{i\kappa x}\mathrm{e}^{-i\left[\omega_0'\kappa+(1/2)\omega_0''\kappa^2+\cdots\right]t}d\kappa \tag{6.17}$$

によって導入し，a を極形式で $a = |a|\mathrm{e}^{i\theta}$ と書けば，式 (6.16) は

$$\eta(x,t) = a(x,t)\mathrm{e}^{i(k_0x-\omega_0t)} + \mathrm{c.c.} = 2|a|\cos(k_0x-\omega_0t+\theta) \tag{6.18}$$

---

† κ の積分範囲を $(-\infty,\infty)$ としたことについて，一言述べておく．本節で対象にしているのは準単色波であり，その波数スペクトルは k_0 のまわりの狭い範囲にのみエネルギーを有する．波数スペクトルの幅を Δk とすると，式 (6.14) において $f(k)$ がゼロでない値をもつのは $k_0-\Delta k \le k \le k_0+\Delta k$ の区間だけであり，これは $-\Delta k \le \kappa \le \Delta k$ に対応する．式 (6.16) の κ についての積分において，区間 $-\Delta k \le \kappa \le \Delta k$ を超えた部分では $f(k)$ は実質的にはゼロなので，便宜上積分範囲を $-\infty \le \kappa \le \infty$ と書いているにすぎない．

と書くことができる．$e^{i(k_0x-\omega_0t)}$ は搬送波に対応する一様波列を表しており，振幅や波数の変調の情報はすべて $a(x,t)$ に凝縮されている．このように，波数 k_0 のまわりの狭い範囲に集中したスペクトルをもつような波動場は，複素振幅 $a(x,t)$ を導入することによって，単一の波列 (6.18) として扱うことが可能になる．

a の定義 (6.17) より，

$$\frac{\partial a}{\partial t} = -i\int_{-\infty}^{\infty}\left(\omega_0'\kappa + \frac{1}{2}\omega_0''\kappa^2 + \cdots\right) f(k_0+\kappa)\,e^{(\cdots)}\,d\kappa \tag{6.19a}$$

$$\frac{\partial a}{\partial x} = i\int_{-\infty}^{\infty}\kappa f(k_0+\kappa)\,e^{(\cdots)}\,d\kappa \tag{6.19b}$$

$$\frac{\partial^2 a}{\partial x^2} = -\int_{-\infty}^{\infty}\kappa^2 f(k_0+\kappa)\,e^{(\cdots)}\,d\kappa \tag{6.19c}$$

であり，したがって $O(\kappa^3)$ を無視する近似で，$a(x,t)$ は

$$i\left(\frac{\partial a}{\partial t} + \omega_0'\frac{\partial a}{\partial x}\right) + \frac{1}{2}\omega_0''\frac{\partial^2 a}{\partial x^2} = 0 \tag{6.20}$$

を満たす．この式は**線形シュレディンガー方程式** (linear Schrödinger equation) とよばれる．以上の導出からわかるように，この議論は水面波に限らず一般に成り立つ．

式 (6.20) の意味を理解するため，各項のオーダーを確認しておこう．a の大きさの程度を A，スペクトルの幅の程度を Δk としよう．ここでは非線形効果を無視しているので，振幅は十分に小さくなければならない．ただし，a そのものは通常次元をもつ量であり，それを対象にして小ささを議論することは意味がない†．ここで例として採用する深水の水面重力波の場合なら，3.4 節で議論したように，非線形効果が無視できるために小さくなければならないのは，無次元振幅 Ak_0 である．

また，本節ではスペクトルの幅が狭いことも重要であるが，Δk も [1/長さ] という次元をもつ量であり，それそのものの小ささは意味がない．「狭帯域」を意味する微小な無次元パラメータは $\Delta k/k_0$，すなわち搬送波波数 k_0 で規格化したスペクトル幅 Δk である．たとえば，式 (6.15) で $\omega(k)$ を k_0 のまわりにテイラー展開し，3 次以上を無視したが，この打ち切りが合理的であるためには，当然第 1 項より第 2 項，第 2 項より第 3 項が微小でなければならない．κ の大きさを Δk で，また ω'，

† 次元をもつ量の大きさは単位系でいくらでも変化する．たとえば同じ 1 m という長さでも，km 単位で測れば 0.001 と小さな値になるし，mm 単位で測れば 1000 という大きな値にもなる．大小を合理的に議論できるのは，無次元量に対してのみである．

ω'' の大きさをそれぞれ ω_0/k_0, ω_0/k_0^2 で見積もれば，第 1 項に対する第 2 項の比，第 2 項に対する第 3 項の比，またこれ以降の相続く 2 項の比は，常に $\Delta k/k_0$ となっている．

これらのことを頭におけば，式 (6.19a) などより，a_t, a_x, a_{xx} の大きさのオーダーは，それぞれ

$$a \sim A, \qquad a_t \sim \omega_0 \frac{\Delta k}{k_0} A, \qquad a_x \sim \Delta k A, \qquad a_{xx} \sim (\Delta k)^2 A \tag{6.21}$$

と見積もることができる．これを用いて式 (6.20) の各項のオーダーを見積もると，

$$a_t \sim \omega_0 \left(\frac{\Delta k}{k_0}\right) A, \qquad \omega_0' a_x \sim \frac{\omega_0}{k_0} \Delta k A, \qquad \omega_0'' a_{xx} \sim \frac{\omega_0}{k_0^2} (\Delta k)^2 A \tag{6.22}$$

となり，第 1 項と第 2 項が同程度の大きさであるのに対し，第 3 項は相対的に $\Delta k/k_0$ だけ小さいことがわかる．このため，きわめて狭帯域，すなわち $\Delta k/k_0 \ll 1$ の場合には，第 3 項を無視して最初の 2 項だけを考慮することが考えられる．この部分は $a(x,t)$ が k_0 に対応する群速度 ω_0' で平行移動することを意味しており，これはまさに 6.2 節で議論した内容に対応している．

変調波列の記述には，さまざまな時間・空間スケールが関与している．まずは搬送波を特徴付ける時間スケール T_0 および空間スケール L_0 があるが，これらはもちろん搬送波の周期および波長程度であり，したがって

$$T_0 \sim \frac{1}{\omega_0}, \qquad L_0 \sim \frac{1}{k_0} \tag{6.23}$$

となる．次に，変調の時間スケール T_1 や空間スケール L_1，すなわち局所的に見れば一様波列に見える搬送波が，実はゆっくりと変調していることが顕著に見えるような時間・空間スケールがある．これらは，それぞれ a/a_t, a/a_x によって評価することができる．上の a_t, a_x のオーダー評価によれば，

$$T_1 \sim \frac{a}{a_t} \sim \frac{1}{\omega_0}\frac{k_0}{\Delta k} \sim \left(\frac{k_0}{\Delta k}\right) T_0, \qquad L_1 \sim \frac{a}{a_x} \sim \frac{1}{k_0}\frac{k_0}{\Delta k} \sim \left(\frac{k_0}{\Delta k}\right) L_0 \tag{6.24}$$

となる．したがって，波列の変調を見るために必要な時間的，空間的長さ T_1, L_1 は，$\Delta k/k_0$ が小さくなるほど，すなわちスペクトルが狭帯域になるほど，搬送波のスケール T_0, L_0 に比べて長くなる．

また，線形シュレディンガー方程式 (6.20) で新たに考慮された第 3 項は，最初の 2 項によって表現される搬送波群速度 ω_0' での「単なる平行移動」からのずれ，すな

わち $a(x,t)$ の正味の変形を表現する．この項は，大きさ的に $\Delta k/k_0$ だけよりいっそう小さいので，この項がもたらす変調波形の変形が顕著になる時間スケール T_2，空間スケール L_2 は

$$T_2 \sim \left(\frac{k_0}{\Delta k}\right)^2 T_0, \qquad L_2 \sim \left(\frac{k_0}{\Delta k}\right)^2 L_0 \tag{6.25}$$

とよりいっそう長くなる．図 6.6 で波群の伝播の数値シミュレーション結果を紹介したが，その図を注意深く見ると，30 秒後の波群の形が初期の形に比べてややなだらかで幅広になっていることに気づくであろう．このような変形が，まさにこの第 3 項がもたらす効果なのである．第 3 項は，その係数 ω_0'' からもわかるように，スペクトルを構成する波数間の群速度の違いに起因する項であり，そのために**群速度分散項** (group velocity dispersion) などとよばれる．

6.3.2　非線形性の寄与：モード生成と共鳴

ここまでの議論では非線形効果は無視し，スペクトルが狭いながらも幅を有することから発生する，分散性の効果のみを調べてきた．以下では逆に，スペクトルは幅をもたない線スペクトルと仮定することで分散性の効果は無視し，代わりに非線形性が複素振幅 $a(x,t)$ の発展に及ぼす影響について考えてみよう．はじめに準備として，「非線形相互作用によるモード生成」および「共鳴相互作用」の 2 点について説明する．

非線形相互作用によるモード生成

仮に，$\eta(x,t)$ がその最低次 $O(a)$ において，

$$\eta(x,t) = \left(a_1 \mathrm{e}^{i\theta_1} + \text{c.c.}\right) + \left(a_2 \mathrm{e}^{i\theta_2} + \text{c.c.}\right), \qquad \theta_i = k_i x - \omega_i t \quad (i = 1, 2) \tag{6.26}$$

のように，二つの成分波によって構成されているとする．水面波の問題のように，系の支配方程式もしくはその境界条件に，η の 2 次の非線形項が含まれていると，

$$\eta^2 = \left[a_1^2 \mathrm{e}^{2i\theta_1} + a_2^2 \mathrm{e}^{2i\theta_2} + a_1 a_2 \mathrm{e}^{i(\theta_1+\theta_2)} + a_1 a_2^* \mathrm{e}^{i(\theta_1-\theta_2)}\right] + \text{c.c.} + 2\left(|a_1|^2 + |a_2|^2\right) \tag{6.27}$$

からわかるように，もとになった二つの波の波数，振動数の組み合わせ (k_1, ω_1)，(k_2, ω_2) の和や差でつくられる，$(2k_1, 2\omega_1)$, $(2k_2, 2\omega_2)$, $(k_1 \pm k_2, \omega_1 \pm \omega_2)$ などの

新たな波数，振動数の組み合わせをもつ成分（波動モード）が自動的に生み出される[†]．ここで，a^* は a の複素共役を表す．

もし，$\eta(x,t)$ が最低次 $O(a)$ において単一の単色波列だけから構成されている場合には，3 次の非線形相互作用まで考えると，

$$\eta = a\,\mathrm{e}^{i\theta} + \mathrm{c.c.} \tag{6.28a}$$

$$\eta^2 = \left(a^2\mathrm{e}^{2i\theta} + \mathrm{c.c.}\right) + 2|a|^2 \tag{6.28b}$$

$$\eta^3 = \left(a^3\mathrm{e}^{3i\theta} + 3|a|^2 a\mathrm{e}^{i\theta}\right) + \mathrm{c.c.} \tag{6.28c}$$

のような成分が非線形性のために生み出される．ここで，3 次の非線形まで考慮すると，もともとの波と同じ時間・空間依存性 $\mathrm{e}^{i\theta}$ をもつ成分が励起されることが重要な意味をもつ．

共鳴相互作用

ばねや振り子のように固有振動数 ω_0 をもつ振動系に，外から振動数 ω の振動的な外力を加えたときの応答 $y(t)$ は，線形近似のもとでは，常微分方程式

$$\frac{d^2y}{dt^2} + \omega_0^2\,y = F\cos\omega t \tag{6.29}$$

によって記述される．4.3 節で述べたように，$\omega = \omega_0$，すなわち外力の振動数が系の固有振動数と一致する場合には**共鳴**が発生する．このとき，一般解は

$$y(t) = A\cos(\omega_0 t - \theta) + \frac{F}{2\omega_0}t\sin\omega_0 t \tag{6.30}$$

で与えられ，非同次部分（第 2 項）の振幅が時間に比例して限りなく増大する．

この現象のアナロジーとして，$a\,\mathrm{e}^{i(k_0x-\omega_0t)}$ で表される波動に，波動的な外力 $f \propto \mathrm{e}^{i(kx-\omega t)}$ が作用する場合にも，やはり共鳴的な干渉が起こりうる．ただし，波動は振動と異なり，時間のみならず空間についても振動的なので，共鳴状態が実現

† ただし，$a\,\mathrm{e}^{i(kx-\omega t)}$ という形をしているからといって，非線形性によって新たに生み出されるこれらの振動成分を「波」とよぶのはふさわしくないかもしれない．なぜなら，いままで述べてきたように，正弦波 $a\,\mathrm{e}^{i(kx-\omega t)}$ がその系が許す「真の波」であるためには，k と ω は系の支配方程式（と境界条件）が要求する分散関係を満たす必要があるからである．ここで考えている状況の場合，最初からあるとされた二つの波の (k_1,ω_1), (k_2,ω_2) は，当然この分散関係を満たしているはずであるが，非線形性によって新たに生み出された波数と振動数の組み合わせ $(2k_1,2\omega_1)$, $(2k_2,2\omega_2)$, $(k_1\pm k_2,\omega_1\pm\omega_2)$ などが分散関係を満足するという保証はどこにもない．真に分散性を有する場合（すなわち $\omega = c_0k$ 以外の場合），これらが分散関係を満足することはむしろ例外的である．この点については，次章でより詳しく触れる．

するためには振動数とともに波数もマッチする，すなわち $k = k_0$, $\omega = \omega_0$ となる必要がある．

$O(a)$ の基本場が単色波 $a\,\mathrm{e}^{i\theta} + \mathrm{c.c.}$ $(\theta = k_0 x - \omega_0 t)$ の場合，式 (6.28) が示すように，自分自身との非線形相互作用によって，$O(a^3)$ で $|a|^2 a\,\mathrm{e}^{i\theta}$ という成分が生み出される．これは基本波自身と共鳴の関係にあり，したがってこの成分は基本波に対する共鳴的な外力として作用する．式 (6.30) は，共鳴的な外力を受ける振動系の振幅 a の増大率 da/dt が外力の大きさ F に比例することを示しているが，これから類推すると，単色基本波の複素振幅 $a(x,t)$ の時間変化率 $\partial a/\partial t$ を支配する式の中に，非線形の効果として $|a|^2 a$ に比例する項が現れることが推測される．振幅の小ささを表す無次元パラメータを ϵ とすると，この項の大きさは $O(\epsilon^3)$ であり，したがって非線形性による自己相互作用の影響は，T_0/ϵ^2, L_0/ϵ^2 程度の時間・空間スケールで顕著に現れることが推測される．

6.3.3　非線形シュレディンガー方程式

6.3.1 項で見たように，分散性によってもたらされる複素振幅 $a(x,t)$ の真の変形は，$T_0(k_0/\Delta k)^2$ 程度の時間スケールで顕著になる．一方，上で見たように，$a(x,t)$ に対する非線形性による影響は，$|a|^2 a$ という形の項を通じて現れるものと推測され，したがってその効果が顕著に現れるのは，$T_0/(Ak_0)^2$ 程度の時間スケールである．

バーガース方程式や KdV 方程式の場合にもそうであったように，このように複数の異なる効果が共存する場合，それらが競合するような時間・空間スケールにおいて，興味深くかつ重要な現象が現れる．これはいまの場合，$\Delta k/k_0 \sim Ak_0$ となる状況，すなわち，スペクトル幅の狭さ（分散性の弱さ）を表現する微小パラメータ $\Delta k/k_0$ と，振幅の小ささ（非線形性の弱さ）を表現する微小パラメータ Ak_0 が，同程度に小さいような状況に対応する．

これら二つの微小量に対するこのような関係を想定したうえで，流体，プラズマなどさまざまな媒質中の種々の波動に対して，それぞれの系の支配方程式から複素振幅の時間・空間発展を記述する方程式を導出すると，上記の直感的な議論から予想されるとおり，例外的な場合を除いて

$$i\left[\frac{\partial a}{\partial t} + \omega'(k_0)\frac{\partial a}{\partial x}\right] + p\frac{\partial^2 a}{\partial x^2} = q|a|^2 a \tag{6.31}$$

という形の方程式に行き着く．ここで，p, q はともに実数で，また p は線形シュレ

ディンガー方程式 (6.20) からわかるように，必ず $\omega''(k_0)/2$ で与えられる．この方程式は**非線形シュレディンガー方程式** (nonlinear Schrödinger equation) とよばれ，ザハロフ (Zakharov, V.E.) が水面重力波を対象として初めて導出した [80]．以下では，省略して **NLS 方程式**とよぶことにする．また，群速度 $\omega'(k_0)$ で進む座標系を導入することで，a_x の項を消去して

$$i\frac{\partial a}{\partial t} + p\frac{\partial^2 a}{\partial x^2} = q|a|^2 a \tag{6.32}$$

のように表すことにする．

もちろん NLS 方程式 (6.32) は，このような直感に頼って導入するものではなく，本来ならば系を支配する基礎方程式系からスタートして，摂動論などを用いて系統的に導出すべきものである．しかし，水面波に対する基礎方程式系 (3.28) に対して，実際に NLS 方程式を導出するにはかなり煩雑な計算が必要となるので，それは他書（たとえば文献 [58]）に譲ることとし，ここでは以下の例題において，KdV 方程式によって支配される系を対象として，多重尺度法によって NLS 方程式を導出する過程を示すことで，多少なりとも導出の雰囲気を味わってもらうにとどめる．

例題 6.1 ：多重尺度法による NLS 方程式の導出例

KdV 方程式

$$u_t + c_0 u_x + \beta u_{xxx} = -\alpha u u_x \tag{6.33}$$

によって支配される系において，搬送波波数 k_0，振動数 ω_0 の準単色波列の複素振幅 $a(x,t)$ の時間・空間発展を記述する NLS 方程式を導出せよ†．

解答　振幅の小ささを示す微小な無次元パラメータを ϵ とする．上で議論したように，スペクトルの狭さを表す微小量 $\Delta k/k_0$ は非線形の小ささと同程度と想定するのが合理的であり，したがって ϵ は同時に $\Delta k/k_0$ の小ささを表す微小パラメータでもある．上述のように準単色波列の記述には，搬送波自身の時間・空間スケール，変調が目に見えるような時間・空間スケール，群速度分散や非線形自己相互作用の影響が見えるような時間・空間スケールなど，さまざまな時間・空間スケールが関与する．このような現象をうまく表現するためには，第 4 章で紹介した多重尺度法とよばれる摂動法を用いるのが便利である．この方法では，以下に示すように複数の時間・空間変数が導入される．

---

† 第 5 章で扱ったように，KdV 方程式は弱い非線形性と弱い分散性をともに考慮した際に，多くの物理系において導出される典型的な波動方程式である．しかしこの例題では，そのような KdV 方程式の物理的意味や導出の前提などはすべて忘れて，単に NLS 方程式の導出プロセスを示すための出発点として採用する．なお，この例題の計算では，文献 [34] をおおいに参考にした．

搬送波自身を見るのにふさわしい変数を x_0, t_0 とする．これは，もともとからあった空間・時間変数であり，したがって

$$x_0 = x, \qquad t_0 = t \tag{6.34}$$

である．この x_0, t_0 をそのまま使って波列の変調を見ようとすると，これらの変数が $1/\epsilon$ 程度と非常に大きな値まで変化する必要がある．そこで，x_0, t_0 が $1/\epsilon$ 程度変わって初めて1程度変化するようなゆっくりと変化する新しい変数を，

$$x_1 = \epsilon x_0, \qquad t_1 = \epsilon t_0 \tag{6.35}$$

で導入する．同様に，群速度分散や非線形自己相互作用の効果が現れるには，x_0, t_0 が $1/\epsilon^2$ 程度というよりいっそう大きな値まで変化する必要があり，そのような遠距離・長時間を扱うのにふさわしい新たな変数として，

$$x_2 = \epsilon^2 x_0, \qquad t_2 = \epsilon^2 t_0 \tag{6.36}$$

を導入する．もし，もっと高次の非線形効果や分散性効果を考慮したければ，必要に応じてよりゆっくりと変化する変数 x_n, t_n $(n \geq 3)$ を導入してもよい．

従属変数 $u(x,t)$ に対しては微小パラメータ ϵ の展開形で近似し，その各項は上で導入した x_n, t_n の関数と考える．すなわち，

$$u(x,t) = \sum_{k=1} \epsilon^k u_k = \epsilon u_1 + \epsilon^2 u_2 + \cdots$$

$$u_k = u_k(x_0, t_0, x_1, t_1, \cdots) \quad (k = 1, 2, \ldots) \tag{6.37}$$

を考える．独立変数 x, t がいくつかの変数に拡張されたことに伴い，微分演算も

$$\frac{\partial}{\partial x} = \frac{\partial}{\partial x_0}\frac{\partial x_0}{\partial x} + \frac{\partial}{\partial x_1}\frac{\partial x_1}{\partial x} + \frac{\partial}{\partial x_2}\frac{\partial x_2}{\partial x} + \cdots = \frac{\partial}{\partial x_0} + \epsilon\frac{\partial}{\partial x_1} + \epsilon^2\frac{\partial}{\partial x_2} + \cdots \tag{6.38a}$$

$$\frac{\partial}{\partial t} = \frac{\partial}{\partial t_0}\frac{\partial t_0}{\partial t} + \frac{\partial}{\partial t_1}\frac{\partial t_1}{\partial t} + \frac{\partial}{\partial t_2}\frac{\partial t_2}{\partial t} + \cdots = \frac{\partial}{\partial t_0} + \epsilon\frac{\partial}{\partial t_1} + \epsilon^2\frac{\partial}{\partial t_2} + \cdots \tag{6.38b}$$

のように展開される．この性質から，この多重尺度法は**微分展開法** (derivative expansion method) とよばれることもある．

式 (6.37), (6.38) を式 (6.33) に代入し，ϵ のべきで整理し，低次から順に解いていく．まず，$O(\epsilon)$ の問題は以下のようになる．

$$L_0[u_1] = 0, \qquad L_0 \equiv \frac{\partial}{\partial t_0} + c_0\frac{\partial}{\partial x_0} + \beta\frac{\partial^3}{\partial x_0^3} \tag{6.39}$$

ここではほぼ単色な搬送波の変調を議論しているので，最低次 $O(\epsilon)$ の解として採用すべき

はもちろん搬送波であり，したがって

$$u_1 = a(x_1, t_1, \ldots)\mathrm{e}^{i\theta} + \text{c.c.}, \qquad \theta = k_0 x_0 - \omega_0 t_0,$$
$$D(k_0, \omega_0) = \omega_0 - ck_0 + \beta k_0^3 = 0 \tag{6.40}$$

となる．ここで，最後の k_0 と ω_0 の関係は，L_0 が要求する分散関係 $\omega(k) = c_0 k - \beta k_0^3$ にほかならない．$D(k, \omega)$ は，演算子 L_0 が $\mathrm{e}^{i(kx_0 - \omega t_0)}$ という形の関数に作用した際に，

$$L_0 \left[\mathrm{e}^{i(kx_0 - \omega t_0)}\right] = -iD(k, \omega)\,\mathrm{e}^{i(kx_0 - \omega t_0)} \tag{6.41}$$

が成り立つような k, ω の多項式になっている．

式 (6.39) は，x, t を x_0, t_0 と書いていることを除けば，もともとの式 (6.33) で右辺の非線形項を無視して線形化した式であり，式 (6.40) はそれに対する正弦波解になっている．ただし，ここで注意すべき点は，振幅 a が搬送波を扱う変数 x_0, t_0 に対しては定数であるが，x_1, t_1 などのより長いスケールの変数に依存することが許されている点である．この長いスケールへの a の依存性が波列の変調を表現する．

次の $O(\epsilon^2)$ の問題は，以下のようになる．

$$L_0[u_2] + \left(\frac{\partial}{\partial t_1} + c_0 \frac{\partial}{\partial x_1} + 3\beta \frac{\partial^3}{\partial x_0^2 \partial x_1}\right) u_1 = -\alpha u_1 \frac{\partial u_1}{\partial x_0} \tag{6.42}$$

これに $O(\epsilon)$ の解 (6.40) を代入すると，

$$L_0[u_2] = -\left[\frac{\partial a}{\partial t_1} + (c_0 - 3\beta k_0^2)\frac{\partial a}{\partial x_1}\right]\mathrm{e}^{i\theta} + \text{c.c.} - i\alpha k_0 a^2 \mathrm{e}^{2i\theta} + \text{c.c.} \tag{6.43}$$

となる．ここで右辺の $[\cdots]\mathrm{e}^{i\theta}$ は，左辺の線形演算子 L_0 を作用させるとゼロになるような関数である．これは強制振動 (6.29) において，固有振動数 ω_0 の線形振動子に，同じ振動数の強制外力を作用させるのとちょうど同じ状況であり，共鳴が発生する．そのためこの項があると，u_2 の中に θ について，したがって x_0, t_0 について，1 乗で限りなく増大していくような項，すなわち永年項が発生し，その結果短時間で摂動展開が破綻してしまう．しかし，多重尺度法においては，本来一つずつしかないはずの時間・空間変数を，便宜上多数の変数に拡張しており，このことによって生じた自由度を活用することで永年項の発生を防ぎ，長時間有効な摂動解を得ることができる．

具体的には式 (6.42) の場合，永年項を発生させないための非永年条件として，

$$\frac{\partial a}{\partial t_1} + (c_0 - 3\beta k_0^2)\frac{\partial a}{\partial x_1} = 0 \tag{6.44}$$

を得る．ここで，$\partial a/\partial x_1$ の係数 $c_0 - 3\beta k_0^2$ は，搬送波波数 k_0 における $\omega'(k_0)$ に等しいことに注意する．何だか都合のよいことを要求しているように感じるかもしれないが，この永年項を出させない条件 (6.44) が，「複素振幅 a が搬送波の群速度で伝播する」という

正しい結果を自動的に出してくれる．またこの結果，式 (6.43) の問題の解として

$$u_2 = \frac{\alpha k_0}{D(2k_0, 2\omega_0)} a^2 \mathrm{e}^{2i\theta} + \text{c.c.} + \phi(x_1, \ldots, t_1, \ldots) \tag{6.45}$$

が得られる．ここで，$\mathrm{e}^{2i\theta}$ の部分は非同次の特解，ϕ は積分定数にあたる「直流成分」（実数）を表す．

次の $O(\epsilon^3)$ の問題は，以下のようになる．

$$\begin{aligned} L_0[u_3] = &-\left(\frac{\partial}{\partial t_1} + c_0\frac{\partial}{\partial x_1} + 3\beta\frac{\partial^3}{\partial x_0^2 \partial x_1}\right) u_2 \\ &-\left(\frac{\partial}{\partial t_2} + c\frac{\partial}{\partial x_2} + 3\beta\frac{\partial^3}{\partial x_0 \partial x_1^2} + 3\beta\frac{\partial^3}{\partial x_0^2 \partial x_2}\right) u_1 \\ &-\alpha\left(u_1\frac{\partial u_2}{\partial x_0} + u_2\frac{\partial u_1}{\partial x_0} + u_1\frac{\partial u_1}{\partial x_1}\right) \end{aligned} \tag{6.46}$$

u_1, u_2 に式 (6.40), (6.45) を代入すると，$O(\epsilon^2)$ のときと同様，u_3 に永年項を生じさせる原因となる $\mathrm{e}^{i\theta}$ に比例する項，および定数項が右辺に現れる．摂動展開の破綻を防ぐために，これらの係数がともにゼロになることを要求すると，

定数項：
$$\frac{\partial \phi}{\partial t_1} + c_0\frac{\partial \phi}{\partial x_1} + \alpha\frac{\partial |a|^2}{\partial x_1} = 0 \tag{6.47a}$$

$\mathrm{e}^{i\theta}$ の項：
$$i\left(\frac{\partial a}{\partial t_2} + \omega_0'\frac{\partial a}{\partial x_2}\right) + \frac{1}{2}\omega_0''\frac{\partial^2 a}{\partial x_1^2} = \left[\frac{\alpha^2 k_0^2}{D(2k_0, 2\omega_0)}|a|^2 + \alpha k_0 \phi\right] a \tag{6.47b}$$

となる．

ここで式 (6.47a) が示すように，直流成分 ϕ は振幅 $|a|$ の空間変調により生み出される．式 (6.44) より，a は (x_1, t_1) の時間・空間スケールでは群速度 ω_0' で平行移動するので，a によって生み出される ϕ も同様の (x_1, t_1) 依存性をもつと考えられる．このとき，式 (6.47a) から

$$\phi = \frac{\alpha |a|^2}{\omega_0' - c_0} \tag{6.48}$$

が得られ，これを式 (6.47b) に代入すると以下が得られる．

$$i\left(\frac{\partial a}{\partial t_2} + \omega_0'\frac{\partial a}{\partial x_2}\right) + \frac{1}{2}\omega_0''\frac{\partial^2 a}{\partial x_1^2} = \left[\frac{\alpha^2 k_0^2}{D(2k_0, 2\omega_0)} + \frac{\alpha^2 k_0}{\omega_0' - c_0}\right] |a|^2 a \tag{6.49}$$

式 (6.44) の ϵ^2 倍と式 (6.49) の ϵ^3 倍を加え，式 (6.38) の関係を使ってもとの変数 x, t に戻し，同時に a を u の振幅にするために ϵa を a と置き直せば，$O(\epsilon^3)$ まで永年項が発生しない条件として，最終的に

$$i\left(\frac{\partial a}{\partial t} + \omega_0'\frac{\partial a}{\partial x}\right) + \frac{1}{2}\omega_0''\frac{\partial^2 a}{\partial x^2} = \left[\frac{\alpha^2 k_0^2}{D(2k_0, 2\omega_0)} + \frac{\alpha^2 k_0}{\omega_0' - c_0}\right] |a|^2 a \tag{6.50}$$

が得られる．これが KdV 方程式 (6.33) で支配される系において，準単色波列の変調，すなわち複素振幅の時間・空間変化を記述する NLS 方程式である†.

上の例題からわかるように，支配方程式が式 (6.33) のような簡単な式の場合ですら，具体的に NLS 方程式を導出するのはそれほど容易ではない．これに比べてはるかに複雑な水面波の基礎方程式 (3.28) を出発点として，準単色水面重力波の変調を支配する NLS 方程式を導出するとなると相当な計算力と根気が必要となるが，それをきちんとやり遂げた論文に，橋本と小野という 2 人の日本人による論文がある [26]．煩雑な計算の末，彼らが最終的に得た方程式は，形は式 (6.32) の NLS 方程式そのものであり，その係数 p, q は以下のように表される．

$$p = \frac{1}{2}\omega_0'' = -\frac{g}{8k_0\sigma\omega_0}\left\{\left[\sigma - k_0h(1-\sigma^2)\right]^2 + 4k_0^2h^2\sigma^2(1-\sigma^2)\right\} \tag{6.51a}$$

$$q = \frac{g^2k_0^4}{2\omega_0^3}\left\{\frac{1}{\omega_0' - gh}\left[4c_0^2 + 4(1-\sigma^2)c_0\omega_0' + gh(1-\sigma^2)^2\right] + \frac{1}{2\sigma^2}(9 - 10\sigma^2 + 9\sigma^4)\right\} \tag{6.51b}$$

ここで，h は水深，k_0 は搬送波の波数，ω_0 は線形分散関係 $\omega = \sqrt{gk\tanh kh}$ によって k_0 から決まる搬送波の振動数，$c_0\,(=\omega_0/k_0)$ は搬送波の位相速度，ω_0' は搬送波の群速度，$\sigma = \tanh k_0h$ である．群速度分散項の係数 p は，あらゆる k_0 と h の組み合わせに対して，常に負である．それに対し，非線形項の係数 q は $k_0h > 1.363$ において正，$k_0h < 1.363$ において負と，符号が変わる．以下の 6.4 節で示すように，このことは波列の安定性にとって大変重要な意味をもってくる．

6.3.4 包絡ソリトン解

NLS 方程式 (6.32) に対してはさまざまな解析解が知られているが，それらの中でもっとも有名なのは**包絡ソリトン** (envelope soliton)

$$a(x,t) = a_0\,\mathrm{sech}\left(\sqrt{\frac{-q}{2p}}\,a_0x\right)\exp\left(-\frac{i}{2}qa_0^2t\right) \quad (a_0\text{: 任意の実数}) \tag{6.52}$$

であろう．これは，**図 6.11**(a) のようなパルス的な波群を表す．中の細かい波は搬

† 式 (6.50) によると，$D(2k_0, 2\omega_0) = 0$ および $\omega_0' - c_0 = 0$ の場合には非線形項の係数が発散し，この解析はこのままでは破綻する．実は，前者は「高調波共鳴」とよばれる状況に，また後者は「長波短波共鳴」とよばれる状況に対応している．これらについては 7.4 節で触れる．

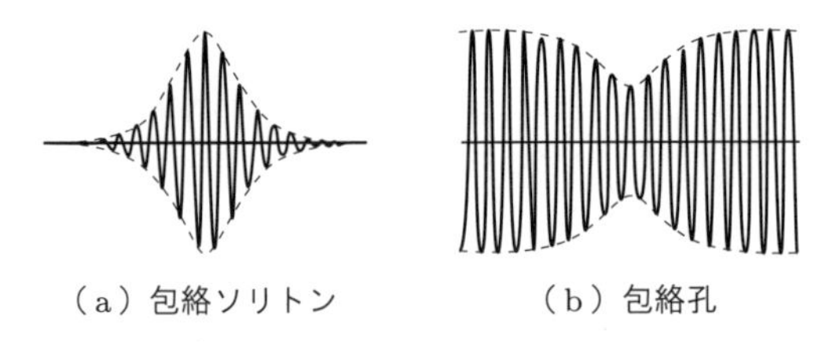

（a）包絡ソリトン　　（b）包絡孔

図 6.11　NLS 方程式の代表的な解

送波で，NLS 方程式の解 $a(x,t)$ は包絡線の形を規定する．KdV 方程式のソリトン解 (5.12) と同様，NLS 方程式の包絡ソリトンも振幅が大きいほど幅が狭い．ただし，KdV ソリトンでは幅 δ が振幅 a の $1/\sqrt{a}$ 程度であったのに対し，NLS の包絡ソリトンの幅 δ は振幅に対して $1/a$ 程度になっている．KdV ソリトンは，非線形項 uu_x と分散項 u_{xxx} のバランスで成立していた．これらの項のオーダーはそれぞれ $uu_x \sim O(a^2/\delta)$, $u_{xxx} \sim O(a/\delta^3)$ であり，したがって両者が同程度になるためには $\delta \sim 1/\sqrt{a}$ であることが求められたのであった．一方，NLS 方程式の包絡ソリトンは群速度分散項 a_{xx} と非線形項 $|a|^2 a$ のバランスの上に成り立っており，これらの大きさはそれぞれ $O(a/\delta^2)$, $O(a^3)$ 程度と見積もることができ，したがってこれらがバランスするためには $\delta \sim 1/a$ となる必要がある．

包絡ソリトン解 (6.52) は，その平方根の中が示すように，NLS 方程式 (6.32) の係数 p と q が異符号 $(pq < 0)$ の場合にのみ存在する[†]．NLS 方程式は KdV 方程式同様，逆散乱法で解くことのできるいわゆる「ソリトン方程式」であることがザハロフとシャバット (Shabat, A.B.) によって示されている [82]．したがって，包絡ソリトン (6.52) もその名のとおり「ソリトン」であり，相互作用に対して粒子的な安定性を示すことが，実際の水槽実験などでも確認されている [78]．

例題 6.2 ： NLS 方程式の包絡ソリトン解の確認 ……………………………………

包絡ソリトン解 (6.52) が NLS 方程式 (6.32) を満たすことを確認せよ．

解答　まず，$y(x) = \operatorname{sech} x \,(= 1/\cosh x)$ は，

$$(\operatorname{sech} x)' = -\tanh x \operatorname{sech} x, \qquad (\operatorname{sech} x)'' = \operatorname{sech} x - 2\operatorname{sech}^3 x \tag{6.53}$$

† 逆に $pq > 0$ の場合には，$pq < 0$ のときには見られない，有限振幅の一様波列中を孤立した「くぼみ」が伝わるような定常解が存在し，**包絡孔** (envelope hole) やダークソリトン (dark soliton) などとよばれる（図 6.11(b) 参照）．これに対して包絡ソリトンは，ブライトソリトン (bright soliton) とよばれることもある．

などより，微分方程式

$$y'' = y - 2y^3 \tag{6.54}$$

を満たすことがわかる．包絡ソリトン解 (6.52) を

$$a(x,t) = a_0 \operatorname{sech}\xi\, E, \qquad \xi = \sqrt{\frac{-q}{2p}}\, a_0 x, \qquad E = \exp\left(-\frac{i}{2} q a_0^2 t\right) \tag{6.55}$$

と書くと，

$$ia_t = ia_0 \operatorname{sech}\xi\, E\left(-\frac{i}{2} q a_0^2\right) = \frac{1}{2} q a_0^3 \operatorname{sech}\xi\, E \tag{6.56}$$

$$\begin{aligned} pa_{xx} &= pa_0 \frac{d^2 \operatorname{sech}\xi}{d\xi^2}\left(\frac{d\xi}{dx}\right)^2 E = pa_0(\operatorname{sech}\xi - 2\operatorname{sech}^3\xi)\left(\frac{-q}{2p} a_0^2\right) E \\ &= -\frac{1}{2} q a_0^3 (\operatorname{sech}\xi - 2\operatorname{sech}^3\xi)\, E \end{aligned} \tag{6.57}$$

より，確かに

$$ia_t + pa_{xx} = q a_0^3 \operatorname{sech}^3\xi\, E = q|a|^2 a \tag{6.58}$$

となることがわかる．

なお，NLS 方程式 (6.32) はガリレイ変換

$$\tilde{x} = x - Vt, \qquad \tilde{t} = t, \qquad \tilde{a} = a\exp\left(-i\frac{V}{2p}x + i\frac{V^2}{4p}t\right) \tag{6.59}$$

に対して不変であり，

$$ia_t + qa_{xx} = q|a|^2 a \quad \longleftrightarrow \quad i\tilde{a}_{\tilde{t}} + q\tilde{a}_{\tilde{x}\tilde{x}} = q|\tilde{a}|^2\tilde{a} \tag{6.60}$$

が成り立つ．このガリレイ変換不変性は，物理的には搬送波波数 k_0 の不定性に対応している．我々が対象としている波列は $\Delta k \sim \epsilon k_0$ 程度のスペクトル幅をもっており，この中でどの波数を搬送波波数とみなすかはこちらの自由なはずである．式 (6.60) に含まれる一見複雑な位相因子 $\mathrm{e}^{i(\cdots)}$ は，群速度が V だけ異なる波数 $\tilde{k}_0$（すなわち，$\tilde{k}_0 - k_0 = V/2p$）に搬送波波数を取り直すことに対応している．式 (6.59) を利用すると，静止している包絡ソリトン解 (6.52) から任意の速度 V で伝播する包絡ソリトン解も容易に得ることができる．ただし，NLS 方程式の物理的背景や導出時の仮定を考えるならば，V はいくら任意といっても $O(\epsilon)$ の微小量でなければならない．

例題 6.3 ：ガリレイ変換不変性の確認

$a(x,t)$ が NLS 方程式 (6.32) の解であるならば，

$$\tilde{a}(x,t) = a(x - Vt, t)\exp\left(i\frac{V}{2p}x - i\frac{V^2}{4p}t\right) \tag{6.61}$$

も式 (6.32) の解になることを確認せよ．

解答

$$\tilde{E} \equiv \exp\left(i\frac{V}{2p}x - i\frac{V^2}{4p}t\right) \tag{6.62}$$

と書くことにすると，

$$\tilde{a}_t = \left[a_x(-V) + a_t - i\frac{V^2}{4p}a\right]\tilde{E} \tag{6.63}$$

$$\tilde{a}_x = \left(a_x + i\frac{V}{2p}a\right)\tilde{E}, \qquad \tilde{a}_{xx} = \left[a_{xx} + i\frac{V}{2p}a_x + i\frac{V}{2p}\left(a_x + i\frac{V}{2p}a\right)\right]\tilde{E} \tag{6.64}$$

などより，

$$i\tilde{a}_t + p\tilde{a}_{xx} = \cdots = (ia_t + pa_{xx})\tilde{E} = q|a|^2 a\,\tilde{E} = q|\tilde{a}|^2\tilde{a} \tag{6.65}$$

となることがわかる．

KdV ソリトンと同様，NLS の包絡ソリトンの幅は式 (6.52) が示すように振幅によって決まる．しかし，振幅が大きくなるほど速くなる KdV ソリトンと異なり，包絡ソリトンの伝播速度と振幅の間に何も特別な関係はない．これを反映して，NLS 方程式には，振幅が異なる複数のソリトンが分離することなく同一の速度で伝播する，いわば「ソリトンの束縛状態」とでもよべるような新たなタイプの解が可能になる．このような解は脈動しながら伝播するので，**ブリーザー** (breather) とよばれている．近年，比較的静穏な海洋波浪場の中で，まわりから突出した異常な高波が突如発生するという現象が注目を浴び，「フリーク波」(freak wave) や「ローグ波」(rogue wave) などとよばれ，盛んに研究がなされているが，NLS 方程式のこのブリーザー解が，このような特異な大波に対する簡単かつ有効なモデルと考える研究者も多い（たとえば文献 [9], [13] 参照）†．

バスタブの栓を抜くと，水がクルクルと細い渦を巻きながら抜けていく様子を見

† フリークは「気まぐれ」や「奇妙な」といった意味の，またローグは「悪党」や「ごろつき」といった意味の英語である．

ることができる．あのような渦が細く集中した極限的な状態を，流体力学では渦糸(うずいと)とよぶ．直感的には波動とまったく結びつかない運動形態であるが，この渦糸の運動も，ある近似のもとで NLS 方程式に帰着できることが，橋本によって示されている [25]．したがって，NLS 方程式の包絡ソリトンに対応して，渦糸のねじれが安定に伝播する運動パターンが存在するが，これは「橋本ソリトン」などとよばれている．

6.4 変調不安定と大振幅波の出現

前節で，波列の変調が NLS 方程式によって支配されることを学んだ．この事実を利用することで，以下に示すように，一様波列が変調に対して安定かどうかを調べることができる．

6.4.1 ストークス波と安定性

3.4 節で紹介したように，水面重力波に対して初めて非線形の効果を取り入れたのはストークスで，いまから 150 年以上も前のことである．彼は，無限に深い水の表面を，形を変えずに一定速度で伝播する波列の水面変位 $\eta(x,t)$ に対する表式として，今日ストークス波とよばれる以下のような近似解を導出した．

$$\eta(x,t) = A\cos\theta + \frac{1}{2}A^2k\cos 2\theta + O(A^3), \quad \theta \equiv kx - \omega t, \quad \omega = \sqrt{gk}\left(1 + \frac{1}{2}A^2k^2\right) \tag{6.66}$$

この解でとくに重要なのは，振動数 ω が波数 k のみならず振幅 A にも依存しており，同じ波長でも振幅の大きな波ほど速く伝播するという点である．ストークス以来，ストークス的な振幅展開をより高次まで実行して，有効範囲の広い近似解を求めることや，ストークス展開そのものの収束性を数学的に議論することなどが盛んに行われた．その結果，波峰が角(かど)になってしまう「極限波」に至るまで，ストークス展開が確かに収束することが数学的にも証明された．

しかし，基礎方程式を満たす解であることと，それが海の表面や水槽実験などで実際に観測できるかどうかはまた別の問題である．そこには，**安定性** (stability) という性質が関係してくる．たとえば，**図 6.12**(a) のように半球状のお椀を伏せて，その頂点にパチンコ玉を置くことを考えてみよう．お椀の頂点は位置エネルギーの

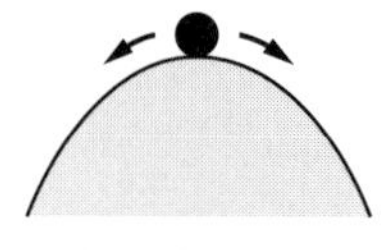

（a）不安定な状態

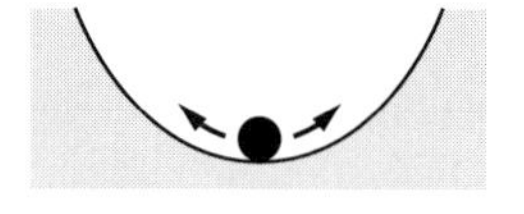

（b）安定な状態

図 6.12　平衡状態の安定性のイメージ

極値（極大値）に当たり，そこでパチンコ玉が静止する状態は力のつり合いを満たす解である．しかし，ほんの少し頂点からずれただけでパチンコ玉は半球から転げ落ちてしまい，実際にこのような状況を実現することはほとんど不可能である．一方，図 6.12(b) のようにお椀を上に向けた場合のお椀の底も位置エネルギーの極値（極小値）であり，したがって力のつり合いが成立し，やはりパチンコ玉が静止できる位置になる．この場合は，多少パチンコ玉が底からずれても自動的に底に戻す力がはたらき，つり合いの点から大きく外れていくことがない．

前者の伏せたお椀の頂点のように，何らかの原因で小さなずれが生じるとずれがどんどん増大してしまうような状況を「不安定な」つり合い，後者のお椀の底のように，多少ずれが生じてもそれが増大していかないような状況を「安定な」つり合いという．どちらも「力のつり合い方程式」の解であることに違いはないが，安定性をもたない前者は実際には実現されない．

ストークス波，すなわち非線形性を考慮した周期的な波列が，水面波の基礎方程式を精度よく満足する解として存在することはストークス以来知られていたが，その安定性については長らく注意が向けられなかった．しかし，ストークス以後実に 100 年以上も経った 1967 年になって，ベンジャミン (Benjamin, B.) とフェア (Feir, J.E.) は，ストークス波がある種の微小攪乱に対して不安定であり，ストークス波に対応するようなきれいな一様波列を水槽で造波することは不可能であるということを，初めて理論的および実験的に示した [6]．

6.4.2　NLS 方程式に基づく安定性解析

ベンジャミンとフェアによる解析は，不安定を引き起こすメカニズムに対する物理的な考察に基づいているが，今日的視点からするとその解析方法はあまりスマートとはいえない．しかし，彼らが当時知らなかった NLS 方程式から出発することにより，彼らと同じ結果をより簡単に導き出すことができる．

まず，式 (6.32) の x に依存しない解

$$a(x,t) = a_0\,\mathrm{e}^{-iqa_0^2 t} \tag{6.67}$$

がストークス波 (6.66) に対応していることに注意する．ここで a_0 は，t の原点をずらすだけで常に正の実数とすることが可能なので，ここではそのように仮定する．$a(x,t)$ と $\eta(x,t)$ の関係式 (6.18) によると，式 (6.67) に対応する η は

$$\eta(x,t) = a(x,t)\mathrm{e}^{i(k_0 x - \omega_0 t)} + \text{c.c.} = 2a_0 \cos\left[k_0 x - (\omega_0 + qa_0^2)t\right] \tag{6.68}$$

となり，振動数が線形理論の値 ω_0 から，振幅 $2a_0$ の 2 乗に比例する量 qa_0^2 だけ補正された一様波列を表している．

水面重力波に対する基礎方程式から，橋本と小野によって導出された NLS 方程式の係数 p, q を式 (6.51) に示したが，その表現において水深無限大 $h \to \infty$ の極限をとると，

$$p = -\frac{\omega_0}{8k_0^2}, \qquad q = 2k_0^2\omega_0 \tag{6.69}$$

となる．ここで $\omega_0 = \sqrt{gk_0}$ である．この q の値を用いると，式 (6.68) の波列の振動数 ω は $\omega = \omega_0[1 + (1/2)(2a_0)^2 k_0^2]$ となり，ストークス波 (6.66) のそれに一致する†.

このように，NLS 方程式の一様波列解 (6.67) がストークス波，すなわち非線形効果を考慮した一様波列に対応することがわかる．したがって，NLS 方程式に基づいて一様波列解 (6.67) の安定性を調べることによって，（少なくとも，変調として扱える程度の長い攪乱に対する）ストークス波の安定性を知ることができる．

仮に，一様波列解の振幅と位相が

$$a = (a_0 + \tilde{a})\exp(-iqa_0^2 t + i\tilde{\theta}) \tag{6.70}$$

のように，ともに微小な攪乱を受けたとしよう（$\tilde{a}$, $\tilde{\theta}$ はともに実数)．これを NLS 方程式 (6.32) に代入し，$\tilde{a}$, $\tilde{\theta}$ に関して 1 次量だけを考慮すると，攪乱を支配する方程式系

$$\tilde{a}_t + pa_0\tilde{\theta}_{xx} = 0, \qquad \tilde{\theta}_t - \frac{p\tilde{a}_{xx}}{A_0} + 2qa_0\tilde{a} = 0 \tag{6.71}$$

が得られる．これは定数係数の線形偏微分方程式系であり，したがって任意の解は

---

† 2 倍高調波成分（式 (6.67) の $\cos 2\theta$ の項）については NLS 方程式から知ることはできないが，それは NLS 方程式の導出過程の $O(\epsilon^2)$ の段階で求められており，それがストークス展開 (6.66) の 2 倍高調波成分と一致することも確認できる．

基本モード

$$\begin{pmatrix} \tilde{a} \\ \tilde{\theta} \end{pmatrix} = \begin{pmatrix} \hat{a} \\ \hat{\theta} \end{pmatrix} \exp[i(Kx - \Omega t)] + \mathrm{c.c.} \tag{6.72}$$

の重ね合わせで表現することができる．撹乱の基本モード (6.72) がすべての波数 K に対して安定であれば，一様波列解に重ね合わされた微小撹乱が増大することはなく，したがって一様波列解は安定である．一方，もし基本モードの中に一つでも時間的に増大するようなものが存在すれば，その波数 K をもつ撹乱が自発的に成長し，したがって一様波列解は不安定ということになる．

撹乱を支配する方程式 (6.71) に式 (6.72) を代入して整理すると，K, Ω 間の「分散関係式」

$$\Omega^2 = p^2 K^2 \left(K^2 + \frac{2qa_0^2}{p} \right) \tag{6.73}$$

が得られる．これによると，$pq > 0$ の場合には，実数の K に対して常に実数の Ω が対応し，したがってすべての撹乱は中立安定で増幅も減衰もしない．この場合は，一様波列に小さな撹乱が加わって一様波列から少しずれても，そのずれが時間的に増大することはなく，したがって一様波列解 (6.67)，すなわちストークス波は安定である．

一方，$pq < 0$ の場合には，

$$|K| < \sqrt{-\frac{2q}{p}}\, a_0 \tag{6.74}$$

を満たす K に対しては $\Omega^2 < 0$，すなわち Ω は純虚数となる．式 (6.72) によると，これは撹乱が増幅率 $\mathrm{Im}\,\Omega$ で指数関数的に増大すること，すなわち一様波列が不安定であることを意味する†．増幅率 $\mathrm{Im}\,\Omega$ は，$K = \sqrt{-q/p}\, a_0$ に対して最大値 $|qa_0^2|$ をとる．この不安定は，式 (6.74) が示すように，波数 K が振幅 a_0 程度に小さいものだけを増大させる．これは，もともとの $\eta(x,t)$ に戻っていえば，搬送波波数 k_0 の近傍の波数成分のみが不安定で成長し，その結果波列の変調を助長することになる．このことから，この不安定は，**側帯波不安定** (sideband instability)，**変調不安定** (modulational instability)，またその発見者の名前から**ベンジャミン－フェア不安定** (Benjamin–Feir instability) などとよばれる．

増幅率 $\mathrm{Im}\,\Omega$ を撹乱の波数 K の関数として描くと，**図 6.13** のようになる．ただ

† $\mathrm{Im}\Omega$ は，複素数 Ω の虚部を表す．

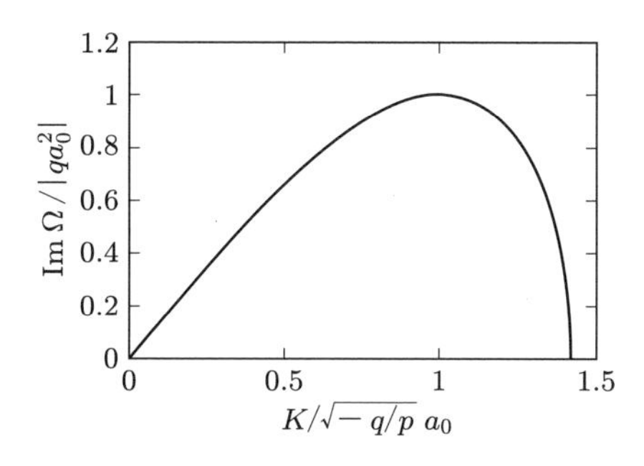

図 6.13　変調不安定の増幅率

し，ここでは横軸の K は最大増幅率に対応する波数 $\sqrt{-q/p}\,a_0$ で，また縦軸の増幅率は最大増幅率 $|qa_0^2|$ で，それぞれ規格化している．

ベンジャミンとフェアが解析した水深無限大の重力波の場合，$p = -\omega_0/8k_0^2 < 0$, $q = 2\omega_0 k_0^2 > 0$ なので $pq < 0$ であり，一様波列が不安定な状況にある．p, q のこの表現を式 (6.73) に代入すれば，ただちにベンジャミンとフェアの結果と一致する増幅率を得ることができる．またこのとき，式 (6.74) に対応する変調不安定の条件は

$$\frac{|k - k_0|}{k_0} < 2\sqrt{2}\,A_0 k_0 \quad (A_0 = 2a_0 \text{ は } \eta \text{ の振幅}) \tag{6.75}$$

となり，搬送波波数 k_0 を中心として，狭い範囲の k のみがゼロでない増幅率をもつことを示している．

水深 h が有限の場合には，p, q は式 (6.51) で示したような $k_0 h$ の複雑な関数となる．p はすべての $k_0 h$ に対して常に負であるが，q は $k_0 h > 1.363$ で正，$k_0 h < 1.363$ で負と符号を変える．これは，水面重力波は $k_0 h > 1.363$，すなわち水深が波長のほぼ 1/5 より深くなると変調に対して不安定となり，きれいな一様波列としては伝播できないことを意味している．

NLS 方程式 (6.32) は，水面波に限らずさまざまな媒質における非線形変調波列を支配するきわめて一般的な波動方程式である．また変調不安定は，この NLS 方程式の非線形項 $|a|^2 a$ の係数 p と群速度分散項 a_{xx} の係数 q の符号が逆であれば必ず発生する不安定なので，幅広い分野における波動現象に共通して観測される重要な現象である．

6.4.3　変調不安定の直感的解釈

NLS 方程式 (6.32) において，$pq < 0$ のときに変調不安定が発生することは，以下のように直感的に理解することができる．

仮に $p < 0, q > 0$ としよう．$p = (1/2)\omega_0'' = (1/2)(dv_g(k_0)/dk)$ なので，$p < 0$ は群速度 v_g，すなわちエネルギーの伝播速度が k の減少関数であることを意味する．また，NLS 方程式の一様波列解 (6.67) と，それに対応する実際の波列 $\eta(x,t)$ の関係 (6.68) からわかるように，q は非線形効果による振動数の補正 $q|a_0|^2$ の係数を与える．このことから $q > 0$ は，波の振動数 ω，したがって位相速度が振幅の増加関数であることを意味する．

仮に**図 6.14**(a) のように，右向きに伝播する一様波列中のある部分だけが，何らかの原因で周囲より少し振幅が大きくなったとしよう．位相速度が振幅の増加関数である ($q > 0$) ことから，振幅が大きくなった部分では搬送波の位相速度が周囲より少し速くなり，したがってその部分の前面では波の間隔が詰まって波数 k の増大が起こり，逆に後面では波の間隔が広がって波数の減少が起こる．このとき，群速度が k の減少関数である ($p < 0$) ことから，k が増大した前面では群速度（=エネルギーの伝播速度）が減少し，エネルギーの前方への流出量が減少する．逆に後面では，k の減少に伴い群速度が増加し，後方からのエネルギーの流入量が増加する．このようにして，何らかの原因で波列の一部分の振幅が大きくなると，そこに向かう正味のエネルギー流入（流入量と流出量の差）が発生する．その結果，この部分の振幅はさらに増大し，初期の微小な振幅の不均一がますます助長されることになる．以下の例題 6.4 で示すように，振幅ではなく波数に非一様性が生じた場合についても，同様の直感的な理解が可能である．

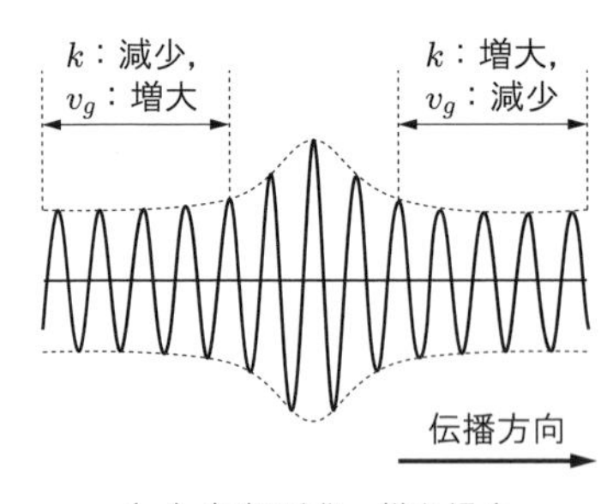

（a）振幅が非一様な場合

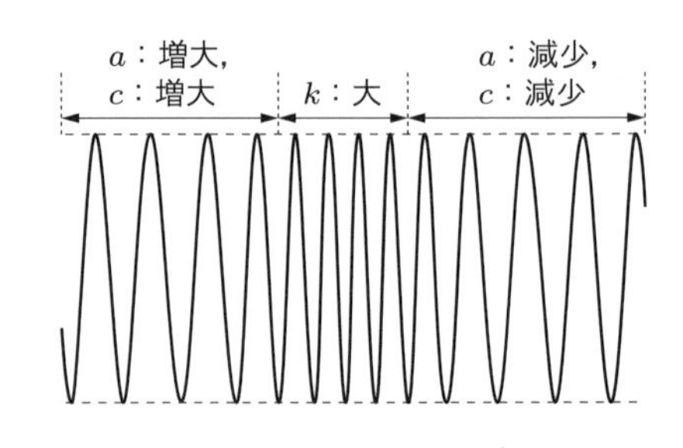

（b）波数が非一様な場合

図 6.14　変調不安定の直感的説明

例題 6.4 ：変調不安定の直感的説明（波数の不均一の場合）

上と同様に $p < 0, q > 0$ とする．何らかの原因で一様波列の一部分で波数 k が周囲より大きくなったとき，その不均一がますます増大してしまうことを，上の議論にならって直感的に説明せよ．

解答 群速度が k の減少関数である ($p < 0$) ことから，波数 k が周囲より大きい部分では群速度（＝エネルギーの速度）が低下し，エネルギーフラックスが減少する．これに伴い，この部分の前方では後方からのエネルギー流入量が減少し，振幅が減少する．逆に，k が大きい部分の後方では，前方へのエネルギー流出量が減少することで振幅の増大が起こる．このとき，位相速度が振幅の増加関数 ($q > 0$) なので，振幅が減少した前方では搬送波の振動数，したがって位相速度が低下して搬送波の流出が抑制される．逆に，振幅が増大した後方では位相速度が増加し，搬送波の流入が促進される．この結果，周囲より k が大きい部分ができると，そこにはますます多くの搬送波が集中することになり，k の不均一がよりいっそう助長されることになる（図 6.14(b) 参照）．

6.4.4 変調不安定とフリーク波の関連

6.3.4 項の最後の部分でも少し触れたが，近年フリーク波やローグ波とよばれる海洋波が注目され，盛んに研究がなされている．フリーク波とは，比較的静穏な海洋波浪場に突如出現する大波であり，ある報告によると，1969〜1994 年の間に太平洋・大西洋で，少なくとも 22 隻の大型貨物船がフリーク波との遭遇によって沈没，525 名が死亡し，またこのほかインド洋でもかなり多数の遭難があるとのことである [36]†．

図 6.15 は，「ニューイヤーウェイブ」(New Year's wave) とよばれるもっともよく知られたフリーク波の観測例の一つである [28]．平均的な波高が 10 m 程度の波の中で，突如波高 25 m を超える大波が 1 波だけ出現している様子がわかる．この波高記録は，北海にあるドラウプナー（**図 6.16** 参照）という海底油田のプラットホームにおいて観測されたものである．観測されたのがちょうど 1995 年 1 月 1 日だったので，このような名前が付けられている．水面重力波の基礎方程式系 (3.28) の数値シミュレーションによって，水面波の時間発展を忠実に追跡していくと，時とし

† フリーク波のこの破壊力からか，中には「ローグ波は敵船に対する有効な兵器として使いうるか」という，やや物騒なタイトルの論文すらある [2]．もっともこれはタイトルだけで，中身は高次分散性を考慮した際のソリトン間相互作用に関する至ってまじめなものであるが．

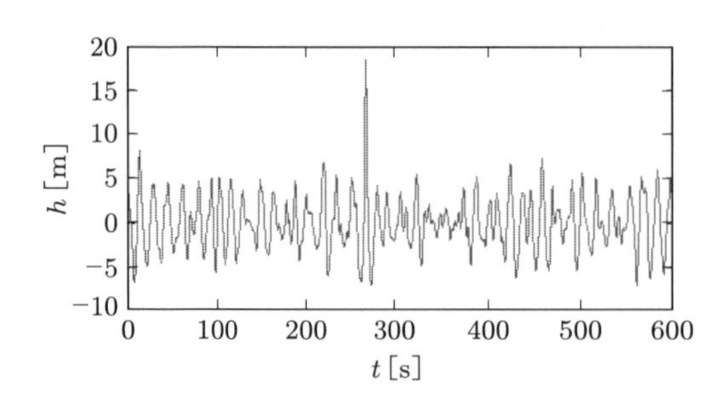

図 6.15　典型的なフリーク波の観測例
「ニューイヤーウェイブ」
（提供： Karsten Trulsen 氏）

図 6.16　ドラウプナー海底油田
プラットホーム
（撮影：Øyvind Hagen 氏）

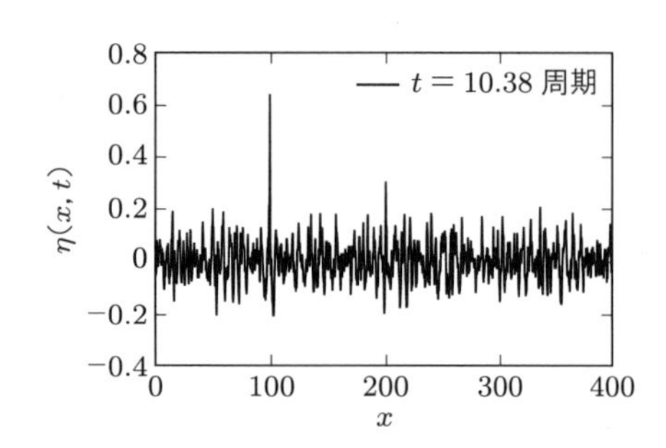

図 6.17　水面波の数値シミュレーションに現れるフリーク波の一例

て図 6.17 に示すような，まさにフリーク波とよぶべき一発大波が出現するのをコンピュータ上で見ることもできる．

図 6.18 は，変調不安定を再現した数値シミュレーションの一例である．図 6.17 に示した典型的なフリーク波を再現した数値計算と同一のプログラムを用いて，水

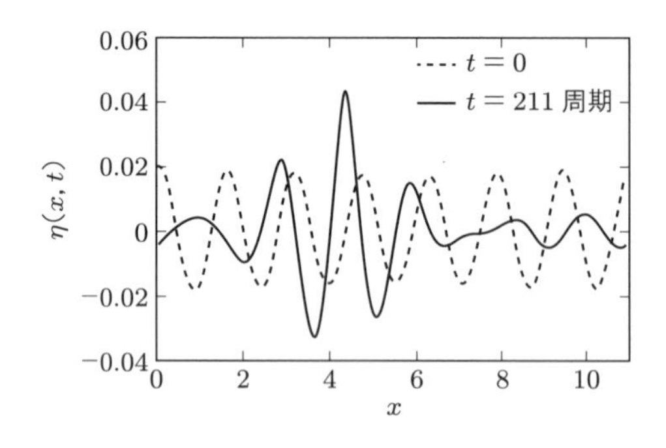

図 6.18　変調不安定の数値シミュレーション結果の一例

面重力波の基礎方程式系 (3.28) をほぼ忠実に解いている．図 6.17 の場合と異なるのは初期条件だけである．図 6.17 の場合は，海洋波にふさわしい不規則な波形を初期に採用しているのに対し，図 6.18 の場合は，$Ak = 0.07$ の正弦波に，その 7 倍程度の波長をもつ微小撹乱を加えて，わずかに変調させたものを採用している（図中の破線）．変調撹乱の初期振幅は正弦波の振幅の 1/50 としているので，$t = 0$ での波形はほぼ一様できれいな波列に見える．これを初期波形として時間変化を追跡すると，初期に加えた微小撹乱（側帯波成分）がしだいに成長して，ほぼ 200 周期後には図中の実線で示すような波形が出現する．初期にはほぼ一様でどの波も同程度のエネルギーをもっていたものが，変調不安定によって波高に非一様性が生じ，その結果外部からのエネルギー供給がまったくなくても，初期波形の 2 倍以上の大きな水面変動が自発的に生じる．このような事実から，変調不安定はフリーク波の現象を理解するうえで，本質的に重要なメカニズムの一つであると考えられている．

フリーク波の研究は，もともとは海洋波の現象を契機として始まったのであるが，最近ではまったく異なる物理系，たとえば光ファイバーやボーズ–アインシュタイン凝縮とよばれる量子力学系などにおいても，理論的・実験的な研究が活発に進められているようである．

この章のまとめ

▶ 水面波のような分散性波動は，波長によって伝播速度が異なるので，遠方に伝わるに従って波長に関する分別が起こり，局所的には一様波列に近い状態が自動的に実現する．このような波列を**変調波列**，**準単色波列**などとよぶ．

▶ 振幅や波長の変調が，搬送波の時間・空間スケールに比べ非常にゆっくりしている場合，変調は搬送波の群速度で伝わる．このとき，波のエネルギーも振幅に連動して群速度で伝わる．

▶ 変調波列に対する分散性効果および非線形効果を，多重尺度法などによって系統的に解析すると，変調波列の複素振幅 $a(x,t)$ は**非線形シュレディンガー (NLS) 方程式**

$$i\left[a_t + \omega'(k_0)a_x\right] + pa_{xx} = q|a|^2 a$$

よって支配されることがわかる．

▶ NLS 方程式はいわゆる「ソリトン方程式」で，その解である**包絡ソリトン**は KdV 方程式のソリトンと同様，粒子的な安定性を示す．

▶ NLS 方程式の群速度分散項 a_{xx} の係数 p と，非線形項 $|a|^2 a$ の係数 q の符号は非常に重要である． p と q が逆符号の場合，一様波列は変調に対して不安定である．この不安定性は，**変調不安定**や**ベンジャミン–フェア不安定**などとよばれる．

▶ 変調不安定は，海洋において観測される特異な大波である**フリーク波**や**ローグ波**の現象と密接な関係があると考えられている．

第7章 波と波の共鳴相互作用

第 6 章では単独の波列があるときに，それが自身と非線形相互作用することから生じる現象について調べた．この章では，複数の波列が共存する場合に生じる共鳴相互作用について学ぶ．三つの波の波数と振動数が「共鳴条件」とよばれるある条件を満たす場合，たとえば二つの波しかない状態から自動的に第 3 の波が生み出されるなどの，興味深い現象が現れる．

7.1 3 波共鳴相互作用

7.1.1 束縛波

第 6 章では，単独の波列が存在する場合，自身との非線形相互作用の結果，複素振幅は T_0/ϵ^2 程度の時間スケール，L_0/ϵ^2 程度の空間スケールで変化し，その発展は非線形シュレディンガー方程式 (6.32) によって記述されることを学んだ．ここで，ϵ は振幅の小ささを表す無次元パラメータ，T_0, L_0 はそれぞれ波の周期，波長程度の代表的な時間および長さを表す．

これに対して，複数の波列が共存する場合には，より短時間・短距離で非線形効果が顕著に現れてくる可能性がある．仮に，ある物理量 $u(x,t)$ がその最低次 $O(\epsilon)$ において，

$$u(x,t) = \left(a_1 \mathrm{e}^{i\theta_1} + \mathrm{c.c.}\right) + \left(a_2 \mathrm{e}^{i\theta_2} + \mathrm{c.c.}\right), \quad \theta_i = k_i x - \omega_i t \quad (i = 1, 2) \tag{7.1}$$

のように，二つの成分波（これらを基本波とよぶことにする）によって構成されているとする．このとき，6.3.2 項で述べたように，系の支配方程式もしくはその境界条件に，$u(x,t)$ の 2 次の非線形項が含まれていると，

$$u^2 = \left[a_1^2 \mathrm{e}^{2i\theta_1} + a_2^2 \mathrm{e}^{2i\theta_2} + a_1 a_2 \mathrm{e}^{i(\theta_1+\theta_2)} + a_1 a_2^* \mathrm{e}^{i(\theta_1-\theta_2)}\right] + \mathrm{c.c.} + 2\left(|a_1|^2 + |a_2|^2\right) \tag{7.2}$$

となる．このことからわかるように，二つの基本波の波数，振動数の組 (k_1, ω_1), (k_2, ω_2) の和や差からつくられる $(2k_1, 2\omega_1)$, $(2k_2, 2\omega_2)$, $(k_1 \pm k_2, \omega_1 \pm \omega_2)$ などの

新たな波数，振動数をもつ成分が生み出される．しかし，真に分散性を有する波動の場合（すなわち $\omega = c_0 k$ 以外の場合），非線形性によって生み出されるこれらの波数と振動数の組み合わせは，一般的には分散関係を満足しない．分散関係を満足しないこれらの振動成分は，基本波があってこそ存在できるもので，**束縛波** (bound wave) とよばれる[†1]．束縛波は，あくまでも基本波の「おまけ」であり，式 (7.2) から想定される程度，たとえば $(2k_1, 2\omega_1)$ 成分は $O(a_1^2)$，$(k_1 \pm k_2, \omega_1 \pm \omega_2)$ 成分なら $O(a_1 a_2)$ を超えて，基本波成分と対等なレベル $O(a_1)$, $O(a_2)$ にまで成長することはない．

ここでは，簡単なモデル方程式

$$u_t + uu_x + \mathcal{L}[u] = 0 \tag{7.3}$$

によって支配される系を対象として，このことを数値シミュレーションで確認してみよう．式 (7.3) で，$\mathcal{L}[u]$ は $u(x,t)$ に作用する線形演算子で，

$$\omega(k) = \sqrt{k + k^3} \tag{7.4}$$

という分散関係を与えるものとする（これだけが $\mathcal{L}[u]$ の役割）．第3章で示したように，表面張力と重力の両方を復元力として考慮した水面波の線形分散関係は，式 (3.35) で与えられる．ここで，水深が十分深い（すなわち $\tanh kh = 1$）とし，また波数 k や振動数 ω を適当な代表値で無次元化すれば，式 (7.4) が得られる．また，式 (7.3) の非線形項は，第5章の KdV 方程式などで見たように，長波に対して現れる典型的な非線形項である．したがって式 (7.3) は，表面張力重力波型の分散性と長波型の非線形性を合わせ持ったモデル方程式といえる．

式 (7.3) で支配される系において，$(k_1, a_1) = (0.3, 0.01)$ の「波1」と，$(k_2, a_2) = (1.0, 0.01)$ の「波2」の重ね合わせを初期条件として数値シミュレーションを行った結果を**図 7.1**(a) に示す[†2]．図では，基本波 k_1, k_2 のエネルギー（= 振幅の2乗/2）E_1, E_2，および束縛波 $k_p = k_1 + k_2\ (= 1.3)$, $k_m = k_2 - k_1\ (= 0.7)$ のエネルギー E_p, E_m の時間発展を示している．束縛波のエネルギーが $E = 0$ の軸に重なって見

---

†1　名前には「波」が入っているが，波として満たすべき分散関係を満たしていないので，本当の意味では「波」ではない．

†2　式 (7.3) を数値的に解く方法はいろいろあるが，ここではスプリットステップ法という簡単な方法を用いている．これは，u の時間発展のうち，線形項 $\mathcal{L}[u]$ が与える部分と，非線形項 uu_x が与える部分を別々に扱い，これら二つのサブステップを合わせることで，時間的に1ステップ進めるという方法である．数値計算手法については他書を参照されたい．筆者の講義ノート [70] も参考になるであろう．

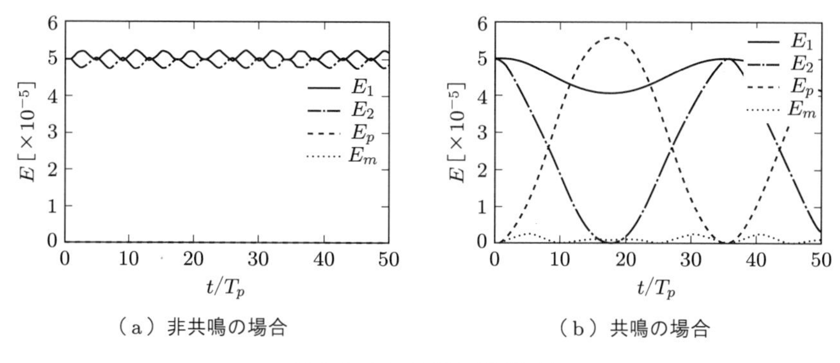

（a）非共鳴の場合　（b）共鳴の場合

図 7.1　二つの波の相互作用

えないほど非常に小さくとどまり，エネルギーの大部分は二つの基本波が持ち続けている様子を見ることができる．非線形項 uu_x を消去して線形化した場合，二つの基本波は互いに干渉することなく初期に与えられたエネルギーを永久に持ち続け，束縛波成分はまったく生み出されない．図 7.1(a) はそのような線形の状況に近く，したがってこの場合，非線形性はそれほど重要な役割を果たしていないといえる．

これとまったく同じ数値計算を，今度は $(k_1, a_1) = (0.3,\ 0.01)$，$(k_2, a_2) = (1.6, 0.01)$，すなわち波 2 の波数 k_2 だけを 1.0 から 1.6 に変えて行ったときの結果を図 7.1(b) に示す．波数の組み合わせを少し変えただけなのに，ふるまいが驚くほど異なることがわかるであろう．初期には波 2 のエネルギーが大きく減少し，代わりに束縛波成分のうち，波数 $k_1 + k_2\,(= 1.9)$ の成分のエネルギーが増大し，波 1 の周期に換算して 11 周期あたりでは，波 1 も抜いて最大のエネルギーをもつようになる．しかし，その後再び波 2 にエネルギーが戻り始め，35 周期あたりではほぼ初期の状態に戻る．その後も，この束縛波を含む三つの波の間の活発なエネルギー交換が周期的に繰り返される．波 2 の波数 k_2 を変えただけなのに，なぜ図 7.1 で見られるほど大きな違いが生じるのであろうか．

7.1.2　3 波共鳴相互作用

上述したように，分散性波動の場合，ほとんどの k_1，k_2 の組み合わせに対しては，非線形相互作用が生み出す波数，振動数の組み合わせ $(2k_1, 2\omega_1)$，$(2k_2, 2\omega_2)$，$(k_1 \pm k_2, \omega_1 \pm \omega_2)$ が分散関係を満足することはなく，したがってこれらの成分は基本波の束縛波成分として小さくとどまる．しかし，k_1 と k_2 の組み合わせによっては，これら束縛波の波数，振動数の組が分散関係を満たすことがある．この場合，これらの成分はもはや基本波の束縛波ではなく，れっきとした「波」として，基本波と対等の立場で波どうしのエネルギー交換に積極的に参加してくる．たとえば，

$$k_1 + k_2 = k_3, \qquad \omega_1 + \omega_2 = \omega_3 \tag{7.5}$$

が同時に成り立つとしよう．ここで，ω_i は $\omega(k_i)$ を表す．式 (7.5) は，波1と波2の「和成分」$(k_1 + k_2, \omega_1 + \omega_2)$ が分散関係を満たすことを意味する．このとき，波数 k_1, k_2 の波を基本波として初期に与えると，非線形相互作用によって生み出された波数 k_3，振動数 ω_3 の波が自発的に成長してくる．実は図 7.1(b) の数値計算では，このような状況が実現するように，特別な k_1, k_2 の組み合わせを選んでいたのである．

式 (7.5) を満たすような三つの波数，振動数の組が存在するかどうかは，分散関係 $\omega = \omega(k)$ の形に依存する．たとえば，水面重力波の分散関係 $\omega = \sqrt{gk}$ に対しては，

$$\omega_1 + \omega_2 = \omega_3 \quad \longrightarrow \quad \sqrt{k_1} + \sqrt{k_2} = \sqrt{k_1 + k_2} \quad \longrightarrow \quad \sqrt{k_1 k_2} = 0 \tag{7.6}$$

となるため，このような三つの波の組み合わせは存在しない．しかし，ここで対象としているモデル方程式 (7.3) の分散関係 (7.4) に対しては，以下に示すように，任意の k_1 に対して式 (7.5) を満たす組が存在する．

分散関係が式 (7.4) の場合，式 (7.5) は

$$\sqrt{k_1 + k_1^3} + \sqrt{k_2 + k_2^3} = \sqrt{(k_1 + k_2) + (k_1 + k_2)^3} \tag{7.7}$$

を要求する．これは，両辺を2乗して整理すると，k_2 に対する3次方程式

$$9k_1 k_2^3 + (14k_1^2 - 4)k_2^2 + 9k_1 k_2 - 4(1 + k_1)^2 = 0 \tag{7.8}$$

を与える．この3次方程式は，任意の $k_1\,(> 0)$ に対して一つの実根 $k_2\,(> 0)$ をもち，それを k_1 の関数として描くと，**図 7.2** のようになる．図 7.1(b) の計算で採用した二つの基本波の波数の組み合わせ，$(k_1, k_2) = (0.3, 1.6)$ はほぼこの曲線に乗っており，したがって $k_1, k_2, k_3\,(= k_1 + k_2)$ を波数とする三つの波は，式 (7.5) をほぼ満足する特別な組になっている．

一般に，三つの波数 k_1, k_2, k_3，およびそれらに対応する振動数 $\omega_1, \omega_2, \omega_3$ が

$$k_1 \pm k_2 \pm k_3 = 0, \qquad \omega_1 \pm \omega_2 \pm \omega_3 = 0 \quad （複号同順） \tag{7.9}$$

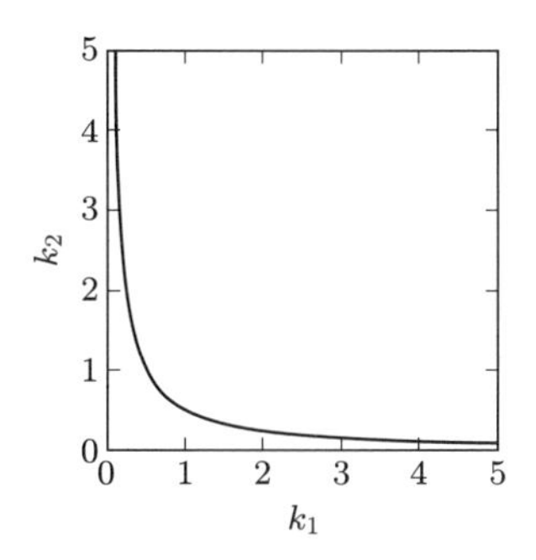

図 7.2　共鳴条件 (7.5) を満たす k_1 と k_2

を満たすとき，これら三つの波の間では上述のような活発なエネルギー交換が発生する．この現象を **3 波共鳴** (three-wave resonance) とよび，式 (7.9) を **3 波共鳴条件**とよぶ．

補足

対象とする物理量が実数値しかとらない場合，波数，振動数，複素振幅が (k, ω, a) である波は，"$a\,\mathrm{e}^{i(kx-\omega t)}$ + c.c." のように，複素共役 c.c. との和として表現される．この表現は，c.c. のほうを主体にして "$a^*\,\mathrm{e}^{i[(-k)x-(-\omega)t]}$ + c.c." と書いてもよいはずである．したがって，波 (k, ω, a) と波 $(-k, -\omega, a^*)$ は同一物である．このことから，k は負でもよいこと，また ω を $k < 0$ の領域へ延長する際には，奇関数として延長すべきであることがわかる．

ただし，これは必ずしも $\omega(k)$ が k の奇関数のように見えることを意味するわけではない．たとえば，$u_{tt} + u_{xxxx} = 0$ という方程式の場合，分散関係は $\omega^2 = k^4$，すなわち $\omega = \pm k^2$ となり，一見奇関数には見えない．この系には一つの $k\,(> 0)$ に対して，$\omega = k^2, \omega = -k^2$ の二つの分枝（波動モード）が存在する．これを $k < 0$ 側に広げる場合，$k = 0$ を挟んで両側に $\omega = k^2$ や $\omega = -k^2$ が偶関数的につながっているのではなく，$k > 0$ での $\omega = k^2$ は $k < 0$ では $\omega = -k^2$ に，逆に $k > 0$ での $\omega = -k^2$ は $k < 0$ では $\omega = k^2$ に，というように奇関数的につながっていると理解すべきである．

以上のことに加えて，波の番号付けは任意であることを考えれば，式 (7.5) だけで一般の共鳴条件 (7.9) のすべての場合を尽くしている．ただし，ここでは簡単のため，今後も k, ω は正と仮定して話を進める．

分散関係 $\omega = \omega(k)$ が式 (7.5) を満たすような k の組を許すかどうかは，グラフを使っても知ることができる．分散関係が**図 7.3** の左のような曲線で表されるとし，こ

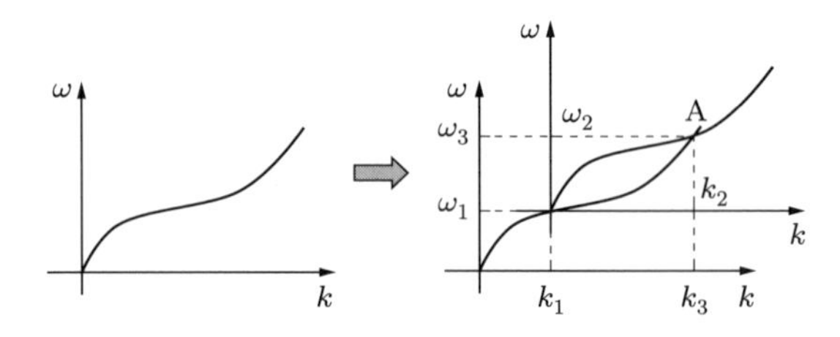

図 7.3　共鳴条件 (7.5) を満たす波数 k の組をグラフで見つける方法

れを分散曲線とよぶことにする．この分散曲線を透明紙 T に複写し，その原点をもとの分散曲線上の点 (k_1, ω_1) に平行移動させたとき，図 7.3 の右のように二つの分散曲線が点 A で交わったとする．このとき，点 A の透明紙 T 上での座標を (k_2, ω_2)，もとのグラフ上での座標を (k_3, ω_3) とすると，これらの間には明らかに 3 波共鳴条件 (7.5) が成り立つ．このようにして，3 波共鳴条件を満たす k の組の存在，およびそれらの大まかな位置がグラフからわかる．

7.2　3 波相互作用方程式

3 波共鳴相互作用による三つの波の間のエネルギー交換をより定量的に把握するために，モデル方程式 (7.3) を例にして，三つの波列の複素振幅の時間変化を支配する方程式を多重尺度法によって導いてみよう．

基本的な考え方は，6.3.3 項で非線形シュレディンガー (NLS) 方程式を導出したときとほぼ同様である．まず，従属変数 $u(x,t)$ を，振幅（したがって非線形効果）の小ささを表現する微小パラメータ ϵ について，

$$u(x,t) = \sum_{k=1} \epsilon^k u_k = \epsilon u_1 + \epsilon^2 u_2 + \cdots, \quad u_k = u_k(x_0, t_0, t_1, t_2, \cdots) \quad (k = 1, 2, \ldots) \tag{7.10}$$

のように展開する．ここで，x_0, t_0 は波列の中の 1 波 1 波を見る変数，$t_1 = \epsilon t_0$ は非線形効果が顕在化してくるような長時間を扱うためのゆっくり変化する時間変数，$t_2 = \epsilon^2 t_0$ はより高次の非線形効果を見るためのよりいっそうゆっくり変化する時間変数を表す．ただし，NLS 方程式の導出のときと異なり，ここでは高次の分散性の効果，すなわち各波列のスペクトルが狭いながらも幅をもっていることから生じる効果には興味がないので，それを表現するためのゆっくりした空間変数 x_1, x_2 は導入しない．時間変数 t が複数の t_i に拡張されたことに伴い，時間微分は

$$\frac{\partial}{\partial t} = \frac{\partial}{\partial t_0} + \epsilon\frac{\partial}{\partial t_1} + \epsilon^2\frac{\partial}{\partial t_2} + \cdots \tag{7.11}$$

のように展開される．展開形 (7.10), (7.11) を式 (7.3) に代入し，最低次から順に解いていくと以下のようになる．

まず，$O(\epsilon)$ の問題は

$$\frac{\partial u_1}{\partial t_0} + \mathcal{L}[u_1] = 0 \tag{7.12}$$

となる．ここでは最低次 $O(\epsilon)$ の解として，3 波共鳴条件 (7.5) を満たす三つの波列の和を採用する．すなわち，

$$u_1 = a_1(t_1, t_2, \cdots)\mathrm{e}^{i\theta_1} + a_2(t_1, t_2, \cdots)\mathrm{e}^{i\theta_2} + a_3(t_1, t_2, \cdots)\mathrm{e}^{i\theta_3} + \text{c.c.} \tag{7.13a}$$

$$\theta_j = k_j x_0 - \omega_j t_0, \qquad \omega_j = \sqrt{k_j + k_j^3} \quad (j = 1, 2, 3) \tag{7.13b}$$

$$k_1 + k_2 = k_3, \qquad \omega_1 + \omega_2 = \omega_3 \tag{7.13c}$$

とする．式 (7.13c) より $\theta_1 + \theta_2 = \theta_3$ も成り立つことに注意する．単色波列の変調問題のときと同様，各波列の複素振幅 a_j は通常の時間 t_0 から見れば定数であるが，ゆっくりした時間変数 t_1, t_2 には依存することが許されている．

次の $O(\epsilon^2)$ の問題は，以下のようになる．

$$\begin{aligned}\frac{\partial u_2}{\partial t_0} + \mathcal{L}[u_2] &= -\frac{\partial u_1}{\partial t_1} - u_1\frac{\partial u_1}{\partial x_0}\\ &= -\left(\frac{\partial a_1}{\partial t_1}\mathrm{e}^{i\theta_1} + \frac{\partial a_2}{\partial t_1}\mathrm{e}^{i\theta_2} + \frac{\partial a_3}{\partial t_1}\mathrm{e}^{i\theta_3} + \text{c.c.}\right) - \big(a_1\mathrm{e}^{i\theta_1} + a_2\mathrm{e}^{i\theta_2}\\ &\qquad + a_3\mathrm{e}^{i\theta_3} + \text{c.c.}\big)\big(ik_1a_1\mathrm{e}^{i\theta_1} + ik_2a_2\mathrm{e}^{i\theta_2} + ik_3a_3\mathrm{e}^{i\theta_3} + \text{c.c.}\big)\end{aligned} \tag{7.14}$$

右辺の非線形項はやや煩雑であるが，ここからは $\mathrm{e}^{2i\theta_1}$，$\mathrm{e}^{2i\theta_2}$，$\mathrm{e}^{2i\theta_3}$，$\mathrm{e}^{i(\theta_3\pm\theta_1)}$，$\mathrm{e}^{i(\theta_3\pm\theta_2)}$，$\mathrm{e}^{i(\theta_2\pm\theta_1)}$ という項，およびそれらの複素共役が出てくる．ここで，共鳴条件 (7.5) から $\theta_1 + \theta_2 = \theta_3$ となることを考慮すると，

$$\mathrm{e}^{i(\theta_3-\theta_1)} = \mathrm{e}^{i\theta_2}, \qquad \mathrm{e}^{i(\theta_3-\theta_2)} = \mathrm{e}^{i\theta_1}, \qquad \mathrm{e}^{i(\theta_1+\theta_2)} = \mathrm{e}^{i\theta_3} \tag{7.15}$$

が成り立つことに注意する．$\mathrm{e}^{i\theta_1}$, $\mathrm{e}^{i\theta_2}$, $\mathrm{e}^{i\theta_3}$ は式 (7.14) の同次解，すなわち右辺をゼロとした問題の解である．すでに第 4 章の摂動法や 6.3.3 項における NLS 方程式の導出例でも触れたように，このような同次解が強制項として右辺にあると，共鳴が起こって永年項が発生し，摂動展開が破綻する．$\partial u_1/\partial t_1$ の項から出てくる部分

も含めると，右辺の $\mathrm{e}^{i\theta_1}$ の項は

$$\left[-\frac{\partial a_1}{\partial t_1} - i(k_3 - k_2)a_2^* a_3\right]\mathrm{e}^{i\theta_1} = \left(-\frac{\partial a_1}{\partial t_1} - ik_1 a_2^* a_3\right)\mathrm{e}^{i\theta_1} \tag{7.16}$$

となる．

右辺に現れる $\mathrm{e}^{i\theta_1}$, $\mathrm{e}^{i\theta_2}$, $\mathrm{e}^{i\theta_3}$ の係数がすべてゼロになるという非永年条件から，共鳴条件 (7.5) を満たす三つの波列の振幅の時間変化を支配する連立方程式として，

$$\dot{a}_1 = -ik_1 a_2^* a_3, \qquad \dot{a}_2 = -ik_2 a_1^* a_3, \qquad \dot{a}_3 = -ik_3 a_1 a_2 \tag{7.17}$$

が得られる．ここで，左辺の $\dot{a}_j$ は a_j の時間微分を表す．ここではモデル方程式 (7.3) で支配される系を対象として式 (7.17) を導出したが，3 波共鳴を許す分散関係をもつような系に対して同様の解析を行うと，例外的な場合を除き，

$$\dot{a}_1 = -i\gamma_1\, a_2^* a_3, \qquad \dot{a}_2 = -i\gamma_2\, a_1^* a_3, \qquad \dot{a}_3 = -i\gamma_3\, a_1 a_2 \tag{7.18}$$

という連立微分方程式に帰着する．これが式 (7.5) の形の 3 波共鳴条件を満足する三つの波列の相互作用を記述する標準的な方程式であり，**3 波相互作用方程式**とよぶ[†]．本章で対象としているような，エネルギーを保存する系においては，係数 γ_j は実数となる．

3 波相互作用方程式 (7.18) において

$$N_1 = \mathrm{sgn}(\gamma_1)|\gamma_2\gamma_3||a_1|^2, \quad N_2 = \mathrm{sgn}(\gamma_2)|\gamma_3\gamma_1||a_2|^2, \quad N_3 = \mathrm{sgn}(\gamma_3)|\gamma_1\gamma_2||a_3|^2 \tag{7.19}$$

を導入すると，

$$\frac{d}{dt}(N_1 - N_2) = 0, \qquad \frac{d}{dt}(N_1 + N_3) = 0, \qquad \frac{d}{dt}(N_2 + N_3) = 0 \tag{7.20}$$

が成り立ち，したがって ( ) 内の量は時間的に変化しない．これは**マンリー－ロウの関係** (Manley–Rowe relations) とよばれる．また，これらの N_j から，

$$E_j = \omega_j N_j, \qquad M_j = k_j N_j \quad (j = 1, 2, 3) \tag{7.21}$$

によって E_j, M_j を定義し，共鳴条件 (7.5) およびマンリー－ロウの関係式 (7.20) を考慮すると，

---

† ここでは，NLS 方程式の導出で考慮した各波のスペクトルの拡がりについては考慮してこなかったが，これを考慮すると，式 (7.18) の左辺の時間微分が $da_j/dt \longrightarrow \partial a_j/\partial t + \omega'(k_j)(\partial a_j/\partial x)$ のように，各波列の波数に対応する群速度 $\omega'(k_j)$ での平行移動に置き換わる．

$$E_1 + E_2 + E_3 = \omega_1(N_1 + N_3) + \omega_2(N_2 + N_3) = 一定 \tag{7.22a}$$

$$M_1 + M_2 + M_3 = k_1(N_1 + N_3) + k_2(N_2 + N_3) = 一定 \tag{7.22b}$$

となり，$E_1 + E_2 + E_3$ および $M_1 + M_2 + M_3$ も保存することがわかる．式 (7.19) で定義される N_j，式 (7.21) で定義される E_j, M_j は，それぞれ各波の作用，エネルギー，運動量という物理的意味をもつことが多く，その場合，式 (7.22a) はエネルギー保存則，式 (7.22b) は運動量保存則に対応する．

例題 7.1 ：マンリー–ロウの関係の確認

マンリー–ロウの関係 (7.20) が成り立つことを確認せよ．

解答　N_1, N_2 の定義 (7.19) と 3 波相互作用方程式 (7.18) より，

$$\begin{aligned} \frac{dN_1}{dt} &= \mathrm{sgn}(\gamma_1)|\gamma_2\gamma_3|\,(\dot{a}_1 a_1^* + \mathrm{c.c.}) = \mathrm{sgn}(\gamma_1)|\gamma_2\gamma_3|\,(-i\gamma_1\, a_2^* a_3)\, a_1^* + \mathrm{c.c.} \\ &= -i|\gamma_1\gamma_2\gamma_3| a_1^* a_2^* a_3 + \mathrm{c.c.} \end{aligned} \tag{7.23a}$$

$$\begin{aligned} \frac{dN_2}{dt} &= \mathrm{sgn}(\gamma_2)|\gamma_3\gamma_1|\,(\dot{a}_2 a_2^* + \mathrm{c.c.}) = \mathrm{sgn}(\gamma_2)|\gamma_3\gamma_1|\,(-i\gamma_1\, a_1^* a_3)\, a_2^* + \mathrm{c.c.} \\ &= -i|\gamma_1\gamma_2\gamma_3| a_1^* a_2^* a_3 + \mathrm{c.c.} \end{aligned} \tag{7.23b}$$

となる．ここで，$\mathrm{sgn}(\gamma)\gamma = |\gamma|$ を用いた．これより，確かに

$$\frac{d}{dt}(N_1 - N_2) = 0 \tag{7.24}$$

が成り立つ．ほかの 2 式についても，同様な計算で示すことができる．

詳細は他書にゆずるが，マンリー–ロウの関係などの保存則を用いて変形すると，式 (7.18) は 3 次関数で与えられるポテンシャル中の質点の運動方程式に帰着することができ，したがってその解は「ヤコビの楕円関数」とよばれる特殊関数を用いて解析的に表すことができる．それによると，結合係数 γ_j の符号がすべて正の場合には，図 7.1(b) で見たような，三つの共鳴波列間でエネルギーが周期的に交換される様子を表現する解析解が得られる [10], [71]．

一方，γ_j に異なる符号が含まれている場合には，有限時間内に振幅が無限大に発散してしまうことが，やはり式 (7.18) の解析解からわかる．振幅の発散は，一見エネルギー保存則や運動量の保存則 (7.22) と矛盾するように思われる．しかし，エネルギー E_j の定義 (7.21) には γ_j の符号 $\mathrm{sgn}(\gamma_j)$ が含まれており，したがって

$\mathrm{sgn}(\gamma_j) < 0$ の波のエネルギー E_j は負ということになる．このような状況であれば，E_j の合計を一定に保ったまま，それぞれの E_j が正や負の無限大に発散することは不可能ではない．しかし，そもそも「エネルギーが負の波」などというのものが存在するのであろうか．本書で主に対象としている静止流体中の波動については，通常このようなことは起こらない．しかし，より幅広い現象を対象とすると，**負エネルギー波** (negative energy wave) とよばれる一見奇妙な波も現実に存在する．

「波のエネルギーの符号」という概念は，もともとはプラズマ物理学で現れる波動現象に対して考案されたものである．波のない静かな状態に波を作り出そうとするとき，もし系に何らかの追加のエネルギーを供給する必要があるならば，その波のエネルギーは正，逆に系からエネルギーを抜き取る必要があるならば，その波のエネルギーは負といわれる．言い換えれば，波の励起が系の全エネルギーを減少させる場合，その波は負エネルギー波である．プラズマ中の波動には負エネルギーをもつものが存在する．したがって，それが関与する3波共鳴相互作用においては，有限時間内に三つの波の振幅がすべて同時に無限大になりうる．この現象は，プラズマ物理学では以前からよく知られており，**爆発的不安定** (explosive instability) とよばれている．流体力学においても，密度の異なる二つの流体層からなる2層流体系において，2層が互いに異なる速度で流れている場合，その界面に立つ波はある状況では負エネルギー波になることが示されている [8]．

7.3　3波共鳴による波の生成と励起

引き続き，3波相互作用方程式 (7.18) に基づいて，共鳴条件 (7.5) を満たす3波の相互作用について考えていこう．

7.3.1　二つの波による第3の波の生成

本章の冒頭で考えたように，初期に二つの波「波1」と「波2」だけが存在したとしよう（すなわち，$t = 0$ で $a_1 = a_{10} \neq 0,\ a_2 = a_{20} \neq 0,\ a_3 = 0$）．このとき，$a_3$ がまだ小さい初期段階では，$a_3 \approx 0$ と近似することができ，したがって，式 (7.18) から

$$\dot{a}_1 \approx 0 \longrightarrow a_1(t) \approx a_{10}, \qquad \dot{a}_2 \approx 0 \longrightarrow a_2(t) \approx a_{20},$$

$$\dot{a}_3 \approx -i\gamma_3 a_{10} a_{20} \longrightarrow |a_3| \approx Gt, \qquad G = |\gamma_3 a_{10} a_{20}| \tag{7.25}$$

が得られる．これより，初期に存在しなかった波数 $k_3\,(=k_1+k_2)$ の波が共鳴相互作用によって生み出され，その振幅が時間に正比例して成長することが予測される．これを，図 7.1(b) に示したと同様なモデル方程式 (7.3) の数値シミュレーション結果を用いて検証してみよう．ただし図 7.1(b) の場合，$a_{10}=0.01$, $a_{20}=0.01$ としていたが，今回は「波 3」の初期のふるまいに興味があるので，時間発展の初期段階をより長くするために，$a_{10}=0.001$, $a_{20}=0.001$ と小さくとることにする．

モデル方程式 (7.3) に対する 3 波相互作用方程式 (7.17) の場合，$\gamma_3 = k_3 = 0.3+1.6=1.9$ である．したがって，式 (7.25) によると，この場合の a_3 の増加率 G は 1.9×10^{-6} と予測される．モデル方程式 (7.3) の数値シミュレーションから得られた $|a_3|$ を t の関数として描くと**図 7.4**(a) のようになり，確かに時間 t に正比例するように a_3 が成長している様子がわかる．また，最小 2 乗法によって直線を当てはめ（図中の破線），その傾きから成長率 G を算出すると $G=1.83\times10^{-6}$ となり，理論値 $G=1.90\times10^{-6}$ とよい一致が得られる．

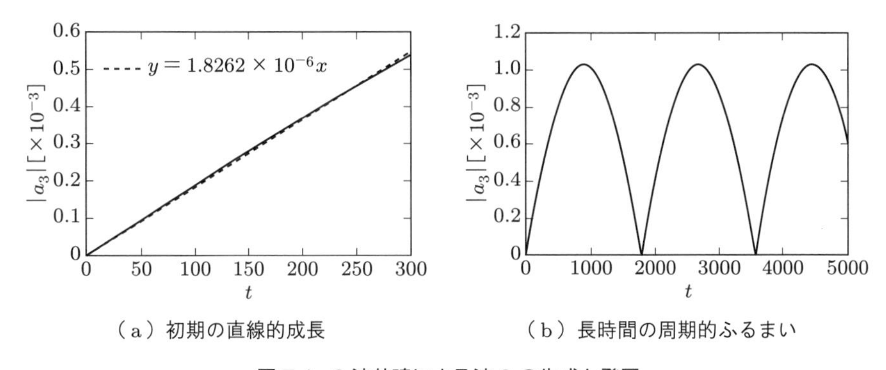

（a）初期の直線的成長　（b）長時間の周期的ふるまい

図 7.4　3 波共鳴による波 3 の生成と発展

ここで注意すべき点は，この数値計算は 3 波相互作用方程式 (7.17) を解いたわけではなく，モデル方程式 (7.3) そのものをシミュレーションしているという点である．したがって，この「波 3」の初期成長率に関する理論と数値計算結果の良好な一致は，同時に 3 波相互作用方程式そのものの妥当性も示しているといえる．

図 7.4(b) は，図 (a) と同じ計算結果を，より長時間にわたって示したものである．図 7.4(a) で見られる t に正比例する a_3 の成長は，あくまでも a_3 が小さいという近似のもとで成り立つものであり，それが成長して a_1, a_2 と同程度の大きさに近づく

につれて，そのようなふるまいは消滅する．より長時間を見ると，3 波相互作用方程式 (7.18) の解析解が予言する「共鳴 3 波間の周期的なエネルギー交換」というふるまいが，モデル方程式の直接数値シミュレーションにおいてもはっきり見ることができる．なお，ここでは初期に k_1 と k_2 があるときに $k_3\,(=k_1+k_2)$ の波が生み出され，成長する場合を示したが，この現象は共鳴する三つの波のうちどの二つが最初にある場合にも同じように起こる．

7.3.2　一つの波による二つの波の励起

では，最初に一つの波しかない場合はどうなるであろうか．3 波相互作用方程式 (7.18) によれば，もし最初に一つの波しかなければ，3 波すべての $\dot{a}_j\,(j=1,2,3)$ がゼロとなり，したがって何の変化も起こらない．しかし，以下に見るように，ほかの二つの波にわずかでもエネルギーがあると，それが急激に成長してくることがある．

たとえば，初期にほとんどのエネルギーが波 3 に集中しているとしよう．すなわち，$t=0$ で $|a_3| \gg |a_1|, |a_2| \approx 0$ であるとする．このとき，式 (7.18) の第 3 式より $\dot{a}_3 \approx 0$，したがって $a_3 \approx a_{30}$（定数）となる．これを頭において，式 (7.18) の第 1 式と第 2 式をもう一度時間微分すれば，

$$\ddot{a}_1 \approx -i\gamma_1\,\dot{a}_2^* a_{30} = -i\gamma_1\,(i\gamma_2\,a_1 a_{30}^*)a_{30} = \gamma_1\gamma_2|a_{30}|^2\,a_1 \tag{7.26a}$$

$$\ddot{a}_2 \approx -i\gamma_2\,\dot{a}_1^* a_{30} = -i\gamma_2\,(i\gamma_1\,a_2 a_{30}^*)a_{30} = \gamma_1\gamma_2|a_{30}|^2\,a_2 \tag{7.26b}$$

となる．波のエネルギーはすべて正で，$\gamma_j > 0$ と仮定しているので，この式は初期に微小であった a_1, a_2 が，

$$a_1, a_2 \propto \mathrm{e}^{Gt}, \qquad G = \sqrt{\gamma_1\gamma_2}\,|a_{30}| \tag{7.27}$$

のように指数関数的に増大する可能性を示している．この現象は，強力な一つの波 k_3 を注入することで，微弱な二つの波 (k_1, k_2) にエネルギーを供給して増大させることができることを意味しており，**パラメトリック励起** (parametric excitation) や**崩壊型不安定** (decay instability) などとよばれる．前者は，k_1, k_2 の波の増大に着目した呼び方で，このときエネルギーを供給する k_3 の波は，「励起波」や「ポンプ波」(pump wave) などとよばれる．一方，後者の呼び方は，エネルギーを奪われる k_3 の波のほうに着目した呼び方である．波数 k_1 や k_2 の小振幅の波を，k_3 だけが

存在する状態に対する微小攪乱ととらえれば，この微小攪乱が時間とともに指数関数的に増大するという意味で，波数 k_3 の波列が不安定という表現になる．

共鳴条件 (7.5) を考えると，上の場合，エネルギーを供給する側の波 k_3 は，三つの波の中で最大の振動数をもつ波である．実は，この状況でないとパラメトリック励起は起こらない．たとえば，$t = 0$ で波 1 だけが大きなエネルギーをもっているとし，$|a_1| \gg |a_2|, |a_3|$ と仮定しよう．このとき，式 (7.26) を導出したのと同様のことを行うと，

$$a_1 \approx a_{10}(\text{定数}), \qquad \ddot{a}_2 \approx -\gamma_2\gamma_3|a_{10}|^2\, a_2, \qquad \ddot{a}_3 \approx -\gamma_2\gamma_3|a_{10}|^2\, a_3 \quad (7.28)$$

が得られる．$\gamma_2\gamma_3|a_{10}|^2 > 0$ より，これは a_2, a_3 が指数関数的でなく，三角関数的にふるまうことを意味する．このように波 1 は，ほかの二つの波にエネルギーを供給して励起するポンプ波にはなれない．また，波 2 も同様にポンプ波にはなれない．

以上は，すべて系の支配方程式 (7.3) そのものではなく，あくまでもそれから摂動法によって導出された 3 波相互作用方程式 (7.18) という近似式に基づく理論的予測である．以下では，直接にモデル方程式 (7.3) を数値シミュレーションすることによって，上記予測の妥当性を検証してみよう．

3 波共鳴条件 (7.5) をほぼ満たす波数の組として，再び $(k_1, k_2, k_3) = (0.3, 1.6, 1.9)$ を採用する．**図 7.5**(a) は，$t = 0$ で最高振動数をもつ k_3 の波に大部分のエネルギーを与え，k_1, k_2 にはその 1/1000 程度のエネルギーを与えた場合の各波のエネルギーの時間変化を示したものである．3 波相互作用方程式の予言どおり，初期にほとんどエネルギーをもたなかった k_1, k_2 の波が，k_3 からのエネルギー注入（ポンピング）によって急速に成長する様子が見られる．その後に見られる周期的なエネルギー交

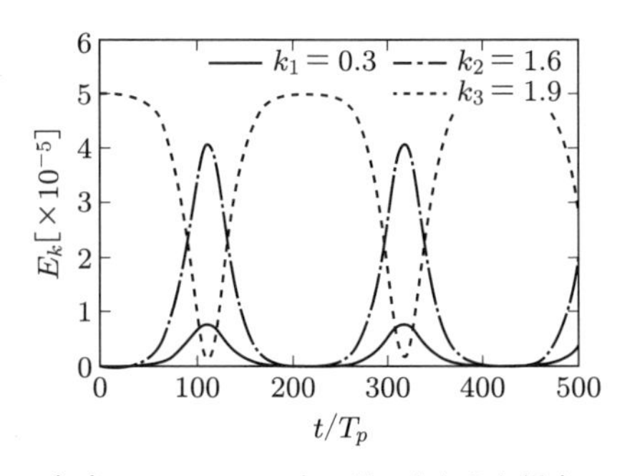

（a）$k_3 = 1.9$ にエネルギーを与えた場合

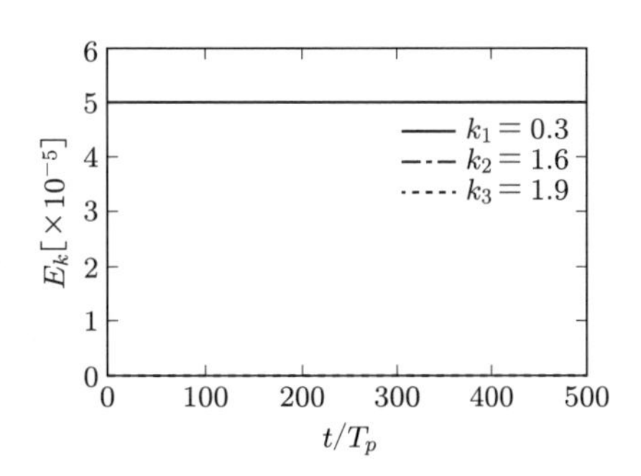

（b）$k_1 = 0.3$ にエネルギーを与えた場合

図 7.5　初期に一つの波だけにエネルギーの大部分を与えたときのふるまい

換も，3波相互作用方程式の解析解のふるまいと整合している．

モデル方程式 (7.3) の分散関係 $\omega = \sqrt{k+k^3}$ によると，$k_1 = 0.3$, $k_2 = 1.6$, $k_3 = 1.9$ に対応する周波数は，それぞれ $f_1 = 0.09$, $f_2 = 0.38$, $f_3 = 0.47$ である．図7.5(a) の結果は，たとえば水槽の一端に設置した造波機を0.47 Hzで動かして波をつくったのに，下流のある点（図の $t/T_p = 100$ に対応するあたり）で波を計測すると，つくったはずの0.47 Hz成分はほとんど観測されないで，なぜか0.09 Hzと0.38 Hzという周波数をもつ波だけが目立つというようなことが起こることを意味している．もしこれが光だとしたら，周波数の高い青色の光線を入射したのに，どこかでそれを取り出したら，緑と赤に変わっている $\cdots$ というような現象が起こりうることを意味する．

一方，図7.5(b) は，初期 $t = 0$ で $k_1 = 0.3$ の波に大部分のエネルギーを与えた場合の結果である．k_1 は共鳴3波のうち最高振動数の波ではないので，3波相互作用方程式の予言どおり，k_2, k_3 へのポンピングは起こらず，時間が経っても k_1 だけがエネルギーをもつ状態がそのまま続いていくことが確認できる（k_2,k_3 のエネルギーは小さすぎるため，図では横軸に重なって見えない）．

7.4　特別な3波共鳴：長波短波共鳴，高調波共鳴

3波共鳴相互作用のバリエーションとして，特別な名前が付いている現象が二つある．一つは**長波短波共鳴** (long-wave-short-wave resonance)，もう一つは**高調波共鳴** (harmonic resonance) とよばれるものである．以下でそれぞれについて見ていこう．

7.4.1　長波短波共鳴

共鳴条件 (7.5) を満たす3波のうち一つ（たとえば第1の波）の波長がほかに比べて非常に長い，すなわち波数が非常に小さいとき，式 (7.5) の k に対する条件は

$$k_1 = \Delta k, \qquad k_2 = k_0 - \frac{\Delta k}{2}, \qquad k_3 = k_0 + \frac{\Delta k}{2} \quad (\Delta k \ll k_0) \tag{7.29}$$

と書くことができる．このとき，ω に対する条件 $\omega_1 = \omega_3 - \omega_2$ は

$$\omega(\Delta k) = \omega\left(k_0 + \frac{\Delta k}{2}\right) - \omega\left(k_0 - \frac{\Delta k}{2}\right) \tag{7.30}$$

となるが，これは両辺を Δk で割って $\Delta k \to 0$ の極限をとれば，

$$\left.\frac{d\omega}{dk}\right|_{k_0} = \lim_{\Delta k \to 0} \frac{\omega(\Delta k)}{\Delta k} \tag{7.31}$$

と書くことができる．ここで，右辺は波数 Δk の「長波」の位相速度を，また左辺は波数 k_0 の「短波」の群速度をそれぞれ表していることに注意する．すなわち，このように波長の大きく異なる波を含む 3 波共鳴の場合，その共鳴条件は「短波長の波の群速度と，長波長の波の位相速度が等しい」と言い換えることができる．

短波と長波の個々の波は，伝播速度（位相速度）が違いすぎて，直接にはほとんど相互作用をもたない．しかし，群速度で伝わる短波の包絡波形（振幅の変調など）と長波の波形が等しい速度で長時間にわたってともに伝わることで，両者の間に強い相互作用が発生するのである．このとき，三つの波の間の相互作用という最初の描像は，k_0 を搬送波波数とする一つの変調波列 $a(x,t)\mathrm{e}^{i(k_0x-\omega_0t)}+\mathrm{c.c.}$ と，波長が非常に長くて振動的でない変動 $B(x,t)$ という二つの要素間の相互作用という描像に焼き直される．

長波短波共鳴が発生する状況において，系の支配方程式系から $a(x,t)$，$B(x,t)$ の発展を記述する式を摂動法によって導出すると，多くの場合

$$i\left[\frac{\partial a}{\partial t} + \omega'(k_0)\frac{\partial a}{\partial x}\right] + p\frac{\partial^2 a}{\partial x^2} = q_1 aB, \qquad \frac{\partial B}{\partial t} + c_p\frac{\partial B}{\partial x} = q_2\frac{\partial |a|^2}{\partial x} \tag{7.32}$$

という形の連立方程式が得られる．ここで，c_p は長波の位相速度を表す．一つ目の短波の複素振幅 a に対する式の左辺の意味は，NLS 方程式の場合と同様である．一方，右辺は，短波から見ると波長が長すぎて，むしろ「流れ」のように見える B のために振動数（位相速度）が変化する，いわばドップラー効果のような影響を表現している．また，二つ目の B に対する式は，短波の空間的な変調 $(|a|^2)_x$ が長波成分を生み出す源になることを示している．

この現象の一つの例として，海表面の波（短波）と密度成層に伴う内部波（長波）の間の相互作用が挙げられる．多くの海域において，海水温がある水深付近で急に変化し，上の層には暖かくて軽い海水，その下には冷たくて重い海水という 2 層に分かれている状態がしばしば観測される．このような密度や温度の界面は，密度躍層や温度躍層などとよばれる．このような 2 層流体においては，主に水面が変位する表面波モードと，主に界面が変位する界面波モード（内部波モード）の 2 種類の波が存在する．典型的な状況では，温度躍層を伝わる界面波の波長は 100 m 程度，そ

の位相速度は 50 cm/s 程度である．これと長波短波共鳴をする表面波の位相速度は 1 m/s 程度，したがってその波長は 1 m 弱と比較的短い波が対応する．潮汐による海水の移動が海底の起伏とぶつかるなどして長波長の界面波が生み出されると，その位相と同期するように，短波長の表面波が水面上に生じる．スペースシャトルや航空機から海面の写真を撮ると，海表面の波に規則正しい明暗の縞模様が観測されることがよくあるが，これはこのような界面波と表面波の間の長波短波共鳴を通して，界面波によって作り出された表面波の変調パターンが見えているものと考えられている†.

7.4.2　高調波共鳴

3 波共鳴相互作用のもう一つの特別なケースは，3 波の内の二つが同じ波の場合である．式 (7.5) で $k_1 = k_2 = k_0$, $k_3 = 2k_0$ の場合，ω のほうの条件は

$$\omega(2k_0) = 2\omega(k_0) \quad \longrightarrow \quad \frac{\omega(2k_0)}{2k_0} = \frac{\omega(k_0)}{k_0} \tag{7.33}$$

となる．これは，基本波 k_0 の 2 倍高調波が，基本波と同じ位相速度をもつことを意味する．このタイプの 3 波共鳴を，とくに**第 2 高調波共鳴** (second harmonic resonance) とよぶ．振幅の最低次 $O(\epsilon)$ に基本波 $a_0\,\mathrm{e}^{i(k_0 x - \omega_0 t)}$ があるとき，非線形性によって 2 倍高調波成分 $a_0^2\,\mathrm{e}^{i(2k_0 x - 2\omega_0 t)}$ が生成される．7.1.1 項で触れたように，分散性があるとき，$(k, \omega) = (2k_0, 2\omega_0)$ はほとんどの場合分散関係を満たさないので，この成分は通常は基本波 (k_0, ω_0) の束縛波として $O(\epsilon^2)$ 程度の微小にとどまる．しかし，式 (7.33) が満たされる場合には，この 2 倍高調波自身が分散関係を満たすれっきとした波となり，基本波と対等の立場でエネルギー交換に加わってくる．

2 倍高調波共鳴の存在は，水面を伝播する表面張力重力波のストークス波，すなわち非線形効果を含む定常進行波解を求める計算過程においても顕在化してくる．3.4.2 項で述べたように，線形理論における正弦波

$$\eta(x,t) \sim a_1 \cos\theta, \qquad \theta = kx - \omega t, \qquad \omega(k) = \sqrt{gk + \frac{\tau}{\rho}k^3} \tag{7.34}$$

に対する非線形補正を求める場合，振幅の最低次 $O(\epsilon)$ においてこの解を仮定し，ϵ についての展開，すなわちストークス展開で非線形解を求めていく．ほとんどの波数 k

---

† たとえば http://www.internalwaveatlas.com/には，このような，海の内部の波の存在を示す海洋表面の波の写真が多数掲載されている．

の場合，この摂動展開は支障なく進めることができ，高次補正項が高調波 $a_n \cos n\theta$ の形で順次求められる．このとき，これら n 倍高調波成分は束縛波であり，その振幅 a_n は $O(a_1^n)$ 程度になる．

しかし，$k = \sqrt{\rho g/2\tau}$ のときには，第 2 高調波の振幅 a_2 に対する表式の分母がゼロとなり，摂動計算が破綻してしまう．表面張力重力波に対する線形分散関係 $\omega(k) = \sqrt{gk + \tau k^3/\rho}$ によると，$k = \sqrt{\rho g/2\tau}$ に対して 2 倍高調波共鳴の条件 (7.33) が成り立つことがわかる．この場合，ストークス展開に現れる第 2 高調波は，それ自身分散関係を満たす「自由波」であり，第 2 高調波共鳴を通じて基本波と同等なエネルギーをもつ権利がある．

したがって，この状況においてストークス波に対応する非線形な近似解を求めるには，最低次の解として通常の式 (7.34) ではなく，

$$\eta(x,t) \sim a_1 \cos(kx - \omega t) + a_2 \cos(2kx - 2\omega t + \theta_2) \tag{7.35}$$

という形を仮定して出発する必要がある．最低次を式 (7.35) のように仮定した解析の結果，求められる定常進行波解は，水面波の脈絡では**ウィルトンのさざなみ** (Wilton ripple) として知られている [48]．ウィルトンのさざなみは，**図 7.6** に示すように，1 波長に二つの山をもつやや複雑な波形の定常進行波になる†．

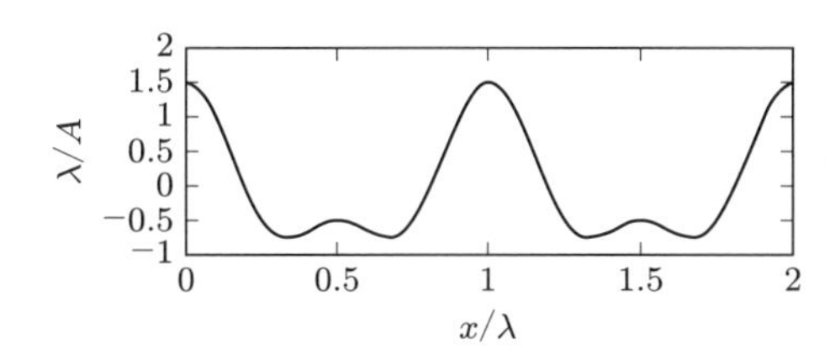

図 7.6　ウィルトンのさざなみの波形

例題 7.2 ： 2 倍高調波共鳴によるストークス展開の破綻

(1) モデル方程式 (7.3) の分散関係 (7.4) に対しては，$k = k_c = 1/\sqrt{2}$ において 2 倍高調波共鳴が起こることを確認せよ．

(2) 式 (7.3) に対して，ストークス展開を $O(\epsilon^2)$ まで求め，$k = k_c$ で展開が破綻することを確認せよ．

---

† 分散関係 $\omega(k) = \sqrt{gk + (\tau/\rho)k^3}$ において，同様に $k_n = \sqrt{\rho g/n\tau}$ $(n = 1, 2, \ldots)$ で与えられる波数 k_n に対して $\omega(nk_n)/nk_n = \omega(k_n)/k_n$ が成り立つ．その結果，基本波の位相速度とその n 倍高調波の位相速度が等しくなり，やはり両者の間に強い相互作用が発生する．

解答

(1) 以下のように確認できる.

$$\omega(2k) = 2\omega(k) \quad \longrightarrow \quad \sqrt{(2k)+(2k)^3} = 2\sqrt{k+k^3} \quad \longrightarrow \quad k = \frac{1}{\sqrt{2}} \tag{7.36}$$

(2) $\partial[\mathrm{e}^{i(kx-\omega t)}]/\partial t = -i\omega(k)\mathrm{e}^{i(kx-\omega t)}$ なので, 式 (7.3) の線形分散関係が $\omega = \omega(k)$ で与えられるのであれば,

$$\mathcal{L}\left[\mathrm{e}^{i(kx-\omega t)}\right] = i\omega(k)\mathrm{e}^{i(kx-\omega t)} \tag{7.37}$$

が成り立つ. また $\mathcal{L}[u]$ は, t に無関係な演算子なので, 両辺を $e^{-i\omega t}$ で割り, 実部・虚部を比べれば

$$\mathcal{L}[\cos kx] = -\omega(k)\,\sin kx, \qquad \mathcal{L}[\sin kx] = \omega(k)\,\cos kx \tag{7.38}$$

が成り立つ. これは一般的な話で, 別に $\omega(k) = \sqrt{k+k^3}$ に限ったことではない.

ストークス波の伝播速度を c, $\xi = x - ct$ とし, $u(\xi)$, c の展開形を

$$u = \epsilon u^{(1)} + \epsilon^2 u^{(2)} + \cdots, \qquad c = c_0 + \epsilon c_1 + \epsilon^2 c_2 + \cdots \tag{7.39}$$

のように仮定する. これを, 式 (7.3) に代入し, $O(\epsilon)$ から順次解いていく. まず, $O(\epsilon)$ では

$$-c_0 u^{(1)}_\xi + \mathcal{L}\left[u^{(1)}\right] = 0 \tag{7.40}$$

となり, この解としては, 線形正弦波解

$$u^{(1)} = A\cos k\xi, \qquad c_0 = \frac{\omega(k)}{k} = \sqrt{\frac{1}{k}+k} \tag{7.41}$$

をとる. 次の $O(\epsilon^2)$ の式は

$$-c_0 u^{(2)}_\xi + \mathcal{L}\left[u^{(2)}\right] = c_1 u^{(1)}_\xi - u^{(1)}u^{(1)}_\xi \tag{7.42}$$

となり, $u^{(1)}$ を代入すると,

$$-c_0 u^{(2)}_\xi + \mathcal{L}\left[u^{(2)}\right] = -c_1 Ak\sin k\xi + \frac{1}{2}A^2 k\sin 2k\xi \tag{7.43}$$

となる. ここで, 第1項は同次方程式の解なので, これがあると $u^{(2)}$ に永年項が発生してしまう. これより $c_1 = 0$ と定まり, したがって振幅の1乗では波速の修正は起こらない. 残った第2項のみを非同次項とする問題の特解を求めると,

$$u^{(2)} = \frac{1}{2}\frac{A^2 k}{2\omega(k) - \omega(2k)}\cos 2k\xi \tag{7.44}$$

となる．大部分の波数 k に対しては，これで $O(\epsilon^2)$ の補正項が得られたことになる．

しかし，2 倍高調波共鳴の条件 $2\omega(k) = \omega(2k)$ を満たす波数 $k_c = 1/\sqrt{2}$ に対しては，上のストークス展開は破綻する．この場合には $O(\epsilon)$ の解として，式 (7.41) の $u^{(1)}$ の代わりに

$$u^{(1)} = A\cos k\xi + \alpha\cos 2k\xi + \beta\sin 2k\xi \tag{7.45}$$

からスタートする必要がある．この時点では α, β はまだ未定だが，これを $O(\epsilon^2)$ の問題 (7.42) の右辺に代入し，同次項，すなわち $\cos k\xi$, $\sin k\xi$, $\cos 2k\xi$, $\sin 2k\xi$, 1 の係数がゼロになることを要求すると，α, β, c_1 が $\alpha = \pm(1/\sqrt{2})A$, $\beta = 0$, $c_1 = \pm(1/2\sqrt{2})A$ のように決まり，ウィルトンのさざなみに対応する解の主要項 $O(\epsilon)$ が確定する．

一方，$k \neq k_c$ でストークス展開が $O(\epsilon^2)$ で破綻しない場合には，そのまま $O(\epsilon^3)$ の解 $u^{(3)}$ を求める問題に進むことができる．ここでは具体的な計算は省略するが，$u^{(3)}$ を決める問題の右辺に同次解が現れず，$u^{(3)}$ に永年項が発生しないという条件から，速度の非線形補正 c_2 が

$$c_2 = \frac{1}{4}\frac{A^2 k}{2\omega(k) - \omega(2k)} \tag{7.46}$$

のように決まる．

例題 6.1 で，KdV 方程式 (6.33) によって支配される系において，非線形準単色波列の複素振幅の発展を記述する NLS 方程式は

$$i\left(\frac{\partial a}{\partial t} + v_g\frac{\partial a}{\partial x}\right) + \frac{1}{2}\frac{dv_g}{dk}\frac{\partial^2 a}{\partial x^2} = \alpha^2\left[\frac{k^2}{D(2k, 2\omega)} + \frac{k}{v_g - c}\right]a|a|^2 \tag{7.47}$$

という形になることを確認した．ここでとくに注意すべきは，もし搬送波波数 k が $D(2k, 2\omega) = 0$，あるいは $v_g(k) = c$ を満たす場合には，式 (7.47) 右辺の非線形項の係数が発散してしまうという点である．そして明らかに，これらのうち前者は 2 倍高調波共鳴に，また後者は長波短波共鳴に対応している．

例題 6.1 の計算過程から明らかなように，系の支配方程式が 2 次の非線形を含む場合，$O(\epsilon^2)$ の 2 倍高調波成分 ($\propto a^2\,\mathrm{e}^{2i\theta}$) の係数の分母には，必ず $D(2k, 2\omega)$ が現れる．また，非線形相互作用が生み出す $O(\epsilon^2)$ の直流成分（長波）の伝播が，式 (5.48a) のような式を通して，振幅変調 ($\propto \partial|a|^2/\partial x$) と連動することも一般的な性質である．したがって，NLS 方程式の非線形項の係数に $1/D(2k, 2\omega)$ や $1/(v_g - c)$ という因子が現れるのは，何も KdV 方程式を出発点とした例題 6.1 の場合に限った

ことではなく，ごく一般的に見られる現象である．搬送波波数 k が $D(2k, 2\omega) = 0$，あるいは $v_g(k) = c$ を満たす場合には，波列の変調のふるまいが NLS 方程式で支配される通常のものとは大きく異なるので注意を要する．

7.5　4波共鳴相互作用

分散関係の形によっては，3 波共鳴条件を満たす 3 波の組が一つも存在しないこともある．水面重力波の分散関係 $\omega = \sqrt{gk}$ もそのような例の一つである．このような場合，四つの波の間の共鳴相互作用がもっとも重要な非線形相互作用となる．

流体力学の分野で初めて波列間の非線形相互作用を系統的に研究したのは，フィリップス (Phillips, O.M.) である [61]．フィリップスは，当時研究生としてイギリスのケンブリッジ大学に所属していたが，そこでは流体力学の乱流理論の研究が活発になされていた．乱流理論での最大関心事の一つは，ナヴィエ–ストークス方程式の非線形性に起因する，異なる波数間のエネルギー輸送であった．その後，水面波に興味をもつようになったフィリップスは，「水面波の支配方程式系も非線形である以上，乱流におけると同様に異なる波列間にエネルギー輸送があるはず」という考えから，二つの水面重力波の間の非線形相互作用の計算にとりかかった．皮肉なことに，水面重力波の分散関係は 3 波共鳴を許さないタイプであり，波列間の共鳴的な強い相互作用を見出すために，彼は振幅の 3 乗のオーダーまでの非常に面倒な解析（手による式変形などの計算）をしなければならなかった．水の波の非線形相互作用の研究は，このように 3 波ではなく，より高次の 4 波間の共鳴相互作用の研究から始まったのである．

3 波間の共鳴条件 (7.9) から類推されるように，四つの波列間で共鳴的な相互作用が起こるための条件は，明らかに

$$\boldsymbol{k}_1 \pm \boldsymbol{k}_2 \pm \boldsymbol{k}_3 \pm \boldsymbol{k}_4 = 0, \qquad \omega_1 \pm \omega_2 \pm \omega_3 \pm \omega_4 = 0 \tag{7.48}$$

が成立することである†．とくに，水面重力波の分散関係の場合には，式 (7.48) のさまざまな符号のうち

$$\boldsymbol{k}_1 + \boldsymbol{k}_2 = \boldsymbol{k}_3 + \boldsymbol{k}_4, \qquad \omega_1 + \omega_2 = \omega_3 + \omega_4, \qquad \omega_j = \sqrt{g|\boldsymbol{k}_j|} \quad (j = 1, \ldots, 4) \tag{7.49}$$

† 水面波は本来，水面という 2 次元平面を伝播する性質上，その波数は一般には 2 次元ベクトルである．ここではそれを意識して，波数をベクトルとして記している．

に対してのみ，これを満たす 4 波の組が存在することが知られている．これは，$\boldsymbol{k}_j$ がすべて等しい場合や，$\boldsymbol{k}_1 = \boldsymbol{k}_3$, $\boldsymbol{k}_2 = \boldsymbol{k}_4$ などの場合には必ず成り立つ．すなわち 3 波共鳴と異なり，4 波共鳴条件を満たす 4 波の組は，分散関係の形にかかわらず必ず存在する．

最低次の水面変位が，共鳴条件 (7.48) を満たす四つの水面重力波の和として

$$\eta(\boldsymbol{x}, t) = \sum_{j=1}^{4} a_j(t) \mathrm{e}^{i\theta_j} + \text{c.c.}, \qquad \theta_j = \boldsymbol{k}_j \cdot \boldsymbol{x} - \omega_j t \tag{7.50}$$

のように書けるとする．このとき，複素振幅 $a_j(x,t)$ の時間発展は前章の NLS 方程式 (6.32) を導出した際の議論，および本章の 3 波相互作用方程式 (7.18) を導出した際の議論から類推できるように，

$$\dot{a}_1 = i \left(\sum_{j=1}^{4} q_{1j} |a_j|^2 \right) a_1 + i\gamma_1 a_2^* a_3 a_4 \tag{7.51}$$

および，$\dot{a}_j \ (j = 2, 3, 4)$ に対する類似の三つの式からなる方程式系で記述される [7]†．ここで，係数 q_{ij} および γ_i はすべて実数で，その具体的な値は四つの波数ベクトル $\boldsymbol{k}_j$ に依存する．右辺の中で，$i \left(\sum_{j=1}^{4} q_{ij} |a_j|^2 \right) a_i$ という項は，第 i 波の振動数が第 j 波の振幅の 2 乗に比例する補正を受けることを示している．q_{ij} の中で対角要素 q_{ii} は，自分自身との相互作用から生じる補正，すなわち NLS 方程式の非線形項の係数 q にほかならない．一方，非対角要素 q_{ij} $(i \neq j)$ は，ほかの波列が自己相互作用の結果生み出した $O(\epsilon^2)$ の直流成分によって引き起こされるドップラーシフト的な効果を表す．これらの項は a_i の長さを変えることはなく，したがって波速には影響を与えても，エネルギーの交換には寄与しない．

四つの波の間のエネルギー交換は，もっぱら右辺最後の γ_i の入った項によってもたらされる．式 (7.51) の形からもわかるように，4 波共鳴相互作用によって生み出される複素振幅 a_i の変化率は $O(\epsilon^3)$ 程度であり，したがって，その効果が顕著に現れる時間空間スケールは T_o/ϵ^2, L_0/ϵ^2 と，3 波共鳴に比べてよりいっそう長くなる．

1960 年以前の海洋波の研究は，ストークス波などごく特殊な話題を除いて，ほとんどが線形波およびその重ね合わせという考えに基づいてなされていた．フィリッ

† 空間的にも変調を受けている場合には，式 (7.51) の d/dt を $\partial/\partial t + \boldsymbol{v}_g(\boldsymbol{k}_j) \cdot \nabla$ で置き換えた方程式系を扱うことになる．

プスが，1960年に初めて4波共鳴相互作用による水面重力波間のエネルギー交換の理論を提唱したときも，大方の研究者は非線形性の重要性に関してかなり懐疑的であったようである．

米国海軍海洋局が1961年に，「海洋波のスペクトル」と題する大きな国際会議を開催しているが，その会議録[75]には，非線形相互作用によって新たな波が生みだされ，それが$O(a)$にまで成長するという可能性に強い疑念を抱くほかの研究者と，フィリップスの間で交わされた熱い論争が記録されていて，かなり読み応えがある．現在では常識となって，どんな教科書にも書いてあるような非線形相互作用であるが，つい50年程前には，そんな高次の作用に，波を生み出し，スペクトルまで変えてしまう作用があることに対し，一流の研究者たちですらかなり違和感を感じていたことがうかがわれる．

しかしこのような雰囲気も，ロンゲット・ヒギンス (Longuet-Higgins, M.S.) のグループとフィリップスのグループによってなされた二つの実験的研究によって，完全に払拭された[46], [49]．彼らは水槽実験がやりやすいように，4波共鳴条件 (7.49) において，とくに$\boldsymbol{k}_1 = \boldsymbol{k}_2$，かつ$\boldsymbol{k}_1$と$\boldsymbol{k}_3$が直交するような特別な組を選び出した．そして，長方形の水槽の隣り合う2辺に造波機を設置し，それぞれから波数$\boldsymbol{k}_1 (= \boldsymbol{k}_2)$，$\boldsymbol{k}_3$の波を起こしたところ，式 (7.49) で決まる波数$\boldsymbol{k}_4$をもつ斜め方向に伝播する波が生み出され，それが式 (7.51) から期待される増幅率で伝播距離とともに成長することを観測したのである．これらの研究によって，非線形性による波と波の相互作用が実際の海洋波の発達，スペクトルの変動に対して重要な要因であるとの認識が定着し，今日行われている海洋波の数値予報などにも生かされている．

この章のまとめ

▶ 波数と振動数が(k_1, ω_1)，(k_2, ω_2)で与えられるような二つの波（基本波）があるとき，非線形相互作用によって$(2k_1, 2\omega_1)$，$(2k_2, 2\omega_2)$，$(k_1 \pm k_2, \omega_1 \pm \omega_2)$などを波数，振動数にもつ成分が生み出される．分散性がある場合，これらの波数と振動数の組み合わせは，一般には分散関係を満足しない．これらの成分は**束縛波成分**とよばれ，$O(\epsilon^2)$程度の微小にとどまる．

▶ しかし，たとえば$k_1 + k_2 = k_3, \omega(k_1) + \omega(k_2) = \omega(k_3)$が同時に成り立つ場合には，$(k_1 + k_2, \omega_1 + \omega_2)$は分散関係を満たし，この成分は束縛波ではなく，自由波として基本波と同程度にまで成長する．この現象を**3波共鳴**とよぶ．

▶ 3 波共鳴の関係にある三つの波の複素振幅 a_i $(i = 1, 2, 3)$ の時間発展は，**3 波相互作用方程式**

$$\dot{a}_1 = -i\gamma_1\, a_2^* a_3, \qquad \dot{a}_2 = -i\gamma_2\, a_1^* a_3, \qquad \dot{a}_3 = -i\gamma_3\, a_1 a_2$$

で記述される．この方程式の解は，共鳴する 3 波の間でエネルギーが周期的にやりとりされることを示す．

▶ 3 波共鳴によって，二つの波から共鳴条件を満たす第 3 の波が新たに生み出されたり，一つの波によってほかの二つの波が励起されたりする現象が起こる．

▶ 3 波共鳴の中には，**長波短波共鳴**とよばれるものや，**高調波共鳴**とよばれる特別なタイプのものがある．

▶ 分散関係によっては，3 波共鳴条件を満たす 3 波の組が一つも存在しないこともある．水面重力波の分散関係 $\omega = \sqrt{gk}$ もそのような例の一つである．このような場合には，4 波間の共鳴相互作用がもっとも重要な非線形相互作用になる．

第8章 波動乱流：無数の波の相互作用

第7章では，三つや四つという少数の波の間の非線形相互作用について学んだ．一方，たとえば，海の表面に風が吹き続けたときに起こされる水面波や，薄い鉄板を何かで叩き続けたときに起こる弾性波では，振動数も伝播方向も異なる無数の波が共存する状態になっている．このように無数の波が共存し，互いに非線形相互作用をしている状態は，「波動乱流」や「弱乱流」などとよばれる．この章では，主に海洋波浪場を具体例として，この波動乱流に対する，代表波高やエネルギースペクトルなどの統計量を用いた記述方法について紹介する．

8.1 エネルギースペクトル

遠浅の海岸に立つと，沖合から次々と波が寄せてくるのが見える．岸に近づくにつれて形は変形していくものの，一つの波をずっと見続けることができる．第5章で紹介したKdV方程式が対象とする長波などはまさにこのような波であり，これらの波の様子は，水面波形 $\eta(x,t)$ そのものを用いて表現するのが自然であろう．これに対して，フェリーなどに乗って沖に出たときに見る波はかなり様子が異なる．水面波形は一瞬として同じ形にとどまることなく不規則に変化し，一つの波の山を見続けようとしても，それはすぐにどこかに消えてしまう．このような非常に複雑な水面波の状況を，時々刻々変化する水面波形 $\eta(x,t)$ を直接使って表現することは大変困難であるし，またできたとしてもそれほど実用的とは思えない．

そもそも，沖合の海の波は，なぜあれほどに複雑で不規則なふるまいをするのであろうか．それは，波長や伝播方向が異なる無数の波列が重なり合っているからである．波数が異なる無数に多くの波列が重なり合っている場合，表面変位 $\eta(x,t)$ は，小さな非線形性を無視すれば

$$\eta(x,t) = \sum_{j=0}^{\infty} a_j \cos[k_j x - \omega(k_j)t + \theta_j] \tag{8.1}$$

と書ける．ここで，j は一つひとつの波列を区別するための添字である．第3章で示

したように，線形理論によると振幅 a の正弦波が単位長さあたり（海面のように伝播が平面内の場合は単位面積あたり）にもつ平均エネルギー，すなわちエネルギー密度 E は，$E = \rho g \overline{\eta^2} = \rho g a^2/2$ で与えられる．したがって，式 (8.1) で表される波動場のエネルギー密度は

$$E = \rho g \overline{\eta^2} = \frac{1}{2}\rho g \sum_{j=0}^{\infty} a_j^2 \tag{8.2}$$

で与えられる．ここで，$\overline{\eta^2}$ は空間平均

$$\overline{\eta^2} = \lim_{L\to\infty} \frac{1}{L} \int_0^L \eta(x)^2 \, dx \tag{8.3}$$

を表す．

あらゆる波数 k が含まれている場合，式 (8.2) は非常に近接した k に関する和になり，したがって k の連続関数 $E(k)$ を導入して

$$\overline{\eta^2} = \int_0^{\infty} E(k)\, dk \tag{8.4}$$

のように積分で表すと都合がよい[†]．このような $E(k)$ を**波数スペクトル** (wave number spectrum) という．式 (8.2) と式 (8.4) より，

$$E(k)\, dk = \frac{1}{2} \sum_{k}^{k+dk} a_j^2 \tag{8.5}$$

が成り立つ．ここで右辺の和は，$k < k_j < k + dk$ を満たすような k_j をもつ波すべてについて和をとることを意味する．$E(k)$ はその定義より，単位長さ（または面積）あたりにあるエネルギーの総量 E が，波数 k の世界でどのように配分されているかを教えてくれる．波数 k と振動数 ω は分散関係を通して結びついているので，式 (8.4) を

$$\overline{\eta^2} = \int_0^{\infty} E(k) \frac{dk}{d\omega}\, d\omega = \int_0^{\infty} F(\omega)\, d\omega, \qquad F(\omega) = \frac{E(k)}{\omega'(k)} \tag{8.6}$$

のように，単位面積あたりのエネルギーを ω についての積分で表すこともできる．このような $F(\omega)$ を**周波数スペクトル** (frequency spectrum) とよぶ．$F(\omega)$ は，振動数 ω の世界でのエネルギーの分配の様子を表す．式 (8.5) に対応する関係は次の

† 海洋波を議論する場合，海水の密度 ρ および重力加速度 g は定数と考えてよいので，次元的には不正確ではあるが，$\overline{\eta^2}$ を「エネルギー密度」とよぶことが多く，ここでもこの慣例に従う．

ようになる．

$$F(\omega)\,d\omega = \frac{1}{2}\sum_{\omega}^{\omega+d\omega} a_j^2 \tag{8.7}$$

右辺は，$\omega < \omega_j < \omega + d\omega$ を満たすような ω_j をもつ波すべてについての和を意味する．

無数の波列が重なり合い，波形が時々刻々複雑で不規則なふるまいをするような波動場に対しては，波形 $\eta(x,t)$ ではなく，このような波数スペクトル $E(k)$ や周波数スペクトル $F(\omega)$ を把握したり，その時間的・空間的発展を予測したりすることが研究の中心課題となる．

8.2　波高に関する統計量

8.2.1　個々波の定義と波高の代表値

十分に長距離・長時間にわたって風に吹かれ，発達しきった海洋波の状態を表す代表的な周波数スペクトルとして，**ピアソン－モスコヴィッツスペクトル** (Pierson–Moskowitz spectrum)（略して P-M スペクトルともよばれる）．

$$F(\omega) = 5E\omega_m^4\omega^{-5}\,\exp\left[-\frac{5}{4}\left(\frac{\omega}{\omega_m}\right)^{-4}\right] \tag{8.8}$$

がある（**図 8.1** 参照）．ここで，$E = \overline{\eta^2}$ であり，ω_m は $F(\omega)$ が最大となる振動数を表す．周波数スペクトルとして，式 (8.8) をもつように多数の異なる調和振動を合成して作成した時系列の一例を，**図 8.2** に示す．これは，PC で作成した人工的

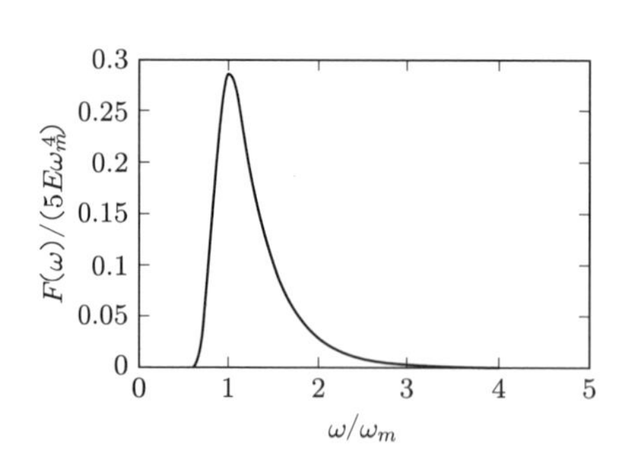

図 8.1　P-M スペクトル

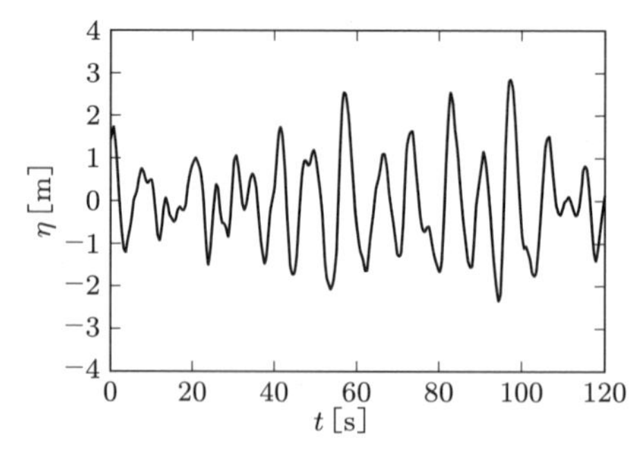

図 8.2　P-M スペクトルに対応する時系列の一例（ピーク周期 10 秒）

な時系列であるが，海洋波の典型的な周波数スペクトル (8.8) を有するもので，現実の海洋波の観測データを使っても大差ない複雑な信号が得られる．

ニュース番組のお天気のコーナーでは，毎日「明日の三河湾の波の高さは何々 m でしょう」などという予報がアナウンスされるが，図 8.2 のような複雑な波形を思い浮かべると，この「波の高さ」とは一体何を意味しているのだろうという疑問が湧いてくるであろう．天気予報などで使われる「波高」は，有義波高とよばれる波高の代表値であり，以下のように定義される．

波高を云々するためには，図 8.2 のような不規則な波形を，まず一つひとつの波に分割する必要がある．もとより，海の水にとっては「どこからどこまでが一つの波」などということはない．あくまでも人間が整理するために切り分けるのであるから，そのやり方にはこうでないといけないというものがあるわけではない．よく用いられている方法としては，**ゼロダウンクロス法** (zero-down crossing method) というものがある．ある固定点において観測された水面変位 $\eta(t)$ の時間記録があるとする．ゼロダウンクロス法では，**図 8.3** に示すように，$\eta(t)$ が下向きにゼロを横切って正から負になる点（ゼロダウンクロス点）で時系列を区切り，相続く二つのゼロダウンクロス点の間を一つの波として扱う．こうして定義された一つひとつの波は「個々波」とよばれる†．各個々波の両端の時間間隔をその波の「周期」，その時間の間での $\eta(t)$ の最大値と最小値の差をその波の「波高」と定義する．図 8.2 から想像できるように，このように定義された個々波の波高は，てんでバラバラの値を

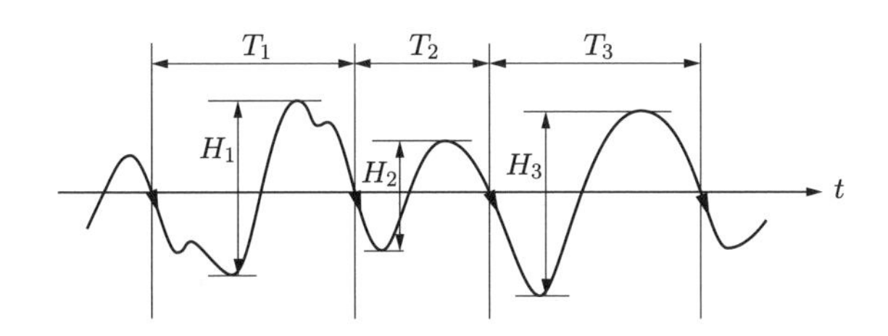

図 8.3　ゼロダウンクロス法

† 当然これと逆に，上向きにゼロを横切る位置で波を区切る「ゼロアップクロス法」(zero-up crossing method) というやり方もある．解析対象が時系列の場合，ゼロアップクロス法では波の山はそのあとに来る谷とセットで一つの波と解釈され，ゼロダウンクロス法では波の山はその前に来る谷とセットにされる．通常はどちらでやっても波浪統計に大きな違いは出ない．しかし，目視観測の場合，波の山がその前にある谷からどのくらい高いかで波高を評価すること，また波が発達して前傾化し砕波に至るような場合，高い山の前面，すなわち山とその前の谷との間の傾斜部分がもっとも重要な部分になることなどから，山とその前の谷をセットで扱うゼロダウンクロス法を好む研究者のほうが多いように思われる [30]．

とる．仮に対象とする時系列に個々波が 100 波含まれていれば，100 個の異なる波高が出てくる．このとき 100 個の波高を大きいほうから順番に並べ，そのうち大きいほうの 1/3（いまの場合 33 番目まで）だけを取り出して，それらの平均値を求めたものを**有義波高** (significant wave height)，またこれら 1/3 の個々波の周期の平均値を求めたものを**有義波周期** (significant wave period) とよび，それぞれ $H_{1/3}$，$T_{1/3}$ などと表す．お天気コーナーで予報される「波高」は，このような平均操作で算出された有義波高 $H_{1/3}$ なのである．

8.2.2　波高の確率分布

有義波高は，海の荒れ具合をたった一つの量で表すことのできる便利な統計量ではあるが，これだけではどの程度の波高がどの程度の確率で出現するのかを知ることはできない．波高 H の確率密度関数，すなわち波高 H が H と $H + dH$ の間の値をとる確率が $p(H)dH$ と表現できるような $p(H)$ は，多くの海況に対して，

$$p(H) = \frac{\pi}{2}\frac{H}{\overline{H}^2}\exp\left[-\frac{\pi}{4}\left(\frac{H}{\overline{H}}\right)^2\right] \tag{8.9}$$

で与えられることが知られている．ここで，$\overline{H}$ は

$$\overline{H} = \int_0^\infty H\,p(H)\,dH \tag{8.10}$$

で定義される平均波高を表す（たとえば文献 [19], [51] など参照）．式 (8.9) の確率分布は**レイリー分布** (Rayleigh distribution) とよばれ，海洋波の波高分布に限らず，さまざま分野で目にする代表的な確率密度関数の一つである†．

補足

波高 H の分布が，式 (8.9) になることを理論的に導出する過程では，スペクトル幅が狭いという仮定が用いられる．しかし，実際の海洋波のスペクトルは，その代表例である P-M スペクトル（図 8.1）を見ても，そのような近似が使えるほど狭いようには思えない．それにもかかわらず，このレイリー分布が実際の海洋波の波高分布に対してよく成り立つ理由の一つには，個々波をゼロクロス法で定義している

† 水面変位に限らず，ある物理量 $\eta(t)$ が無数の独立な単振動の重ね合わせのとき，中心極限定理によって，$\eta(t)$ の確率密度分布はガウス分布になることが知られている．そしてこのとき，$\eta(t)$ の周波数スペクトルの幅が狭い極限では，$\eta(t)$ の極大値（水面変位の場合なら波の頂点での η の値）の確率密度分布がレイリー分布で与えられることを理論的に示すことができる．

ことが挙げられる．スペクトルが広い場合，振動数が高く細かい波は，低振動数の波の上に乗っているために，ゼロクロス法における個々波への分割にあまり影響を及ぼさない．このため，ゼロクロス法は，いわば低振動数成分だけを通すローパスフィルターのような役割を果たし，実質的なスペクトル幅を狭く見せる効果があると考えられる．

なお，平均波高 $\overline{H}$ で規格化した無次元波高 $\xi = H/\overline{H}$ を導入すれば，式 (8.9) は

$$p(\xi) = \frac{\pi}{2}\,\xi \exp\left(-\frac{\pi}{4}\xi^2\right) \tag{8.11}$$

と書くこともできる．**図 8.4** に $p(\xi)$ をグラフで示す．また，この $p(\xi)$ は $P(\xi) \equiv -\exp(-\pi\xi^2/4)$ で定義される $P(\xi)$ を使えば，$p(\xi) = dP(\xi)/d\xi$ と表すことができる．

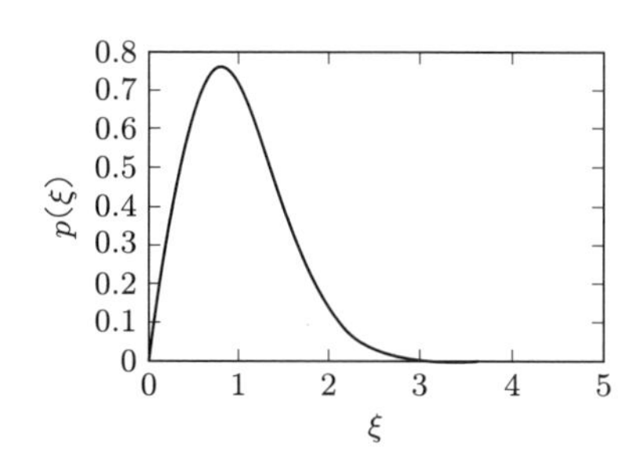

図 8.4　無次元波高 ξ に対するレイリー分布

例題 8.1 ：無次元波高の確率分布

波高 H に対する確率分布 (8.10) から，無次元波高 ξ に対する確率分布 (8.11) を導出せよ．

解答

$$\int_0^\infty p(H)\,dH = \int_0^\infty p(\xi)\,d\xi = 1 \quad したがって \quad p(H)\,dH = p(\xi)\,d\xi \tag{8.12}$$

これと $H = \overline{H}\xi$ より，次のようになる．

$$p(\xi) = p(H)\frac{dH}{d\xi} = \frac{\pi}{2}\frac{\overline{H}\xi}{\overline{H}^2}\exp\left[-\frac{\pi}{4}\left(\frac{\overline{H}\xi}{\overline{H}}\right)^2\right]\overline{H} = \frac{\pi}{2}\xi\exp\left(-\frac{\pi}{4}\xi^2\right) \tag{8.13}$$

波高分布 $p(H)$ から，平均波高 $\overline{H}$ と有義波高 $H_{1/3}$ の関係を知ることができる．

波高分布が式 (8.11) で与えられるものとする．その波高以上の波高をもつ波の発生確率が 1/3 になるような波高を，無次元波高 ξ_3 を使って $\xi_3\overline{H}$ と表せば，ξ_3 の定義より

$$\int_{\xi_3}^{\infty} p(\xi)\,d\xi = \left[\exp\left(-\frac{\pi}{4}\xi^2\right)\right]_{\infty}^{\xi_3} = \exp\left(-\frac{\pi}{4}\xi_3^2\right) = \frac{1}{3} \qquad (8.14)$$

となる．これより，$\xi_3 = 2\sqrt{\ln 3}/\sqrt{\pi} \approx 1.183$ となる．これは，たとえば波が 300 波ある場合，波高の大きいほうから数えて 100 番目の波の波高は，平均波高の 1.183 倍になることを意味する．有義波高 $H_{1/3}$ に対応する無次元波高 $\xi_{1/3} = H_{1/3}/\overline{H}$ は，ξ_3 以上の ξ の平均値なので，

$$\xi_{1/3} = \int_{\xi_3}^{\infty} \xi\, p(\xi)\,d\xi \Big/ \int_{\xi_3}^{\infty} p(\xi)\,d\xi = \xi_3 + 3\,\mathrm{erfc}\left(\frac{\sqrt{\pi}}{2}\xi_3\right) \qquad (8.15)$$

で与えられる．ここで，$\mathrm{erfc}(x)$ は**相補誤差関数**とよばれる関数で，通常の**誤差関数** $\mathrm{erf}(x)$ とセットで，

$$\mathrm{erf}(x) = \frac{2}{\sqrt{\pi}}\int_0^x \mathrm{e}^{-t^2}\,dt, \qquad \mathrm{erfc}(x) = \frac{2}{\sqrt{\pi}}\int_x^{\infty} \mathrm{e}^{-t^2}\,dt = 1 - \mathrm{erf}(x) \quad (8.16)$$

のように定義される．$(\sqrt{\pi}/2)\xi_3 = \sqrt{\ln 3} = 1.048$ であり，また $\mathrm{erfc}(1.048) = 0.138$ である．したがって式 (8.15) より，

$$\xi_{1/3} = \frac{H_{1/3}}{\overline{H}} = 1.183 + 0.138 \times 3 = 1.597 \qquad (8.17)$$

すなわち，波高の確率密度がレイリー分布 (8.9) で与えられる場合，有義波高は平均波高の 1.6 倍程度になる．

例題 8.2 ：フリーク波の出現確率

前章で言及したフリーク波は，「波高が有義波高の 2 倍を超える波」と定義されることが多い．この定義に従った場合，レイリー分布 (8.9) に基づいて予測すると，フリーク波は何波に 1 波程度出現すると考えられるか．

解答　フリーク波として判定される最低の波高を H_f，対応する無次元波高を ξ_f とすると，式 (8.17) より $H_f = 2H_{1/3} = 3.194\overline{H}$，すなわち $\xi_f = 3.194$ となる．フリーク波の出現確率を P_f とすると，

$$\begin{aligned} P_f &= \int_{H_f}^{\infty} p(H)\,dH = \int_{\xi_f}^{\infty} p(\xi)\,d\xi = \left[-\exp\left(-\frac{\pi}{4}\xi^2\right)\right]_{\xi_f}^{\infty} \\ &= \mathrm{e}^{-8.012} = 3.31 \times 10^{-4} \approx \frac{1}{3000} \end{aligned} \qquad (8.18)$$

となる．したがってフリーク波は，約 3000 波に 1 波程度の割合で出現すると推測される†．

8.3　エネルギースペクトルの発展方程式

実際の海洋波の場合，波は水平 2 次元平面内を伝わるので，波数は 2 次元ベクトル $\boldsymbol{k}$ になり，それに伴い式 (8.4) も

$$\overline{\eta^2} = \int E(\boldsymbol{k})\, d\boldsymbol{k} \tag{8.19}$$

というように，波数ベクトル $\boldsymbol{k}$ の 2 次元平面上の積分に変わる．

第 2 次世界大戦中に軍の上陸作戦に関する必要性から開発された初の実用的波浪推算法である SMB 法（本章末のコラム参照）は，前節で紹介した有義波高や有義周期のような少数の統計量の予測を目指していた．しかし，その後の研究の長足の進歩によって，現在では予測の対象は，莫大な情報量をもつ波数ベクトルスペクトル $E(\boldsymbol{k})$ に移行している．詳細は省くが，「第 3 世代」とよばれる現代の波浪推算法では，この $E(\boldsymbol{k})$ は，**エネルギー平衡方程式** (energy balance equation) とよばれる以下の式に従って，時間的・空間的に発展するものと考えられている（たとえば文献 [31], [40], [51] を参照）．

$$\frac{\partial E(\boldsymbol{k};\boldsymbol{x},t)}{\partial t} + \boldsymbol{v}_g(\boldsymbol{k})\cdot\nabla_h E(\boldsymbol{k};\boldsymbol{x},t) = S_{nl} + S_{in} + S_{ds} \tag{8.20}$$

ここで，左辺の ∇_h は水平（x-y）面内での勾配演算子を表し，したがって左辺は「波数ベクトル $\boldsymbol{k}$ の波がもつエネルギーは，対応する群速度 $\boldsymbol{v}_g(\boldsymbol{k})$ で伝播する」という線形理論の結果を表現しているにすぎない．一方，右辺はスペクトルの変動をもたらす種々のソース項であり，S_{nl} は非線形相互作用による異なる波数成分間のエネルギー交換，S_{in} は風からのエネルギー流入，S_{ds} は発達しすぎた波が砕波することによるエネルギー損失をそれぞれ表す．ここでは単に記号として S と書いているが，実際には風速やスペクトル $E(\boldsymbol{k})$ などを含むかなり複雑な数式になっている．

これら三つのソース項のうち，とくに S_{ds} が表そうとしている砕波の現象は，空気との相互作用，砕波による激しい乱流運動の生成，それによって取り込まれる気

† ただし，波高分布がレイリー分布に従うとする理論では，スペクトルが非常に狭いことが仮定されており，また非線形効果は考慮されていない．実際のスペクトルがそれほど狭くないことの影響はフリーク波の出現確率を低下する方向にはたらき，非線形の効果は逆に増大させる方向にはたらくことが知られている．

泡の影響など，気液混相流の乱流運動という流体力学的にきわめて複雑な現象である．このことを反映して，S_{ds} のモデル化は，きちんとした理論に基づいて構築されているという段階にはいまだ至っておらず，人工衛星からのリモートセンシングなどによって得られるようになった膨大な観測データと，式 (8.20) に基づく推算結果が矛盾しないようにチューニングされているという，いわばつじつま合わせ的な役割を担っているのが現状のようである．

それとは対照的に，本書の主題である非線形性による波どうしのエネルギー交換を表す S_{nl} の部分に対しては，ハッセルマン理論とよばれる世界標準の理論がある [27]．それによると，S_{nl} は

$$S_{nl}(\boldsymbol{k}_4) = \iiint W_{1234}\delta(\boldsymbol{k}_1 + \boldsymbol{k}_2 - \boldsymbol{k}_3 - \boldsymbol{k}_4)\delta(\omega_1 + \omega_2 - \omega_3 - \omega_4) \times [E_1E_2(E_3 + E_4) - E_3E_4(E_1 + E_2)]\, d\boldsymbol{k}_1\, d\boldsymbol{k}_2\, d\boldsymbol{k}_3 \tag{8.21}$$

のように表現される．ここで，$E_1 = E(\boldsymbol{k}_1)$，$\omega_1 = \omega(\boldsymbol{k}_1)$ などの略記法を用いた．「結合係数」W_{1234} は $\boldsymbol{k}_1, \boldsymbol{k}_2, \boldsymbol{k}_3, \boldsymbol{k}_4$ に依存する複雑な関数である．また $\delta(\cdot)$ はディラックのデルタ関数を表す．

もともと話が複雑すぎるので，この式がわからないからといって気にする必要はまったくない．ただし，ここで重要な点が二つある．一つは，S_{nl} を与える積分表現の中に，$\boldsymbol{k}$ に対するデルタ関数，ω に対するデルタ関数の二つのデルタ関数が入っているという点である．デルタ関数 $\delta(x)$ は，$x = 0$ 以外では 0，$x = 0$ においては無限大の値をとる，いわば究極に細いパルスのような関数である．これが二つ積の形で入っているということは，

$$\boldsymbol{k}_1 + \boldsymbol{k}_2 - \boldsymbol{k}_3 - \boldsymbol{k}_4 = \boldsymbol{0}, \qquad \omega_1 + \omega_2 - \omega_3 - \omega_4 = 0 \tag{8.22}$$

が同時に満たされる，すなわち 4 波共鳴条件を満たすような四つの波の間でしかエネルギーのやりとりが発生しないことを意味している．

前にも述べたように，水面重力波の分散関係 $\omega = \sqrt{g|\boldsymbol{k}|}$ に対しては，3 波共鳴条件を満たす組は存在せず，4 波共鳴が実現可能な最低次の非線形共鳴相互作用である．前節で三つの波や四つの波の間の共鳴相互作用について学んだが，実は海洋波浪場のように無数に多くの波が存在するような状況においても，それらの間のエネルギー交換の基本的なメカニズムは，やはり 3 波，それが無理なら 4 波の間の共鳴相互作用なのである．

もう一つの重要な点は，非線形相互作用によるスペクトル変化率が式 (8.21) のような形の式で与えられるのは，何も水面波に限ったことではないという点である．3 波共鳴が存在せず，4 波共鳴がスペクトル変動の主な原因である限り，さまざまな物理系における波動のエネルギースペクトルの発展は，一般的に式 (8.21) のような式で記述される．その波が水面波なのか，鉄板を伝わる弾性波なのか，プラズマ中の波なのか，という波動ごとの個性は，もっぱら分散関係 $\omega(k)$ および結合係数 W_{1234} の表式に現れてくる．なお，前章のモデル方程式 (7.3) のように，分散関係が 3 波共鳴を許すような系においては，非線形相互作用によるスペクトル変化率 S_{nl} は，一般的に

$$S_{nl}(\boldsymbol{k}_3) = \iint \widetilde{W}_{123}\delta(\boldsymbol{k}_1+\boldsymbol{k}_2-\boldsymbol{k}_3)\delta(\omega_1+\omega_2-\omega_3)\left[E_1E_2 - E_3(E_1+E_2)\right] d\boldsymbol{k}_1 d\boldsymbol{k}_2 \tag{8.23}$$

というような表現になる [55], [81]．

8.4 エネルギースペクトルに現れるベキ法則

海洋波の周波数スペクトル $F(\omega)$ の現地観測では，スペクトルのピークからある程度高い周波数領域では，$F(\omega)$ が ω^{-4} に比例するベキ則スペクトルがしばしば報告されている．ここまで本書を読んできてくれた読者なら，いままでしばしば用いてきた「次元に基づく考察」と「各物理量の大きさの大雑把な評価方法」を使うだけで，この観測事実を合理的に理解することができると思うので，本書の最後にあたってその方法を紹介する．まずは準備のために，波ではなく通常の流れを扱う流体力学においてよく知られる，乱流における**コロモゴロフスペクトル** (Kolmogorov spectrum) について紹介する．

8.4.1 流体乱流のコルモゴロフスペクトル

乱流とは

走行中の車のまわりの空気の流れであれ，水道管の中の水の流れであれ，流れの速度が非常に遅い場合を除けば，我々の身の回りの流れは非常に不規則で複雑である．**図 8.5** は，建物の影響のない開けた田んぼに立てた観測塔で計測した風速の時間変化を 5 分間にわたって示したものである．別に台風や嵐のときのデータではなく，風速

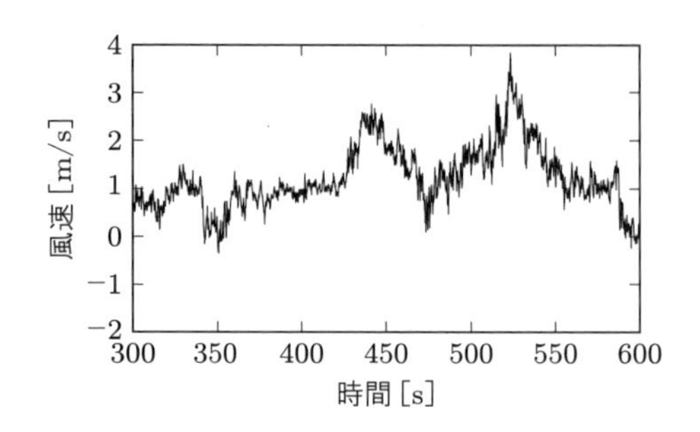

図 8.5　風速の不規則な変動（乱流状態）（提供：岐阜大学玉川一郎氏）

を見てもそれほど強い風が吹いているわけではないが，風速が絶えず不規則に変動している様子がわかる．流体力学では，このような不規則な流れを**乱流** (turbulence) とよぶ．非圧縮性流体の運動は，ナヴィエ－ストークス方程式（NS 方程式）

$$\frac{\partial \boldsymbol{v}}{\partial t} + (\boldsymbol{v} \cdot \nabla)\boldsymbol{v} = -\frac{1}{\rho}\nabla p + \nu \nabla^2 \boldsymbol{v}, \qquad \nu = \frac{\mu}{\rho} \tag{8.24}$$

によって支配されることが知られている．ここで，μ は粘性係数，ν は動粘性係数とよばれ，ともに流体の物質定数である．NS 方程式は非線形の方程式であり，異なる波数成分の間でエネルギーのやりとりが起こる．NS 方程式の中で，流体運動のエネルギーを消し去る効果をもつのは右辺最後の粘性項であるが，これは空間についての 2 階微分を含むので，$\boldsymbol{v} = \mathrm{e}^{i\boldsymbol{k}\cdot\boldsymbol{x}}$ のとき，$\nu\nabla^2\boldsymbol{v} = -\nu k^2 \mathrm{e}^{i\boldsymbol{k}\cdot\boldsymbol{x}}$ となることからわかるように，k の大きい高波数成分（波長の短い成分）に対してより強力にはたらく．

エネルギーカスケード

乱流状態においては，まず対象とする物体（たとえば車体）や領域の大きさ程度の比較的スケールの大きい低波数領域に運動エネルギーが供給され，それが非線形効果によってしだいにスケールの小さいより高波数の成分に受け渡され，最後に粘性が強力にはたらく非常に高波数の領域において消散される $\cdots$ という，エネルギーの流れが存在すると考えられている．波数の世界におけるこのようなエネルギーの流れは，**エネルギーカスケード** (energy cascade) とよばれる．

具体的な例として，長さ l [m] の車が速度 v [m/s] で走ることによって生み出される車の周囲の乱流運動について考えてみよう．この乱流運動の代表的速度 V と代表的長さ L は，車の速度 v，長さ l で，また代表的な時間スケール T は $T = l/u$ で評価すればよいであろう．このとき，空気がもつ乱流運動エネルギーは単位質量 (1 kg) あたり v^2 程度，またエネルギー散逸率，すなわち 1 秒あたりのエネルギーの減少量 ε は，

$$\varepsilon \sim \frac{v^2}{T} \sim \frac{v^3}{l} \tag{8.25}$$

程度と見積もられる．車が速度 v で走り続けていれば，そのまわりの乱流のエネルギーも定常に保持されているはずで，したがって式 (8.25) の ε は，粘性による単位時間あたりのエネルギー散逸量の目安であると同時に，それを補うために車から乱流運動に供給される単位時間あたりのエネルギー供給量にもなっている．1 秒あたりこの ε 程度のエネルギーが，波数空間の低波数領域から高波数領域に向かって流れていることになる．

では，波数空間におけるこのエネルギーカスケードは，どの程度高い波数まで続くのであろうか．エネルギーの流れを表すのは式 (8.25) の ε，それを止める粘性効果を表現するのは NS 方程式 (8.24) に現れる動粘性係数 ν なので，カスケードが止まる長さスケール l_v はこの二つから決まるはずである．ε の単位が $\mathrm{m^2/s^3}$，ν の単位が $\mathrm{m^2/s}$ であることを考えると，単位が m の l_v は

$$l_v = \left(\frac{\nu^3}{\varepsilon}\right)^{1/4} \tag{8.26}$$

の程度になるはずである．たとえば，普通車が時速 60 km で空気中を走行する場合，$l = 4\,\mathrm{m}$，$v = 16.7\,\mathrm{m/s}$，$\nu = 1.5 \times 10^{-5}\,\mathrm{m^2/s}$ とすると，

$$\varepsilon \sim 1.2 \times 10^3\,\mathrm{m^2/s^3}, \qquad l_v \sim 4.1 \times 10^{-5}\,\mathrm{m} = 0.041\,\mathrm{mm} \tag{8.27}$$

となる．この結果は，車が走ることで直接生み出される数 m 程度の大きさの渦運動のエネルギーは，どんどん小さい渦運動にカスケードされ，その連鎖は 0.04 mm 程度の極微小サイズの運動まで続くことを示している．l, l_v に対応する波数 k_l, k_v を，$k_l = 1/l,\ k_v = 1/l_v$ で定義する．式 (8.25), (8.26) から，エネルギーを直接供給される大きな渦運動の長さ l とカスケードによって生み出される最小サイズの渦の長さ l_v の比は，

$$\frac{l}{l_v} = \frac{k_v}{k_l} = \mathrm{Re}^{3/4}, \qquad \mathrm{Re} \equiv \frac{vl}{\nu} \tag{8.28}$$

で与えられることがわかる．ここで，Re は**レイノルズ数** (Reynolds number) とよばれる，流体力学ではもっとも重要な無次元量の一つである．一般に，Re が大きく

なるほど流れは不安定さを増し，乱流状態になりやすい．ちなみに，上の車のまわりの乱流の場合 $\mathrm{Re} \sim 4.5 \times 10^6$ で，式 (8.28) によると，l_v が l の 10 万分の 1 程度になるはずであるが，これは式 (8.27) で見たとおりである．

コロモゴロフの $k^{-5/3}$ スペクトル

乱流はいたるところに存在する．上で例とした車の走行に付随するものもあれば，コーヒーカップの中でスプーンをかき回してできるもの，水道管の中を水が勢いよく流れることでできるもの，海の中の激しい潮流によってできるものなど，その生成原因は千差万別である．そのような個別性を反映して，乱流運動のエネルギースペクトルの形には，少なくとも外力によって直接励起される低波数領域 $k \approx k_l$ に関しては，すべての乱流に共通するような普遍的な性質は見られない．

しかし，エネルギーがカスケードによって高波数に流れていくにつれて，$k \approx k_l$ においてどのようにそのエネルギーが供給されたのかという記憶はどんどん失われる．その結果，ある程度波数の高い領域におけるエネルギースペクトルは，どのようにして生み出された乱流であるかによらない，普遍的な性質をもつようになる．通常，乱流状態では Re がきわめて大きな値をとるが，その場合式 (8.28) によると，外部からのエネルギー供給により直接励起される波数 $k \sim k_l$ と，粘性がはたらいてカスケードが止まる波数 $k \sim k_v$ は大きく離れており，したがって両者の間に中間的な波数領域 $k_l \ll k \ll k_v$ が広く存在することになる．この中間領域では，$k \gg k_l$ のため，その乱流がどのようにして生成されているかという低波数の記憶は失われている．一方，$k \ll k_v$ のため粘性の効果が効くほど波数 k は高くはない．このような性質をもつ中間領域は**慣性小領域** (inertial subrange) とよばれる．

慣性小領域におけるスペクトル形状を左右する物理量としては，着目している波数 k そのものと，そこを単位時間に流れ過ぎていくエネルギーフラックス ε の二つしかなさそうである．乱流運動の波数スペクトル $E(k)$ を

$$\overline{\frac{1}{2}|\boldsymbol{v}|^2} = \int_0^\infty E(k)\,dk \tag{8.29}$$

により導入する．関係する各物理量の次元を [　] で表すと，

$$[\boldsymbol{v}] = LT^{-1}, \qquad [k] = L^{-1}, \qquad [E(k)] = L^3T^{-2}, \qquad [\varepsilon] = L^2T^{-3} \tag{8.30}$$

となる．この結果，慣性小領域における $E(k)$ は

$$E(k) = C_K \varepsilon^{2/3} k^{-5/3} \tag{8.31}$$

という形になることが，次元的な考察から推測される．このスペクトルは**コルモゴロフの $k^{-5/3}$ スペクトル** (Kolmogorov's $k^{-5/3}$ spectrum) やコロモゴロフのマイナス 3 分の 5 乗則 (Kolomogorov's minus five-thirds law) とよばれ，実際に十分 Re の高い実験や現地観測などで幅広く観測されている（図 8.6 参照）．なお，C_K はコルモゴロフ定数とよばれる無次元の普遍定数で，$C_K = 1.4$〜1.8 程度の値をとることが知られている（乱流に関しては，たとえば文献 [37], [42], [72], [73] など参照）．

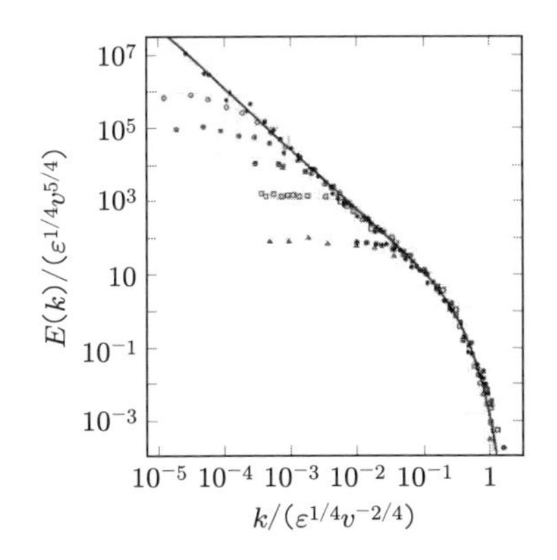

図 8.6 コルモゴロフの $k^{-5/3}$ スペクトル（文献 [37] より転載）

8.4.2 海洋波のベキ則スペクトル

流体力学の乱流における上の議論と同様のことを，海洋波浪場のように，さまざまな波数 k の波が共存して，それらが非線形相互作用によって互いにエネルギーをやり取りしているような状況を対象にして考えてみよう．このように多くの波が非線形相互作用をしている状態は，流体力学の乱流にならって，**波動乱流** (wave turbulence) や弱乱流 (weak turbulence) などとよばれる．ただし，以下で見るように，波動乱流に対するコルモゴロフ的なベキ則スペクトルを導き出すのは，上の流体乱流の場合ほど簡単にはいかない．

次元のみによる考察の破綻

無数の水面重力波が共存する海洋波浪場の場合，ベキ則を求める対象のスペクトルは，

$$\overline{\eta^2} = \iint E(\boldsymbol{k})\,d\boldsymbol{k} = \int E(k)\,dk \tag{8.32}$$

と書けるような波数スペクトル $E(k)$ である．波数ベクトルスペクトル $E(\boldsymbol{k})$ と波数スペクトル $E(k)$ の違いは重要なので注意されたい．

$$\iint E(\boldsymbol{k})d\boldsymbol{k} = \int_0^\infty \left[\int_0^{2\pi} E(\boldsymbol{k})\,kd\theta\right]dk = \int_0^\infty E(k)dk$$
$$\longrightarrow \quad E(k) = \int_0^{2\pi} E(\boldsymbol{k})\,kd\theta \tag{8.33}$$

これより，$E(k)$ と $E(\boldsymbol{k})$ の大雑把な大きさの関係は

$$E(k) \sim kE(\boldsymbol{k}) \tag{8.34}$$

となる．また，$E(k)$, $E(\boldsymbol{k})$ の次元 $[E(k)]$, $[E(\boldsymbol{k})]$ は，$[\eta] = L$, $[k] = L^{-1}$, $[d\boldsymbol{k}] = L^{-2}$，および式 (8.32) より，

$$[E(k)] = L^3, \qquad [E(\boldsymbol{k})] = L^4 \tag{8.35}$$

となる．k の小さな領域から k の大きな領域に向かって流れていくエネルギーフラックス $\varepsilon(k)$ は，

$$\frac{\partial E(k)}{\partial t} + \frac{\partial \varepsilon(k)}{\partial k} = 0 \tag{8.36}$$

を満たすことから，$\varepsilon(k)$ の次元は $[\varepsilon(k)] = T^{-1}[E(k)][k] = L^2T^{-1}$ となる．流体乱流のコルモゴロフスペクトルなら，ここでエネルギーフラックス ε と波数 k を組み合わせて，スペクトル $E(k)$ の次元をもつ量を求めれば，ただちに $k^{-5/3}$ スペクトルを得ることができる．しかし，これと同じことを海洋波の波動乱流でやろうとすると，

$$[E(k)] = L^3, \qquad [\varepsilon(k)] = L^2T^{-1}, \qquad [k] = L^{-1} \tag{8.37}$$

なので，$E(k)$ を ε と k だけからつくろうとすると，肝心のエネルギーフラックス ε を入れることができず，うまくいかない．やはり次元だけに頼るレベルを超えた議論が必要になるようである†．

---

† 流体乱流では，各波数 $\boldsymbol{k}$ における特徴的な時間スケールが，そこでのスペクトル強度と $\boldsymbol{k}$ から一つに決まる．それに対し波動乱流では，各波数 $\boldsymbol{k}$ において，振動数 $\omega(\boldsymbol{k})$ から決まる「線形の時間スケール」と，スペクトル変動にかかわる「非線形の時間スケール」という，大きく異なる二つの時間スケールが存在する．流体乱流では，次元に基づく単純な解析でうまくコルモゴロフスペクトルが導出できたのに，波動乱流ではそのやり方がうまく行かない理由には，このような状況の違いが関係している．

ベキ則スペクトルの導出

非線形効果によって生じるスペクトル変化の代表的な時間スケールを τ と書くことにしよう．これは，振動数の逆数 $1/\omega$ で見積もられる線形の時間スケールと比べると，ずっと長い別の時間スケールである．この τ を使って $E(k)$ の時間微分を評価すると，式 (8.36) より

$$\varepsilon(k) \sim \tau^{-1}E(k)k \tag{8.38}$$

となる．もし波動乱流においても，流体乱流の慣性小領域に対応する波数領域があるのであれば，そこではこの ε が一定 $(=\varepsilon_0)$ にとどまるはずである．したがって，τ さえうまく評価できれば，この式から $E(k)$ の形を推定することができる．

エネルギー平衡方程式 (8.20) において，三つのソース項のうち，いま問題にしているエネルギーカスケードを生み出す S_{nl} だけを残し，かつ波動場が空間的に一様で $E(\boldsymbol{k})$ が場所によらないとすると，$E(\boldsymbol{k})$ の支配方程式は単に

$$\frac{dE(\boldsymbol{k})}{dt} = S_{nl} \tag{8.39}$$

となる．この式の両辺の次元が等しくなることから，S_{nl} 内の結合係数 W_{1234} の次元は $L^{-4}T^{-2}$，したがってその大きさは $k^4\omega^2$ 程度と見積もることができる．S_{nl} に対する表現 (8.21)，$E(\boldsymbol{k}) \sim E(k)/k$，および W に対するこの見積もりなどを使って式 (8.39) の両辺の大きさを見積もると，

$$\begin{aligned} &\tau^{-1}k^{-1}E(k) \sim \left(k^4\omega^2\right)\left(\frac{E(k)}{k}\right)^3 (k^{-2})(\omega^{-1})(k^2)^3 = g^{1/2}k^{11/2}E^3 \\ &\longrightarrow \quad \tau^{-1} \sim g^{1/2}k^{13/2}E^2 \end{aligned} \tag{8.40}$$

というようにして，τ に対する評価が得られる[†]．これを式 (8.38) に代入すると，

$$\varepsilon(k) \sim \left(g^{1/2}k^{13/2}E^2\right)Ek = g^{1/2}k^{15/2}E^3 \tag{8.41}$$

となる．これより，$\varepsilon(k) = \varepsilon_0$（一定）が成り立つ慣性小領域において成り立つ

$$E(k) = \varepsilon_0^{1/3}g^{-1/6}k^{-5/2} \tag{8.42}$$

というベキ則スペクトルが得られる．

---

† $\delta(\boldsymbol{k})$ は $\boldsymbol{k}$ で積分すると 1 になるので，その次元は $[\boldsymbol{k}]^{-1}$ に等しく，$\delta(\omega)$ は ω で積分すると 1 になるので，その次元は $[\omega]^{-1}$ に等しい．

分散関係が $\omega^2 = gk$ の場合，波数スペクトル $E(k)$ と周波数スペクトル $F(\omega)$ は，式 (8.6) より，$F(\omega) = E(k) \cdot 2\omega/g$ の関係にある．したがって，式 (8.42) に対応する $F(\omega)$ は

$$F(\omega) = \varepsilon_0^{1/3} g^{-1/6} \left(\frac{\omega^2}{g}\right)^{-5/2} \left(\frac{2\omega}{g}\right) = 2\,\varepsilon_0^{1/3} g^{4/3} \omega^{-4} \tag{8.43}$$

となる．このようにして，発達した海洋波でしばしば観測される ω^{-4} と同じベキ則の周波数スペクトルを導出することができる [38]．

このように，海洋波の $F(\omega) \propto \omega^{-4}$ というベキ則の周波数スペクトルは，流体乱流の「慣性小領域」という概念をそのまま海洋波浪場に援用した際に期待されるコルモゴロフスペクトル（の対応物）と矛盾はしない．ただし，海洋波の場合，流体乱流に比べると波数や振動数の世界におけるスペクトル幅がそれほど広くなく，図 8.6 に示した流体乱流の場合のように，慣性小領域が長く続いて，ベキ則がはっきり検出できるような状況にはなりにくい．また，上の解析では，風の効果 S_{in}，砕波の効果 S_{ds} などその他のソース項をすべて無視し，非線形効果 S_{nl} だけがはたらいているという前提のもとに $F(\omega) \propto \omega^{-4}$ を導出したのであるが，実際の海洋波においては，これら三つのソース項が卓越する波数領域は，それほど明確には分離されていないとの報告もなされている．

したがって，「慣性小領域」という概念が適用できるような波数領域がそもそも存在するかどうかも自明ではなく，実際に現地で観測される $F(\omega) \propto \omega^{-4}$ というベキ則の周波数スペクトルを，ただちに流体乱流の「コルモゴロフスペクトル」と同根のものとして理解することに対しては，まだ検討の余地が残されていると思われる．

このようなエネルギースペクトルのベキ則の問題に限らず，波動乱流の分野には，さらなる研究を必要とする興味深い問題がまだまだ数多く残されている（たとえば文献 [55], [56] などを参照）．

第 2 次世界大戦中に開発された SMB 法以来，波浪予測の研究は長足の進歩を遂げ，今日ではだれもがインターネット経由で，世界のすべての海域における有義波高，有義波周期，波向きなどの予報を知ることができる．**図 8.7** は，そのようなサイトの一つからダウンロードしたものである†．この波浪予測は，アメリカ大気海洋庁 (NOAA) の国立環境予測センター (NCEP) が開発した “WAVEWATCH III” とい

† ここで紹介したサイトの URL は，http://www.polar.ncep.noaa.gov/waves/．なお，NOAA は National Oceanic and Atmospheric Administration，NCEP は National Centers for Environmental Prediction の略称．

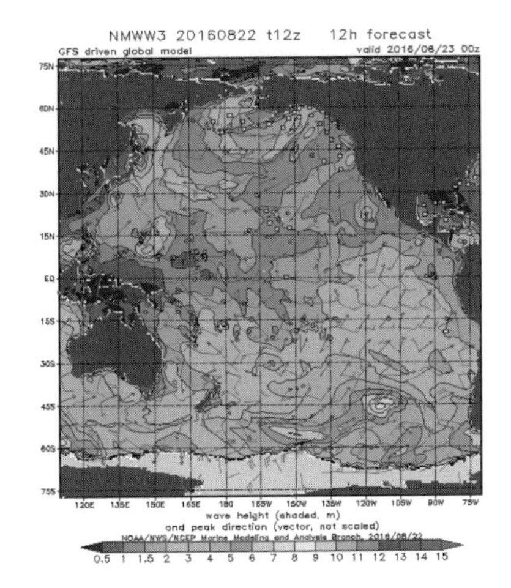

図 8.7　波浪の数値予報（http://www.polar.ncep.noaa.gov/waves/より転載）

う数値波浪推算用のプログラムパッケージを使って求めた予測結果を見やすく表示したものである．このウェブページは，1 週間以上先（180 時間後）までの予測をアニメーションでも見せてくれるので，嵐によって生成された波の高い海域が，大洋を伝わっていく様子を動画で見ることもできる．「来週オーストラリアのゴールドコーストへサーフィンに行く」などという人は，ぜひ一度アクセスしてみてはいかがだろう．

COLUMN　戦争のために開発された波浪推算法

有義波高を定義する平均操作は，「平均」といっても個々波全体の平均ではなく，大きいほう 1/3 だけを対象とした平均という少々妙な量を代表値として採用している．これは第 2 次世界大戦中のアメリカにおいて，スヴェルドラップ (Sverdrup, H.U.) とムンク (Munk, W.H.) という海洋学者を中心とする研究チームが，軍の上陸作戦と関連して行った海洋波予測法の研究に基づいている．

人間の目は，小さな波よりは大きな波により重点を置いて見る傾向があるようで，よく訓練された観測者が海を見て「波高何メートル程度」と感じる波高と，「波高の高いほうから 1/3 の平均値」がよく一致することから，この有義波高 $H_{1/3}$ が波高の代表値として使われ始めたようである．スヴェルドラップとムンクらは，それまで定量的な表現方法すら確立していなかった海洋波浪の予測という分野に対して，予測すべき代表的な量として $H_{1/3}$, $T_{1/3}$ という定義のはっきりした量を導入したうえで，理論的な考察や，それまでに蓄積されていた観測データを統一的に整理して，風速や吹走時間（風が吹き始めてからの時間），吹走距離（風上の岸からの距離）などの関数として $H_{1/3}, T_{1/3}$ を予測する枠組みを構築した．この波浪推算法は，スヴェルドラップとムンク，のちにそれを改良したブレットシュナイダー (Bretschneider, C.L.) にちなんで **SMB 法**とよばれている．

連合軍によるノルマンディー上陸作戦は，ヨーロッパにおける第 2 次世界大戦の勝敗を大きく左右した作戦としてよく知られているが，その成功にもこの SMB 法が関係しているといわれている．作戦決行日（D-デイ： 1944 年 6 月 6 日）の前，ドーバー海峡付近の海は，強い低気圧による暴風雨で大きく荒れていた．ノルマンディーの海岸を守るドイツ軍側は，この嵐は数日収まらず敵の上陸もないと考えていた．しかし一方の連合軍は，天気予報や波浪推算法を活用することで，嵐が弱まる日時，上陸作戦が可能になる程度に波高が低下する日時をより正確に予測しており，結果的に，ドイツ軍は不意を突かれた形になったということがあったようである．悲しい話ではあるが，レーダーなどの電気・電子技術，航空機やロケットなどの輸送・移動手段，原子力研究，… 何をとっても，人間どうしが命を懸けて殺し合う戦争のたびに，必要に迫られる形で，さまざまな研究が飛躍的な進歩を遂げてきたことは否定し難い歴史的事実である．

この章のまとめ

▶ 海洋波のように，無数の波列が共存し，互いに非線形相互作用をしているような状況を**波動乱流**とよぶ．このような波動場の波形は一般に非常に複雑で，それを直接扱うことは大変困難であり，また実用的でもない．このような不規則な波動場に対しては，**波高の確率分布**や**エネルギースペクトル**などの統計量を用いた記述法が合理的である．

▶ 無数の波列が共存する波動乱流においても，異なる波列間のエネルギー交換を可能にし，エネルギースペクトルの時間的変化をもたらす素過程は，前章で扱った 3 波もしくは 4 波の間の非線形共鳴相互作用である．

▶ ナヴィエ–ストークス方程式で支配される流体乱流においては，**慣性小領域**とよばれる波数領域が存在する．慣性小領域においては，非線形相互作用によるエネルギーの流れ（カスケード）のみが存在し，低波数領域で乱流にエネルギーを供給する外的条件の詳細も，高波数領域で乱流エネルギーを消散させる粘性も無視できる．この慣性小領域においては， $E(k) \propto k^{-5/3}$ という**ベキ則スペクトル**が成り立つことが次元解析よりわかる．これは**コルモゴロフスペクトル**とよばれ，幅広い乱流現象で観測されている.

▶ 水面重力波の波動乱流である海洋波浪場に対して，**慣性小領域**の概念を援用すると，実際の海洋波に対してしばしば観測されている，$F(\omega) \propto \omega^{-4}$ というベキ則型の周波数スペクトルを導出することができる.

付録 A 3次元の場合の保存則

第1章では，空間が1次元と仮定して保存則の議論をした．本付録では空間が3次元になった場合に，フラックスがどのように定義され，その結果保存則がどのように修正されるかについて紹介しておく．

A.1 流束密度ベクトル

針金の温度分布を時々刻々と変化させていく原動力は，温度の高いところから低いところへの熱の流れ，すなわち熱のフラックスである．温度分布に限らずある物理量の空間分布が時間的にどのように変化していくかを考えるうえで，その物理量のフラックスは本質的に重要である．針金の中の熱の流れのように，空間が1次元の場合は，着目する点 x を1秒間に何ジュール通過するかが熱のフラックスであり，したがって単位はジュール/秒となる．しかし，3次元空間に広がった連続媒質中でのフラックスはそれほど簡単ではない．

スカラー値をとるある物理量 P の3次元空間内の点 $\boldsymbol{x}$ における流れの様子，すなわちフラックスは，「流れの激しさ」と「流れの方向」を示すことによって表現することができる．「流れの激しさ」をベクトルの大きさに対応付け，「流れの方向」をベクトルの方向に対応付ければ，ある点における流れの様子は一つのベクトルを使って表すことができる．

では，「流れの激しさ」とは，具体的にどのような量で表現すればよいであろうか．針金の中の熱流の場合，単に点 x を1秒間に通過する熱量（ジュール）を考えればよかった．3次元空間の中のある点において同様なことを考えようとすると，その点において熱が流れている方向に垂直な面を想定し，そこに小窓を開けて，その小窓を通って1秒間に何ジュール通過するかを考えることになる．しかしこのとき，当然小窓の面積を大きくとるほど1秒間の通過量は多くなるので，小窓の面積も規定しないといけない．したがって，3次元空間の点における物理量 P の流れの激しさを合理的に表現するには，「流れに垂直な単位面積を単位時間あたりに通過する P の量」を用いることになる．このように定義された P の「流れの激しさ」を大きさとしてもち，P の「流れの方向」を方向としてもつようなベクトルを，物理量 P の**流束密度ベクトル**もしくは**フラックス密度ベクトル** (flux density) とよぶ．P の単位を◎とするとき，その流束密度ベクトルの単位は ◎/$\mathrm{m}^2 \cdot \mathrm{s}$ となる．

A.2　積分形の保存則

空間に固定された任意の体積領域 V をとり，そこにおけるある物理量 P の保存則を考える．P の単位は◎とする．P の密度を $\rho(\boldsymbol{x},t)[◎/\mathrm{m}^3]$，流束密度ベクトルを $\boldsymbol{q}(\boldsymbol{x},t)[◎/\mathrm{m}^2\cdot\mathrm{s}]$ とする．V の表面 S を通過して物理量 P の流入・流出があるので，V 内の P の総量は時間的に一定ではなく，たえず変動するであろう．「P が保存されるべき量である」という原理は，V 内の P の量が一定であることではなく，ある時間の間に発生する V 内の P の増加分が，同じ時間の間に表面 S を通して流入した量に等しいことを要求する．そうでなければ，P がどこからともなく生じたり，消失したりしたことになる．以下のように，V 内の増加分と表面 S を通っての流入分を別々に算出し，それらを等しいとすることによって，保存則を表現する数式を導出することができる．

時刻 t における V 内の P の総量 $M(t)$ は，体積積分

$$M(t) = \iiint_V \rho(\boldsymbol{x},t)\,dV \tag{A.1}$$

で与えられ，したがってその単位時間あたりの増加分は

$$\frac{dM(t)}{dt} = \iiint_V \frac{\partial\rho(\boldsymbol{x},t)}{\partial t}\,dV \tag{A.2}$$

で与えられる†．一方，P の流束密度が $\boldsymbol{q}(\boldsymbol{x},t)$ のとき，表面 S の面素 dS を通過して単位時間に流出する P は $\boldsymbol{q}\cdot\boldsymbol{n}\,dS$ で与えられる．ここで，$\boldsymbol{n}$ は dS の外向き単位法線ベクトルを表す．したがって，単位時間あたりに表面 S 全体を通過して**流入する** P の総量は，面積分

$$-\iint_S \boldsymbol{q}\cdot\boldsymbol{n}\,dS \tag{A.3}$$

で与えられる．式 (A.2), (A.3) を等しいとすることにより，物理量 P に対する積分形の保存則

$$\iiint_V \frac{\partial\rho}{\partial t}\,dV + \iint_S \boldsymbol{q}\cdot\boldsymbol{n}\,dS = 0 \tag{A.4}$$

が得られる．これは，1 次元の積分形保存則 (1.33) の 3 次元版になっている．

---

† 積分領域 V が時間によって変化しないので，この場合は時間微分を単に積分の中に入れてしまってもよい．

A.3 微分形の保存則

ベクトル解析でよく知られた定理に，以下の**ガウスの発散定理** (Gauss' divergence theorem) がある．すなわち，V を 3 次元空間内の任意の有界閉領域，S を V の表面，$\boldsymbol{n}$ を S の外向き単位法線ベクトル，$\boldsymbol{u}(\boldsymbol{x})$ を V で定義された滑らかなベクトル場とするとき，

$$\iiint_V \mathrm{div}\, \boldsymbol{u}\, dV = \iint_S \boldsymbol{u} \cdot \boldsymbol{n}\, dS \tag{A.5}$$

が成り立つ．ここで $\mathrm{div}\, \boldsymbol{u}$ は，ベクトル場

$$\boldsymbol{u}(\boldsymbol{x}) = u_1(x, y, z)\boldsymbol{i} + u_2(x, y, z)\boldsymbol{j} + u_3(x, y, z)\boldsymbol{k} \tag{A.6}$$

に対して，

$$\mathrm{div}\, \boldsymbol{u} \equiv \frac{\partial u_1}{\partial x} + \frac{\partial u_2}{\partial y} + \frac{\partial u_3}{\partial z} \tag{A.7}$$

で定義されるスカラーで，$\boldsymbol{u}(\boldsymbol{x})$ の**発散**（ダイバージェンス）とよばれる．**ナブラ** (nabla) とよばれるベクトルの形をした微分演算子

$$\nabla \equiv \frac{\partial}{\partial x}\boldsymbol{i} + \frac{\partial}{\partial y}\boldsymbol{j} + \frac{\partial}{\partial z}\boldsymbol{k} \tag{A.8}$$

を導入すれば，

$$\mathrm{div}\, \boldsymbol{u} = \left(\frac{\partial}{\partial x}\boldsymbol{i} + \frac{\partial}{\partial y}\boldsymbol{j} + \frac{\partial}{\partial z}\boldsymbol{k}\right) \cdot (u_1\boldsymbol{i} + u_2\boldsymbol{j} + u_3\boldsymbol{k}) = \nabla \cdot \boldsymbol{u} \tag{A.9}$$

となるため，$\mathrm{div}\, \boldsymbol{u}$ は $\nabla \cdot \boldsymbol{u}$ と書くこともできる．

積分形の保存則 (A.4) の表面積分を，このガウスの発散定理で体積積分に変換し，一つにまとめると，

$$\iiint_V \left(\frac{\partial \rho}{\partial t} + \mathrm{div}\, \boldsymbol{q}\right) dV = 0 \tag{A.10}$$

となる．これが任意の体積領域 V に対して成り立つためには，被積分関数が任意の場所で 0 でなければならず，これより**微分形の保存則**

$$\frac{\partial \rho}{\partial t} + \mathrm{div}\, \boldsymbol{q} = 0 \tag{A.11}$$

が得られる．これが 1 次元の微分形保存則 (1.12) の 3 次元版である．

付録 B 連立の波動方程式

たとえば音波が伝わってくると，周辺の空気の圧力，密度，流速などが同時に変化する．この付録 B では，このような複数の物理量の変化を同時に伝えるタイプの波の扱い方について考える．また，このようなタイプの波も「簡単波」とよばれる状況のもとでは，第 1 章で扱ったような単一の波動方程式に帰着できることも紹介する．

B.1 双曲型方程式

第 1 章では，単一の物理量 $u(x,t)$ に対する波動方程式 $u_t + c(u)\,u_x = 0$ を扱った．波に伴って複数の物理量の変化が同時に伝わるような場合に対する，これの自然な拡張形は

$$\frac{\partial \boldsymbol{u}}{\partial t} + A(\boldsymbol{u})\frac{\partial \boldsymbol{u}}{\partial x} = \boldsymbol{0} \tag{B.1}$$

であろう．ここで，$\boldsymbol{u}(x,t) = {}^t(u_1(x,t),\ldots,u_n(x,t))$ は n 個の従属変数からなる列ベクトル（ここで，${}^t\boldsymbol{u}$ は $\boldsymbol{u}$ の転置を表す），$A(\boldsymbol{u})$ は n 次正方行列である．$A(\boldsymbol{u})$ は一般には $\boldsymbol{u}$ に依存するが，$\boldsymbol{u}$ の導関数は含まない．式 (B.1) は，A が $\boldsymbol{u}$ に依存せず定数行列のときには $\boldsymbol{u}$ について線形であるが，A が $\boldsymbol{u}$ に依存するときには非線形になる†．たとえば，従属変数が二つの場合，式 (B.1) をより具体的に書くと，

$$\frac{\partial u_1}{\partial t} + a_{11}(u_1,u_2)\frac{\partial u_1}{\partial x} + a_{12}(u_1,u_2)\frac{\partial u_2}{\partial x} = 0 \tag{B.2a}$$

$$\frac{\partial u_2}{\partial t} + a_{21}(u_1,u_2)\frac{\partial u_1}{\partial x} + a_{22}(u_1,u_2)\frac{\partial u_2}{\partial x} = 0 \tag{B.2b}$$

となる．

1.2 節では，密度 ρ とフラックス q を含む保存則 (1.12) の問題を「閉じた問題」，すなわち未知数の数と等しい数の方程式が整っていて，時間発展を追跡していけるような問題にするための方法として，(i) 状態方程式 $q = q(\rho)$ を仮定する，(ii) 別の保存則などから q に対する発展方程式 $\partial q/\partial t = g(\rho, q)$ を導出する，の 2 通りの方法があることに言及した．

---

† 式 (B.1) は，A が $\boldsymbol{u}$ に依存する場合は非線形であるが，$\boldsymbol{u}$ の導関数 $\boldsymbol{u}_t$，$\boldsymbol{u}_x$ については線形である．このように，式に含まれる最高階の導関数について線形の偏微分方程式は，**準線形** (quasi-linear) 偏微分方程式とよばれる．

1.2 節では (i) の方法を採用して，保存則 (1.12) からいきなり単一の波動方程式 (1.18) を得たが，ここで (ii) の方針を実行すると，式 (B.1) のような連立方程式系に行き着く．

水面波の問題において，津波のように波長が水深 h に比べて非常に長い状況では，水面変位 $\eta(x,t)$ および水平流速 $u(x,t)$ は**水面長波方程式**

$$\frac{\partial \eta}{\partial t} + \frac{\partial[(h+\eta)u]}{\partial x} = 0, \qquad \frac{\partial u}{\partial t} + u\frac{\partial u}{\partial x} + g\frac{\partial \eta}{\partial x} = 0 \tag{B.3}$$

により支配されるが†，これは

$$\boldsymbol{u} = \begin{pmatrix} \eta \\ u \end{pmatrix}, \qquad A = \begin{pmatrix} u & h+\eta \\ g & u \end{pmatrix} \tag{B.4}$$

とおくことにより，式 (B.1) の形になる．ちなみに，式 (B.3) の一つ目の式は質量保存則，二つ目は運動方程式（運動量保存則）に対応している．また，理想気体の運動において，粘性や熱伝導などの散逸がなく，エントロピーが一定と仮定できる場合の基礎方程式系は

$$\frac{\partial \rho}{\partial t} + u\frac{\partial \rho}{\partial x} + \rho\frac{\partial u}{\partial x} = 0, \qquad \frac{\partial u}{\partial t} + u\frac{\partial u}{\partial x} + \frac{c^2}{\rho}\frac{\partial \rho}{\partial x} = 0 \tag{B.5}$$

で与えられるが，これも

$$\boldsymbol{u} = \begin{pmatrix} \rho \\ u \end{pmatrix}, \quad A = \begin{pmatrix} u & \rho \\ c^2/\rho & u \end{pmatrix} \tag{B.6}$$

とおくことにより，やはり式 (B.1) の形で表すことができる．ここで，ρ は密度，u は流速，c は音速で $c^2 = \gamma p/\rho$，p は圧力，γ は比熱比，すなわち定圧比熱 c_p と定積比熱 c_v の比 c_p/c_v で，室温の空気では $\gamma = 1.4$ である．

式 (B.1) において，行列 A の n 個の固有値 $\lambda^{(1)}, \ldots, \lambda^{(n)}$ がすべて実数で，かつ対応する固有ベクトルが互いに 1 次独立であるとき，式 (B.1) は**双曲型** (hyperbolic) の準線形偏微分方程式系とよばれる．またこのとき，$dx/dt = \lambda^{(i)}$ $(i = 1, \ldots, n)$ で与えられる x-t 平面上の曲線 $C^{(i)}$ を（i 番目の）**特性曲線** (characteristics) とよぶ．このように定義された特性曲線は，$n = 1$ のときには第 1 章で導入した特性曲線に一致する．dx/dt は速度を表すので，特性曲線の定義 $dx/dt = \lambda$ は，A の固有値 λ が特性曲線の伝わる速度に対応していることを意味している．水面長波方程式 (B.3) の場合，A の二つの固有値は

$$\lambda_{\pm} = u \pm \sqrt{g(h+\eta)} \tag{B.7}$$

と異なる実数となるため，対応する二つの固有ベクトルは必ず 1 次独立であり，したがってこの系は双曲型の準線形偏微分方程式系である．同様に，理想気体の式 (B.5) の場合も，

† この方程式の導出方法等については，付録 F を参照されたい．

A の固有値は $\lambda_{\pm} = u \pm c$ という二つの異なる実数となり，やはりこの系も双曲型である．

B.2　双曲型方程式の解の時間発展のしくみ

A の固有値 $\lambda^{(i)}$ に対応する左固有ベクトルを $\boldsymbol{l}^{(i)}$，対応する特性曲線 $C^{(i)}$: $dx/dt = \lambda^{(i)}$ のパラメータ表示を $x = X^{(i)}(t)$ とする†．式 (B.1) と $\boldsymbol{l}^{(i)}$ との内積をとると，$\boldsymbol{l}^{(i)}A = \lambda^{(i)}\boldsymbol{l}^{(i)}$ より

$$\boldsymbol{l}^{(i)}\left(\frac{\partial \boldsymbol{u}}{\partial t} + A\frac{\partial \boldsymbol{u}}{\partial x}\right) = \boldsymbol{l}^{(i)}\left(\frac{\partial}{\partial t} + \lambda^{(i)}\frac{\partial}{\partial x}\right)\boldsymbol{u} = 0 \tag{B.8}$$

となる．ここで，特性曲線 $C^{(i)}$ に沿った時間微分 d/dt を考えると，式 (1.20) と同様にして，

$$\frac{d}{dt} = \frac{\partial}{\partial t} + \frac{dX^{(i)}(t)}{dt}\frac{\partial}{\partial x} = \frac{\partial}{\partial t} + \lambda^{(i)}\frac{\partial}{\partial x} \tag{B.9}$$

となるので，式 (B.8) は

$$\text{特性曲線 } C^{(i)} \text{ に沿って} \quad \boldsymbol{l}^{(i)}\frac{d\boldsymbol{u}}{dt} = 0 \tag{B.10}$$

と書くことができる．この常微分方程式を**特性形式** (characteristic form) とよぶ．ここで，$\boldsymbol{l}^{(i)} = (l_1^{(i)}, \ldots, l_n^{(i)})$ とし，また，微小時間 dt の間に発生する $\boldsymbol{u}$ の微小変化 $d\boldsymbol{u}$ を成分で $(du_1, \ldots, du_n)$ と表すと，式 (B.10) は

$$l_1^{(i)}du_1 + \cdots + l_n^{(i)}du_n = 0 \tag{B.11}$$

となる．このように，1 本の特性曲線は，それに沿う n 個の従属変数の変化分の間に一つの 1 次関係を規定する．係数 $(l_1^{(i)}, \ldots, l_n^{(i)})$ は特性曲線の番号ごとに異なるので，異なる番号の特性曲線は変化分 $(du_1, \ldots, du_n)$ の間に異なる 1 次関係を要求する．

第 1 章で学んだように，単独の波動方程式

$$\frac{\partial u}{\partial t} + c(u)\frac{\partial u}{\partial x} = 0 \tag{B.12}$$

の場合には特性曲線は 1 種類しかなく，それに沿って従属変数 u の一定値が運ばれることで任意時刻の波形が決まっていく．では，複数の従属変数を含む連立の双曲型方程式系の場合，解 $\boldsymbol{u}(x,t)$ はどのようにして決まっていくのであろうか．その仕組みを理解するため

---

† 正方行列 A に対して，$\boldsymbol{l}A = \lambda\boldsymbol{l}$ が成り立つゼロでないベクトル $\boldsymbol{l}$ を A の左固有ベクトルという．両辺の転置をとると ${}^tA{}^t\boldsymbol{l} = \lambda\,{}^t\boldsymbol{l}$ となることより，A の転置行列 ${}^tA$ に対する通常の固有ベクトル（右固有ベクトル）を求め，それを転置すれば，同じ固有値に対応する A の左固有ベクトルになる．

に，ある時刻 t_0 において，すべての x における $\boldsymbol{u}(x, t_0)$ を知っていると仮定して，微小時間 Δt 後の点 P における $\boldsymbol{u}$ がどのように決まるのかを，**図 B.1** を見ながら考えてみよう．ただし，ここでは簡単のために $n = 2$ とする．時刻 t_0 には各 x から 2 本ずつの特性曲線が放射され，この中で時刻 $t_0 + \Delta t$ の点 P を通過するものが 2 本ある†．これら 2 本に対する特性形式 (B.10) が $\boldsymbol{u}$ の増分 $d\boldsymbol{u}$ に対する条件を与え，それが点 P での $\boldsymbol{u}$ を決定する．

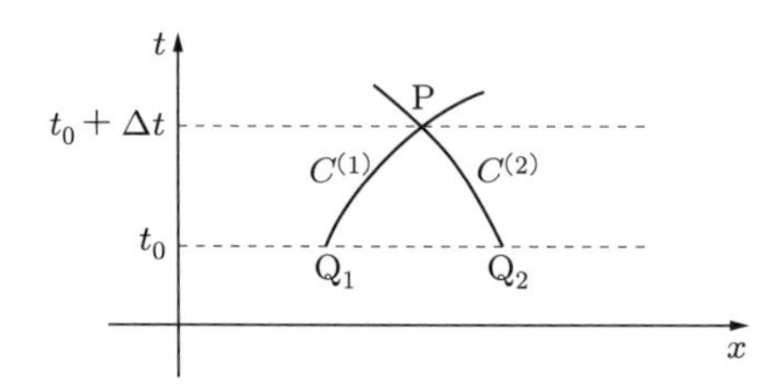

図 B.1　双曲型系の解が決まっていくしくみ

具体的には次のようになる．時刻 $t_0 + \Delta t$ に点 P に到達する 2 本の特性曲線 $C^{(1)}$, $C^{(2)}$ の時刻 t_0 での位置をそれぞれ Q_1, Q_2 とする．Δt が十分小さいとして式 (B.10) の $d\boldsymbol{u}/dt$ を前進差分で評価すれば，$C^{(1)}$, $C^{(2)}$ に沿う特性形式はそれぞれ

$$\boldsymbol{l}^{(1)}(\mathrm{Q}_1)\,[\boldsymbol{u}(\mathrm{P}) - \boldsymbol{u}(\mathrm{Q}_1)] = 0 \tag{B.13a}$$

$$\boldsymbol{l}^{(2)}(\mathrm{Q}_2)\,[\boldsymbol{u}(\mathrm{P}) - \boldsymbol{u}(\mathrm{Q}_2)] = 0 \tag{B.13b}$$

と書くことができる．ここで未知量は $\boldsymbol{u}(\mathrm{P})$ のみで，後はすべて時刻 t_0 で評価される既知量である．式 (B.13) は，$\boldsymbol{u}(\mathrm{P})$ に対する連立 1 次方程式 $L\,\boldsymbol{u}(\mathrm{P}) = \boldsymbol{c}$ を与える．ここで，L は $\boldsymbol{l}^{(i)}$ $(i = 1, 2)$ を第 i 行ベクトルとする 2×2 行列，$\boldsymbol{c}$ は $\boldsymbol{l}^{(i)}(\mathrm{Q}_i)\boldsymbol{u}(\mathrm{Q}_i)$ $(i = 1, 2)$ を第 i 成分とする 2 項列ベクトルである．「双曲型」の定義に含まれる固有ベクトルの 1 次独立性により係数行列 L の正則性が保証され，したがって $L\,\boldsymbol{u}(\mathrm{P}) = \boldsymbol{c}$ から $\boldsymbol{u}(\mathrm{P})$ が一意的に決まる．この手続きを時刻 $t_0 + \Delta t$ のすべての x について実行することにより，$\boldsymbol{u}(x, t_0 + \Delta t)$ が確定する．この手続きが時間的に繰り返されることで，初期条件 $\boldsymbol{u}(x, 0)$ が与えられたときの任意時刻の $\boldsymbol{u}(x, t)$ が決まっていく．ここでは簡単のため $n = 2$ としたが，一般の n の場合にも，変化分 $d\boldsymbol{u}$ に対する異なる 1 次関係 $\boldsymbol{l}^{(i)}d\boldsymbol{u} = 0$ を要求する n 種類の特性曲線 $C^{(i)}$ がそれぞれの特性速度 $\lambda^{(i)}$ で伝播し，それらが x-t 平面の 1 点 (x, t) で交わることで，その点における $\boldsymbol{u}(x, t)$ が決まっていくというプロセスに何ら変わりはない．

上で説明した時間発展のプロセスから，点 P での解 $\boldsymbol{u}(\mathrm{P})$ は，P に到達する n 本の特性

---

† このことは時間を逆回しにして，点 P から過去に向かって出ていく 2 本の特性曲線を想像すればわかりやすいであろう．

曲線のうち，もっとも速いもの C^+ ともっとも遅いもの C^- に挟まれた部分にのみ依存することがわかる（図 B.2 参照）．この領域を点 P の**依存領域** (domain of dependence) とよぶ．点 P から見て過去の点であっても，それが依存領域の外にあれば，その点における $\boldsymbol{u}$ をどのように変更しても点 P における $\boldsymbol{u}$ の値に影響はない．一方，点 P から出ていく C^+ と C^- で挟まれたくさび型の領域は，点 P での事象の影響が及ぶ領域であり，点 P の**影響領域** (range of influence) とよばれる．

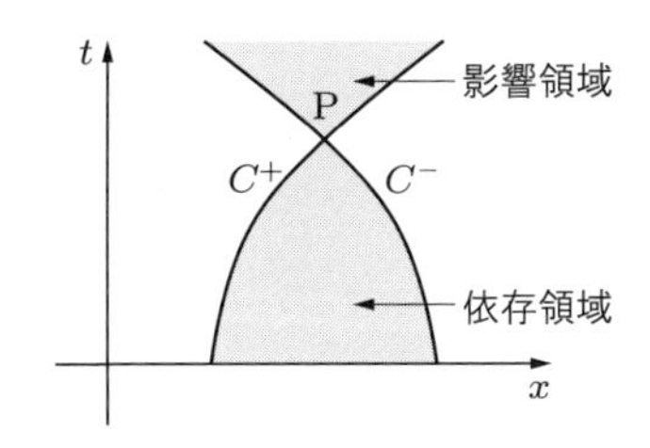

図 B.2　双曲型波動の依存領域と影響領域

B.3　リーマン不変量

式 (B.1) が線形，すなわち A が $\boldsymbol{u}$ に依存しない定数行列の場合，その左固有ベクトル $\boldsymbol{l}^{(i)}$ も定ベクトルである．このとき，$\boldsymbol{l}^{(i)}\boldsymbol{u}$ を新たに $R^{(i)}$ と書けば，式 (B.10) は

$$C^{(i)} : \frac{dX^{(i)}}{dt} = \lambda^{(i)} \quad \text{に沿って} \quad \frac{dR^{(i)}}{dt} = 0 \tag{B.14}$$

となり，$R^{(i)}$ は特性曲線 $C^{(i)}$ に沿って一定に保たれる量になる．

一方，非線形の場合には，A に従って $\boldsymbol{l}^{(i)}$ は $\boldsymbol{u}$ に依存し，$\boldsymbol{u}$ とともに変化する．$n \geq 3$ の場合には，$\boldsymbol{l}^{(i)}d\boldsymbol{u}$ を全微分で表現するようなうまい積分因子は一般には存在せず，したがって式 (B.10) を式 (B.14) の形式に変形することはできない．ただし，$n = 2$ の場合にはそのような積分因子の存在が常に保証されており，したがって 2 種類の特性曲線群に沿って，

$$C^{(i)} : \frac{dX^{(i)}}{dt} = \lambda^{(i)} \quad \text{に沿って} \quad \frac{dR^{(i)}}{dt} = 0 \qquad (i = 1, 2) \tag{B.15}$$

となる $R^{(i)}$ が必ず存在する [69]．このような，特性曲線に沿って一定値をとる $\boldsymbol{u}$ の関数は**リーマン不変量** (Riemann invariant) とよばれる．

例題 B.1 ：水面長波および理想気体に対するリーマン不変量

(1) 水面長波方程式 (B.3) に対するリーマン不変量を求めよ．

(2) 理想気体方程式 (B.5) に対するリーマン不変量を求めよ．

解答

(1) 水面長波方程式 (B.3),(B.4) の場合,

$$\boldsymbol{u} = \begin{pmatrix} \eta \\ u \end{pmatrix}, \qquad \lambda_\pm = u \pm \sqrt{g(h+\eta)}, \qquad \boldsymbol{l}_\pm = (\sqrt{g}, \pm\sqrt{h+\eta}) \tag{B.16}$$

で与えられ，したがって特性形式は

$$C^\pm : \frac{dx}{dt} = u \pm \sqrt{g(h+\eta)} \quad \text{に沿って} \quad \sqrt{g}\,d\eta \pm \sqrt{h+\eta}\,du = 0 \tag{B.17}$$

となる．式 (B.17) は，積分因子 $1/\sqrt{h+\eta}$ を掛けることにより，

$$\sqrt{\frac{g}{h+\eta}}\,d\eta \pm du = 0 \quad \longrightarrow \quad d\left(2\sqrt{g(h+\eta)} \pm u\right) = 0 \tag{B.18}$$

と全微分形に書くことができる．これより，二つの特性曲線 $C^\pm$ に沿うリーマン不変量は

$$R_\pm = 2\sqrt{g(h+\eta)} \pm u \tag{B.19}$$

となる．

(2) 理想気体方程式の場合，$\boldsymbol{u}$ および A の固有値，左固有ベクトルは

$$\boldsymbol{u} = \begin{pmatrix} \rho \\ u \end{pmatrix}, \qquad \lambda_\pm = u \pm c, \qquad \boldsymbol{l}_\pm = (c, \pm\rho) \tag{B.20}$$

で与えられ，したがって特性形式は

$$C^\pm : \frac{dx}{dt} = u \pm c \quad \text{に沿って} \quad c\,d\rho \pm \rho\,du = 0 \tag{B.21}$$

となる．この 2 種類 $(\pm)$ の波は，x の正および負方向に伝播する音波を表している．エントロピー一定の理想気体においては，圧力 p は $p = a\rho^\gamma$ のように ρ だけの関数として表される．ここで，a はエントロピーで決まる定数，γ は比熱比である．このとき，音速 c も

$$c^2 = \frac{dp}{d\rho} = a\gamma\rho^{\gamma-1} \quad \left(= \frac{\gamma p}{\rho}\right) \tag{B.22}$$

のように ρ だけの関数となる．特性形式 (B.21) の両辺を ρ で割り，ρ だけの関数 $r(\rho)$ を

$$r(\rho) \equiv \int^\rho \frac{c(\rho)}{\rho}\,d\rho \tag{B.23}$$

で導入すれば，特性形式 (B.21) は

$$dr \pm du = 0 \quad \longrightarrow \quad d(r \pm u) = 0 \tag{B.24}$$

となり，$R_\pm = r \pm u$ で定義される量が，それぞれ $C_\pm$ に沿って一定であることを示している．$r(\rho)$ をより具体的に求めるには，まず式 (B.22) を微分すると，

$$2cdc = \frac{(\gamma-1)c^2}{\rho}d\rho \quad \longrightarrow \quad r = \int \frac{c}{\rho}d\rho = \int \frac{2}{\gamma-1}dc = \frac{2c(\rho)}{\gamma-1} \tag{B.25}$$

となる．これより，$C_\pm$ に沿うリーマン不変量 $R_\pm$ は

$$R_\pm = r \pm u = \frac{2c(\rho)}{\gamma-1} \pm u \tag{B.26}$$

で与えられる．

B.4 簡単波

上述のように双曲型波動においては，n 個の従属変数の変化分の間の 1 次関係 $\boldsymbol{l}^{(i)}d\boldsymbol{u} = 0\ (i = 1, \ldots, n)$ を速度 $\lambda^{(i)}$ で運ぶ n 種類の特性曲線が存在する．そして，これらが交差することによって $\boldsymbol{u}(x,t)$ が決まっていく．

初期撹乱が空間的に局在している場合，そこから発した波（信号）は，特性曲線の速さに応じて，時間とともにしだいに n 個のグループに分裂していく（図 B.3 参照）．一番速い特性曲線のグループを C^+ と書くと，初期撹乱の右遠方 x_{R} にいる観測者にとっては，C^+ が到着する時刻までは撹乱のない静穏な状態が続く．x_{R} において最初に観測される $\mathbf{0}$ でない $\boldsymbol{u}$ は，それを決定する n 本の特性曲線のうち，C^+ のみが撹乱領域から出発したもので，残りの $n-1$ 本はすべて無撹乱の一様状態から出発したものである．したがって，x_R にいる観測者に対する初期撹乱からの第一報は，もっぱら C^+ によって伝えられることになる．このように $\boldsymbol{u}(x,t)$ を決定する n 本の特性曲線のうち，$n-1$ 本は無撹乱状態から

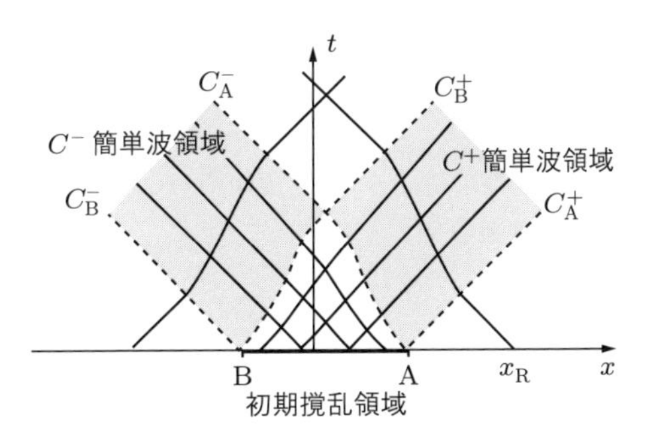

図 B.3 局在した撹乱の分裂（$n=2$ の場合）

発し，唯一 $C^{(i)}$ だけが初期撹乱の情報を運んでいるような領域，およびそのタイプの波動は（第 i モードの）**簡単波** (simple wave) とよばれる．一定状態の隣は，必ず簡単波領域であることが数学的にも証明されている [71]．また詳細は省くが，第 i モードの簡単波領域においては，$C^{(i)}$ 以外の特性曲線がすべて無撹乱状態から発しているという事実が，n 個の従属変数 $u_j\,(j=1,\ldots,n)$ の間に $n-1$ 個の代数的な関数関係を与え，それを用いることで一つの変数，たとえば u_1 だけでほかのすべての変数を代数的に表現することができる．このことから，簡単波領域においては，従属変数の数 n にかかわらず，基礎方程式系 (B.1) を第 1 章で扱ったような単一の波動方程式に帰着することが可能となる．以下の例題で，水面長波方程式を例にしてそのことを具体的に示そう．

例題 B.2 ：水面長波に対する簡単波 ……………………………………………

水面長波方程式 (B.3) に対して，C^+ モードに対応する簡単波領域において成立する，$\eta(x,t)$ のみを含む単一の波動方程式を求めよ．

解答　この領域を通る C^- はすべて無撹乱領域から出発したものであり，したがってそれが運ぶリーマン不変量 R_- は無撹乱状態（すなわち $\eta=0,\ u=0$）で決まる一定値をとる．すなわち，この C^+ 簡単波領域においては

$$R_- = 2\sqrt{g(h+\eta)} - u = 2\sqrt{gh} \quad (\text{一定}) \tag{B.27}$$

が成り立ち，これより

$$u = 2\sqrt{g(h+\eta)} - 2\sqrt{gh} \tag{B.28}$$

のように u を η で表すことができる．一方，それぞれの C^+ に沿って $R_+ = 2\sqrt{g(h+\eta)}+u$ は一定であり，これに式 (B.28) を代入すると，$R_+ = 4\sqrt{g(h+\eta)} - 2\sqrt{gh} =$ 一定，すなわち $\eta=$ 一定，したがってまた式 (B.28) から u も一定となる†．また，C^+ の傾き（すなわち波の伝播速度）λ_+ は，式 (B.16), (B.28) より

$$\lambda_+ = u + \sqrt{g(h+\eta)} = 3\sqrt{g(h+\eta)} - 2\sqrt{gh} \tag{B.29}$$

となる．これより C^+ 簡単波領域では，η の一定値が式 (B.29) が与える速度 λ_+ で伝わり，これを表現する単独の非線形波動方程式として

$$\frac{\partial \eta}{\partial t} + c(\eta)\frac{\partial \eta}{\partial x} = 0, \qquad c(\eta) = 3\sqrt{g(h+\eta)} - 2\sqrt{gh} \tag{B.30}$$

† ここで「R_- が一定」と「R_+ が一定」では，「一定」の度合いが違うことに注意されたい．C^+ 簡単波領域においては，C^- はすべて無撹乱状態から発しているので，C^- が運ぶ R_- の値はすべて等しい．したがって，R_- は (x,t) によらず，この簡単波領域全体で一定値をとる．これに対して R_+ は，あくまでもそれぞれの C^+ に沿って一定なのであって，異なる C^+ は異なる R_+ を運んでいる．

が得られる．もちろん，これに対応する u に対する波動方程式を導出することもできる．

遠方で発生した津波など，波長の長い波が水深 h の静止領域に伝わってくる場合，水面波形 $\eta(x,t)$ は式 (B.30) に従うものと考えられる．よく津波の伝播速度は $\sqrt{gh}$ といわれるが，非線形効果まで考慮したより正確な評価は，式 (B.30) が与える伝播速度 $c(\eta) = 3\sqrt{g(h+\eta)} - 2\sqrt{gh}$ である．これは，$\eta/h \to 0$ の極限では $\sqrt{gh}$ になる．波の伝播速度 $c(\eta)$ が η の増加関数であり，したがって水面の高い部分ほど速く伝播する．この結果，第 1 章で学んだように，もし初期波形 $\eta_0(x)$ に $\partial\eta/\partial x < 0$ の部分があると，その部分は時間経過とともにしだいに傾きが急になり，ある有限時刻で傾きが無限大に発散する．遠浅の海岸では，押し寄せるうねりが岸に近づくにつれてしだいに前に傾き，砕けていく様子を見ることができるが，この現象にもこのような非線形性による波形の急峻化が寄与しているのである．

付録 C　フーリエ解析のまとめ

波動現象の解析において，フーリエ解析は必須の道具であるので，ここで必要最小限の基礎知識をまとめておく．詳細は，適当な教科書などで学習されたい．

C.1　フーリエ級数

$f(t)$ が周期 T の周期関数で，$f(t)$, $f'(t)$ がともに連続のとき，適当な係数 a_k, b_k を使うと，

$$f(t) = \frac{1}{2}a_0 + \sum_{k=1}^{\infty}(a_k \cos\omega_k t + b_k \sin\omega_k t), \qquad \omega_k = \left(\frac{2\pi}{T}\right)k \quad (k = 1, 2, \ldots) \tag{C.1}$$

が成り立つことが知られている．ここで現れる $\cos\omega_k t$, $\sin\omega_k t$ は，$f(t)$ の 1 周期 T の間にちょうど k 回振動するような単振動を表す．式 (C.1) は，$2\pi/T$ の整数倍の角振動数をもつ単振動を組み合わせることで，周期 T の任意の周期関数が表現できることを示している．

m, n が正の整数のとき，

$$\int_{-\pi}^{\pi} \cos mx\,dx = \int_{-\pi}^{\pi} \sin mx\,dx = 0, \qquad \int_{-\pi}^{\pi} \cos mx \sin nx\,dx = 0 \tag{C.2a}$$

$$\int_{-\pi}^{\pi} \cos mx \cos nx\,dx = \int_{-\pi}^{\pi} \sin mx \sin nx\,dx = \pi\,\delta_{mn} \tag{C.2b}$$

が成り立つ．ここで，δ_{mn} は**クロネッカーのデルタ**とよばれる記号で，

$$\delta_{mn} = \begin{cases} 1 & (m = n) \\ 0 & (m \neq n) \end{cases} \tag{C.3}$$

で定義される．式 (C.2) は**三角関数の直交性**とよばれる．式 (C.1) の両辺に $\cos\omega_k t$ もしくは $\sin\omega_k t$ を掛けて，t について 1 周期 T にわたって積分し，変数変換 $x = (2\pi/T)\,t$ と直交性 (C.2) を使うと，式 (C.1) の係数 a_k, b_k は

$$a_k = \frac{2}{T}\int_0^T f(t)\cos\omega_k t\,dt \quad (k = 0, 1, \ldots) \tag{C.4a}$$

$$b_k = \frac{2}{T}\int_0^T f(t)\sin\omega_k t\,dt \quad (k=1,2,\ldots) \tag{C.4b}$$

でなければならないことがわかる．これらを $f(t)$ の**フーリエ係数** (Fourier coefficient)，またこのような a_k, b_k を係数にもつ式 (C.1) 右辺の無限級数を $f(t)$ の**フーリエ級数** (Fourier series) とよぶ．

オイラーの公式 $\mathrm{e}^{i\theta} = \cos\theta + i\sin\theta$ からただちに得られる関係式

$$\cos\theta = \frac{1}{2}\left(\mathrm{e}^{i\theta} + \mathrm{e}^{-i\theta}\right), \qquad \sin\theta = \frac{1}{2i}\left(\mathrm{e}^{i\theta} - \mathrm{e}^{-i\theta}\right) \tag{C.5}$$

を使えば，式 (C.1), (C.4) は以下のように表すこともできる．

$$f(t) = \sum_{k=-\infty}^{\infty} c_k\,\mathrm{e}^{i\omega_k t}, \qquad c_k = \frac{1}{T}\int_0^T f(t)\,\mathrm{e}^{-i\omega_k t}\,dt \quad (k=0,\pm1,\ldots) \tag{C.6}$$

$0 \le t \le T$ で区分的連続な任意の $f(t)$ に対して，

$$\frac{1}{T}\int_0^T |f(t)|^2\,dt = \frac{1}{4}a_0^2 + \frac{1}{2}\sum_{k=1}^{\infty}\left(a_k^2 + b_k^2\right) = \sum_{k=-\infty}^{\infty} |c_k|^2 \tag{C.7}$$

が成り立つ．これは**パーセバルの等式**とよばれる．式 (C.7) の左辺は，「信号」$f(t)$ の「エネルギー密度」，すなわち単位時間あたりに含まれる平均的なエネルギーという意味をもつことが多い．フーリエ係数の添字 k が振動数を区別する指標であることを考えると，式 (C.7) は，$f(t)$ のエネルギー密度を，各振動数成分がもつエネルギーの合計として表していることになる．この意味で，$(1/2)\left(a_k^2 + b_k^2\right)$ や $|c_k|^2$ は**エネルギースペクトル**とか**スペクトル強度**などとよばれる．

また，式 (C.7) より，任意の区分的連続関数 $f(t)$ に対して，

$$a_k, b_k \to 0 \quad (k\to\infty), \qquad c_k \to 0 \quad (|k|\to\infty) \tag{C.8}$$

が成り立つ．これは**リーマン–ルベーグの補題**とよばれる．

C.2 フーリエ変換

周期的でない関数を「周期 ∞ の周期関数」とみなすことによって，前節の話を非周期関数にも拡張することができる．詳細は他書に譲るとして，基本的な結果だけを示す．

$f(t)$ が任意の有限区間において滑らか，かつ $f(t)$ が絶対可積分，すなわち $\int_{-\infty}^{\infty} |f(t)|\,dt < \infty$ ならば

$$f(t)=\frac{1}{2\pi}\int_{-\infty}^{\infty}\left[\int_{-\infty}^{\infty}f(t')\mathrm{e}^{-i\omega t'}\,dt'\right]\mathrm{e}^{i\omega t}\,d\omega \tag{C.9}$$

が成り立つ．これは**フーリエの積分公式**とよばれる．ここで，$f(t)$ の**フーリエ変換** (Fourier transformation)$F(\omega)$ を

$$F(\omega)=\frac{1}{\sqrt{2\pi}}\int_{-\infty}^{\infty}f(t)\,\mathrm{e}^{-i\omega t}\,dt \tag{C.10}$$

により導入すると，式 (C.9) は，

$$f(t)=\frac{1}{\sqrt{2\pi}}\int_{-\infty}^{\infty}F(\omega)\,\mathrm{e}^{i\omega t}\,d\omega \tag{C.11}$$

と書ける．ここで，$f(t)$ と $F(\omega)$ に対する表現の対称性に注意されたい．これは，実形式で以下のように書くこともできる．

$$f(t)=\int_{0}^{\infty}\left[A(\omega)\cos\omega t+B(\omega)\sin\omega t\right]\,d\omega \tag{C.12}$$

$$A(\omega)=\frac{1}{\pi}\int_{-\infty}^{\infty}f(t)\cos\omega t\,dt,\quad B(\omega)=\frac{1}{\pi}\int_{-\infty}^{\infty}f(t)\sin\omega t\,dt \tag{C.13}$$

周期 T の周期関数 $f(t)$ に対するフーリエ級数 (C.1) が，$f(t)$ が間隔 $\Delta\omega=2\pi/T$ の離散的な振動数 $\omega_k=k\Delta\omega\,(k=0,1,\ldots)$ をもつ単振動の重ね合わせとして表現できることを示しているのに対し，式 (C.11) や式 (C.12) は，非周期的な関数（すなわち周期 ∞）を表現するためには，連続的な振動数 ω のすべてが必要であることを示している．

なお，フーリエ変換に対しては，フーリエ級数のパーセバルの等式 (C.7) に対応する

$$\int_{-\infty}^{\infty}|f(t)|^2dt=\int_{-\infty}^{\infty}|F(\omega)|^2\,d\omega \tag{C.14}$$

が成り立ち，**プランシュレルの等式**などとよばれる．これは，$f(t)$ のもつ「総エネルギー」（左辺）を振動数 ω の世界での積分（右辺）で表現しており，「周波数スペクトル」などの概念の基礎になっている．

C.3　拡散方程式の初期値問題の解

第 2 章において，バーガース方程式の初期値問題の解法に関連して，拡散方程式の初期値問題の解 (2.26) を紹介した．ここではフーリエ変換の知識を使って，拡散方程式の初期値問題

$$\frac{\partial v(x,t)}{\partial t}=\nu\,\frac{\partial^2 v(x,t)}{\partial x^2},\qquad v(x,0)=v_0(x)\quad(-\infty<x<\infty) \tag{C.15}$$

を解いてみよう．

まずは，そのために必要となるフーリエ変換の基本的性質を確認しておく．x の関数 $f(x)$，$g(x)$ のフーリエ変換を，それぞれ $F(k)$，$G(k)$ とする．すなわち，$F(k) = (1/\sqrt{2\pi})\int_{-\infty}^{\infty} f(x)\,\mathrm{e}^{-ikx}\,dx$（$G(k)$ も同様とする）．このとき，以下の性質が成り立つ．

1. $\mathcal{F}\left[\dfrac{d}{dx}f(x)\right] = ikF(k)$
2. $f(x)$ と $g(x)$ の**たたみ込み** (convolution) $(f*g)(x)$ を

$$(f*g)(x) \equiv \int_{-\infty}^{\infty} f(x-x')g(x')dx'$$

で定義するとき，$\mathcal{F}\left[(f*g)(x)\right] = \sqrt{2\pi}F(k)G(k)$

3. $\mathcal{F}[\mathrm{e}^{-ax^2}] = \dfrac{1}{\sqrt{2a}}\mathrm{e}^{-k^2/4a}$ $(a>0)$

式 (C.15) の x **についての**フーリエ変換をとる．$v(x,t)$, $v_0(x)$ の x についてのフーリエ変換を，それぞれ $V(k,t)$, $V_0(k)$ と書くと，

$$\frac{\partial V(k,t)}{\partial t} = -\nu k^2\,V(k,t), \quad V(k,0) = V_0(k) \quad \longrightarrow \quad V(k,t) = V_0(k)\,\mathrm{e}^{-\nu k^2 t} \tag{C.16}$$

となる．ここで出てくる $G(k,t) = \mathrm{e}^{-\nu k^2 t}$ は，上記性質 3. を考慮すると $g(x,t) = \mathrm{e}^{-x^2/4\nu t}/\sqrt{2\nu t}$ の（x についての）フーリエ変換になっている．したがって，$v(x,t)$ のフーリエ変換 $V(k,t)$ は，$v_0(x)$ のフーリエ変換 $V_0(k)$ と，$g(x,t)$ のフーリエ変換 $G(k,t)$ の積になっている．ここで上記の性質 2. を使えば，これは $v(x,t)$ が $v_0(x)$ と $g(x,t)$ のたたみ込みになっていることを意味し，したがって

$$v(x,t) = \frac{1}{\sqrt{4\nu\pi t}}\int_{-\infty}^{\infty} v_0(x')\exp\left[-\frac{(x-x')^2}{4\nu t}\right]dx' \tag{C.17}$$

が得られる．

付録 D 流体力学の初歩と水面波の基礎方程式の導出

この付録 D では，流体力学を学んだことのない読者のために，第 3 章で扱う水面波の基礎方程式系 (3.27) の背後にある最低限の流体力学的知識を紹介する．

D.1 質量保存則

位置 $\boldsymbol{x}$, 時刻 t における流体の密度，速度，圧力を，それぞれ $\rho(\boldsymbol{x},t)$, $\boldsymbol{v}(\boldsymbol{x},t)$, $p(\boldsymbol{x},t)$ とする．流体中のある領域 V に着目して，質量の保存について考えよう．V 中の質量の単位時間あたりの増加分は

$$\frac{d}{dt}\iiint_V \rho(\boldsymbol{x},t)\,dV \tag{D.1}$$

である．一方，単位時間あたりに V の外部から V の表面 S を通して流入する質量は

$$-\iint_S \rho\boldsymbol{v}\cdot\boldsymbol{n}\,dS \tag{D.2}$$

である．ここで，$\boldsymbol{n}$ は S の外向き単位法線ベクトルを表す．流体が突然消えてなくなったり，無から生み出されたりしない限り，式 (D.1) と式 (D.2) は等しくなければならない．すなわち，

$$\frac{d}{dt}\iiint_V \rho(\boldsymbol{x},t)\,dV = -\iint \rho\boldsymbol{v}\cdot\boldsymbol{n}\,dS \tag{D.3}$$

が成り立つ．ここで，左辺で V が時間によらない一定領域であることを使い，また右辺をガウスの発散定理で体積積分に変換した後に左辺に移項すれば，

$$\iiint_V \left[\frac{\partial\rho}{\partial t} + \mathrm{div}\,(\rho\boldsymbol{v})\right] dV = 0 \tag{D.4}$$

となる．

着目する領域 V は任意なので，流体中いたるところで

$$\frac{\partial\rho}{\partial t} + \mathrm{div}\,(\rho\boldsymbol{v}) = 0 \tag{D.5}$$

が成り立たなければいけない．これは，流体力学では**連続の式** (continuity equation) とよばれ，物理的には質量保存を表す．

D.2 運動方程式

次に運動量の保存，すなわち運動方程式について考える．前節と同様，流体中の任意の領域 V に着目する．V 内にある運動量の単位時間あたりの変化分は

$$\frac{d}{dt}\iiint_V \rho \boldsymbol{v}\, dV \tag{D.6}$$

である．ニュートンの運動方程式 $ma = F$（質量 × 加速度 = 力）は，加速度 a が速度 v の時間微分であることと，運動量 p が $p = mv$（運動量 = 質量 × 速度）であることを考えると，$d(\text{運動量})/dt = \text{力}$，すなわち力は運動量の増加率を与えることを示している．したがって，V 内の運動量の増加 (D.6) の原因の一つは，V 内の流体にはたらく力である．

流体にはたらく力には 2 種類ある．一つは，重力のように流体の質量（体積）にじかにはたらく「体積力」，もう一つは圧力のように，まわりの流体が V の表面 S を通して V 内の流体に及ぼす「面積力」である．通常，体積力としては，重力からの寄与 $\boldsymbol{F}_g$ を考慮すればよい．

$$\boldsymbol{F}_g = \iiint_V \rho \boldsymbol{g}\, dV \tag{D.7}$$

ここで，$\boldsymbol{g} = (0, 0, -g)$ は重力加速度ベクトルを表す．一方，面積力は，水の波のように粘性の効果が無視できるような運動では，圧力 p からの寄与 $\boldsymbol{F}_p$ のみであり，

$$\boldsymbol{F}_p = -\iint_S p \boldsymbol{n}\, dS \tag{D.8}$$

で与えられる．

V 内の運動量を増加させる要因が，力以外にもう一つある．それは，S を通しての外部流体の V への流入である．V は空間に固定された領域なので，流体の運動に伴い，流体の出入りが発生する．流入に伴う運動量の増加（流出に伴う減少分も含めて）は，

$$-\iint_S (\rho \boldsymbol{v})\, \boldsymbol{v} \cdot \boldsymbol{n}\, dS \tag{D.9}$$

で与えられる．これらを総合すると，運動量の保存則は以下で与えられる．

$$\frac{d}{dt}\iiint_V \rho \boldsymbol{v}\, dV = \iiint_V \rho \boldsymbol{g}\, dV - \iint_S p \boldsymbol{n}\, dS - \iint_S (\rho \boldsymbol{v})\, \boldsymbol{v} \cdot \boldsymbol{n}\, dS \tag{D.10}$$

ここで，ガウスの発散定理を用いて面積分を体積積分に変換し，かつベクトルの等式の i 成分 $(i = 1, 2, 3)$ を書けば，

$$\iiint_V \frac{\partial(\rho\, v_i)}{\partial t}\, dV = \iiint_V \rho\, g_i\, dV - \iiint_V \frac{\partial p}{\partial x_i}\, dV - \iiint_V \frac{\partial(\rho\, v_i\, v_j)}{\partial x_j}\, dV \quad \text{(D.11)}$$

となり，少し整理すると

$$\iiint_V \left[\frac{\partial(\rho\, v_i)}{\partial t} + \frac{\partial(\rho\, v_i\, v_j)}{\partial x_j}\right] dV = \iiint_V \left(-\frac{\partial p}{\partial x_i} + \rho\, g_i\right) dV \quad \text{(D.12)}$$

が得られる．ここで，連続の式 (D.5) を成分で書いた式

$$\frac{\partial \rho}{\partial t} + \frac{\partial(\rho\, v_j)}{\partial x_j} = 0 \quad \text{(D.13)}$$

を使って左辺の被積分関数を整理し，領域 V が任意であることを考慮すると，流体中の任意の点で

$$\frac{\partial v_i}{\partial t} + v_j \frac{\partial v_i}{\partial x_j} = -\frac{1}{\rho}\frac{\partial p}{\partial x_i} + g_i \quad \text{(D.14)}$$

ベクトルで書けば，

$$\frac{\partial \boldsymbol{v}}{\partial t} + (\boldsymbol{v}\cdot\nabla)\boldsymbol{v} = -\frac{1}{\rho}\nabla p + \boldsymbol{g} \quad \text{(D.15)}$$

が成立しなければならない．これが粘性を考慮しない場合に流体の運動を支配する運動方程式であり，**オイラー方程式** (Euler equation) とよばれる†．ここで，∇ は微分演算子**ナブラ**を表す．恒等式

$$(\boldsymbol{v}\cdot\nabla)\boldsymbol{v} = \nabla\left(\frac{1}{2}v^2\right) - \boldsymbol{v}\times(\nabla\times\boldsymbol{v}) \quad \text{(D.16)}$$

および $\boldsymbol{g} = -\nabla(gz)$ を使い，水では $\rho =$ 定数と扱えるとすると，式 (D.15) は

$$\frac{\partial \boldsymbol{v}}{\partial t} = -\nabla\left(\frac{p}{\rho} + \frac{1}{2}v^2 + gz\right) + \boldsymbol{v}\times\boldsymbol{\omega} \quad \text{(D.17)}$$

と書くこともできる．ここで，$\boldsymbol{\omega}$ は $\boldsymbol{\omega} = \nabla\times\boldsymbol{v}$ で定義されるベクトルで，**渦度** (vorticity) とよばれる．

D.3　ラグランジュ微分

流体がもつ密度，圧力などのある物理量の場を $F(\boldsymbol{x}, t)$ とする．ある点 $\boldsymbol{x}$ における F の時間変化率は，t についての偏微分係数 $\partial F(\boldsymbol{x}, t)/\partial t$ が教えてくれる．しかし，点 $\boldsymbol{x}$ にお

† 粘性を考慮する場合は右辺に $(\mu/\rho)\nabla^2\boldsymbol{v}$ という項（粘性項）が付く．ここで，μ は**粘性係数**とよばれる物質定数である．オイラー方程式にこの粘性項を付加した方程式は，**ナヴィエ–ストークス方程式**とよばれ，流体力学においてもっとも重要な方程式である．

ける速度がゼロでなければ，異なる流体粒子[†]が次々にこの点を通過していくので，位置を固定した偏微分 $\partial F/\partial t$ は同一の流体粒子が感じる時間変化率にはなっていない．

では，ある同一の流体粒子が感じる時間変化率は，どのように与えられるのであろうか．いま，時刻 t において $\boldsymbol{x}$ にいる流体粒子に着目したとする．このとき，この流体粒子がもっている物理量の値は，$F(\boldsymbol{x}, t)$ である．微小時間 Δt の間のこの流体粒子の変位を $\Delta\boldsymbol{x}$ とすると，この流体粒子が Δt 後にもつ F の値は，$F(\boldsymbol{x}+\Delta\boldsymbol{x}, t+\Delta t)$ で与えられる．流速場が $\boldsymbol{v}(\boldsymbol{x}, t) = (u, v, w)$ のとき，Δt の間の微小変位は $\Delta\boldsymbol{x} = \boldsymbol{v}\Delta t = (u\Delta t, v\Delta t, w\Delta t)$ で与えられる．したがって，同一流体粒子が感じる F の変化分 ΔF は，全微分の公式を使うと

$$
\begin{aligned}
\Delta F &= F(\boldsymbol{x}+\Delta\boldsymbol{x}, t+\Delta t) - F(\boldsymbol{x}, t) = F(\boldsymbol{x}+\boldsymbol{v}\Delta t, t+\Delta t) - F(\boldsymbol{x}, t) \\
&= F(x+u\Delta t, y+v\Delta t, z+w\Delta t, t+\Delta t) - F(x, y, z, t) \\
&= \frac{\partial F}{\partial x}u\Delta t + \frac{\partial F}{\partial y}v\Delta t + \frac{\partial F}{\partial z}w\Delta t + \frac{\partial F}{\partial t}\Delta t = \Delta t\left(\frac{\partial F}{\partial t} + u\frac{\partial F}{\partial x} + v\frac{\partial F}{\partial y} + w\frac{\partial F}{\partial z}\right)
\end{aligned} \tag{D.18}
$$

で与えられ，これより同一流体粒子が感じる F の時間変化率は

$$
\frac{\Delta F}{\Delta t} = \frac{\partial F}{\partial t} + u\frac{\partial F}{\partial x} + v\frac{\partial F}{\partial y} + w\frac{\partial F}{\partial z} = \left(\frac{\partial}{\partial t} + \boldsymbol{v}\cdot\nabla\right)F \tag{D.19}
$$

で与えられることがわかる．任意の物理量について，流体粒子とともに移動するときに感じる時間変化率の算出には，このように

$$
\frac{D}{Dt} = \frac{\partial}{\partial t} + (\boldsymbol{v}\cdot\nabla) \tag{D.20}
$$

という時間微分と空間微分の組み合わせからなる微分演算が現れる．これを通常の時間微分の記号と区別して D/Dt と書き，**ラグランジュ微分** (Lagrangian derivative)，**物質微分** (material derivative) などとよぶ．ラグランジュ微分の第 1 項は場の時間的な非定常性に，第 2 項は空間的な非一様性に起因している．

ラグランジュ微分を用いると，式 (D.5) は

$$
\frac{D\rho}{Dt} + \rho\mathrm{div}\,\boldsymbol{v} = 0 \tag{D.21}
$$

と書くことができる．水などの液体では，流体粒子の密度 ρ は時間的に変化しない，すなわち $D\rho/Dt = 0$ が成り立つと考えられる．このような流体を**非圧縮性流体** (incompressible fluid) とよぶ．非圧縮性流体の速度場 $\boldsymbol{v}(\boldsymbol{x}, t)$ に対しては，

---

† **流体粒子** (fluid particle) といっても，単に「流体の小さな塊」という程度の意味であり，このような粒子があるわけではない．

$$\mathrm{div}\,\boldsymbol{v} = 0 \tag{D.22}$$

が成り立つ．

D.4 ケルビンの循環定理

$\boldsymbol{v}$ を速度場，C を流体領域内の任意の単純閉曲線，$d\boldsymbol{r}$ を C の線素とするとき，周回線積分

$$\Gamma = \oint_C \boldsymbol{v} \cdot d\boldsymbol{r} \tag{D.23}$$

を C に沿う**循環** (circulation) という．ベクトル解析におけるストークスの定理を使うと，

$$\Gamma = \oint_C \boldsymbol{v} \cdot d\boldsymbol{r} = \iint_S (\nabla \times \boldsymbol{v}) \cdot \boldsymbol{n}\, dS \tag{D.24}$$

と書くこともできる．ここで，S は C を境界とする流体領域中の任意の曲面，$\boldsymbol{n}$ はその単位法線ベクトルを表す[†]．

C を物質閉曲線，すなわち流体粒子とともに移動する閉曲線とするとき，ここで仮定しているような，(1) 流体は非粘性，(2) 外力は重力のように保存力，(3) 密度 ρ は一定，という状況においては，以下に示すように**ケルビンの循環定理** (Kelvin's circulation theorem)

$$\frac{D}{Dt} \oint_C \boldsymbol{v} \cdot d\boldsymbol{r} = 0 \tag{D.25}$$

が成り立つ．すなわち，物質閉曲線に沿っての循環は時間的に変化しない．式 (D.24) によれば，式 (D.25) は

$$\frac{D}{Dt} \iint_S \boldsymbol{\omega} \cdot \boldsymbol{n}\, dS = 0 \tag{D.26}$$

と書くこともできる．

式 (D.25) の証明は，以下のとおりである．

$$\frac{D\Gamma}{Dt} = \frac{D}{Dt} \oint_C \boldsymbol{v} \cdot d\boldsymbol{r} = \oint_C \frac{D\boldsymbol{v}}{Dt} \cdot d\boldsymbol{r} + \oint_C \boldsymbol{v} \cdot \frac{Dd\boldsymbol{r}}{Dt} \tag{D.27}$$

線素 $d\boldsymbol{r}$ の中の流速がどこでも同じであれば，$d\boldsymbol{r}$ はこの流速で単に平行移動するだけで，ベクトルとしては時間的に変化しない．$d\boldsymbol{r}$ が時間的に変化するのは，この中で流速に違いがあるからである．$d\boldsymbol{r}$ の両端における流速の違いを $d\boldsymbol{v}$ と書くと，単位時間あたりの $d\boldsymbol{r}$ の変化分，すなわち $Dd\boldsymbol{r}/Dt$ は $d\boldsymbol{v}$ そのもので与えられる．したがって，式 (D.27) の最

† ここでは，流体領域は単連結と仮定している．また，ストークスの定理を使うとき，$\boldsymbol{n}$ の向きと C を回る向きは，互いに「右ねじの関係」になるように連動している．

右辺第 2 項は

$$\oint_C \boldsymbol{v} \cdot \frac{D d\boldsymbol{r}}{Dt} = \oint_C \boldsymbol{v} \cdot d\boldsymbol{v} = \oint_C d\left(\frac{1}{2}v^2\right) \tag{D.28}$$

と書き直すことができる．ここで，C が閉曲線であること，および $v^2 = |\boldsymbol{v}|^2$ が場所の 1 価関数であることを考慮すると，この項は常にゼロになる．

次に，オイラー方程式 (D.15) を D/Dt の記号を使い，ρ は定数，$\boldsymbol{g} = \nabla(-gz)$ などを考慮して書き直した形

$$\frac{D\boldsymbol{v}}{Dt} = -\nabla\left(\frac{p}{\rho} + gz\right) \tag{D.29}$$

を $D\boldsymbol{v}/Dt$ に代入すると，式 (D.27) の最右辺第 1 項は

$$\oint_C \frac{D\boldsymbol{v}}{Dt} \cdot d\boldsymbol{r} = -\oint_C \nabla\left(\frac{p}{\rho} + gz\right) \cdot d\boldsymbol{r} = -\left[\frac{p}{\rho} + gz\right]_{\text{始点}}^{\text{終点}} \tag{D.30}$$

となる．これも，C が閉曲線であることを考えるとゼロとなる．これらのことから，循環定理 (D.25) が成立する．

D.5　ポテンシャル流とベルヌーイの定理

水が初期に静止していたとすると，水領域中の任意の閉曲線に沿う循環は，初期にはもちろんゼロである．このときケルビンの循環定理は，任意時刻においても水領域中の任意の閉曲線に沿う循環がゼロであることを保証する．式 (D.24) を考慮すると，これは水中の任意の点における渦度 $\boldsymbol{\omega} = \nabla \times \boldsymbol{v}$ が $\boldsymbol{0}$ であることを意味する．ベクトル解析におけるヘルムホルツの分解定理† によると，このとき速度場 $\boldsymbol{v}(\boldsymbol{x}, t)$ はあるスカラー関数 $\phi(\boldsymbol{x}, t)$ を用いて $\boldsymbol{v} = \nabla\phi$，すなわち $\boldsymbol{v} = (u, v, w) = (\phi_x, \phi_y, \phi_z)$ と表すことができる．このような ϕ は**速度ポテンシャル** (velocity potential) とよばれる．また，このようにいたるところで渦度が $\boldsymbol{0}$ で，速度ベクトルがポテンシャルで表現できるような流れを**渦なし流** (irrotational flow)，**ポテンシャル流** (potential flow) などとよぶ．

水面波を扱う場合，圧力による密度の変化は無視できるので，質量保存則より式 (D.22) が成り立つ．これに $\boldsymbol{v} = \nabla\phi$ を代入すると，ただちに ϕ に対するラプラス方程式 (Laplace equation)

† 任意のベクトル場 $\boldsymbol{u}(\boldsymbol{x})$ は，あるスカラー場 $\phi(\boldsymbol{x})$ とあるベクトル場 $\boldsymbol{A}(\boldsymbol{x})$ を用いて $\boldsymbol{u} = \nabla\phi + \nabla \times \boldsymbol{A}$ のように分解することができる．第 1 項は非回転のベクトル場で，第 2 項は非発散のベクトル場になっている．$\phi(\boldsymbol{x})$, $\boldsymbol{A}(\boldsymbol{x})$ はそれぞれ，$\boldsymbol{u}(\boldsymbol{x})$ のスカラーポテンシャル，ベクトルポテンシャルとよばれる．

$$\nabla \cdot (\nabla \phi) = \frac{\partial^2 \phi}{\partial x^2} + \frac{\partial^2 \phi}{\partial y^2} + \frac{\partial^2 \phi}{\partial z^2} = 0 \tag{D.31}$$

が出てくる．これは，速度ポテンシャル $\phi(\boldsymbol{x}, t)$ が水領域の各点において満たすべき場の方程式である．ここで，y 依存性がない場合を考えると，この式は水面波の基礎方程式系の式 (3.27a) に対応している．

次に，オイラー方程式 (D.17) に $\boldsymbol{v} = \nabla\phi$ を代入し，$\boldsymbol{\omega} = \boldsymbol{0}$ を考慮すると，ただちに

$$\nabla \left(\frac{\partial \phi}{\partial t} + \frac{1}{2} v^2 + \frac{p}{\rho} + gz \right) = 0 \tag{D.32}$$

が得られ，これより

$$\frac{\partial \phi}{\partial t} + \frac{1}{2} \left[\left(\frac{\partial \phi}{\partial x} \right)^2 + \left(\frac{\partial \phi}{\partial y} \right)^2 + \left(\frac{\partial \phi}{\partial z} \right)^2 \right] + \frac{p}{\rho} + gz = F(t) \tag{D.33}$$

が導かれる．ここで，$F(t)$ は時間だけに依存する任意関数を表す．これは**（一般化された）ベルヌーイの定理** (Bernoulli's theorem) とよばれる．この式を水面の点で考える．上の空気の運動を無視すれば，水表面の各点における圧力は大気圧 p_0 で一定であり，もし表面張力の効果がなければ水の圧力も大気圧 p_0 に等しい．任意関数 $F(t)$ を大気圧 p_0 にとり，かつ y 依存性がない場合を考えると，水表面 $z = \eta(x, t)$ においては

$$\frac{\partial \phi}{\partial t} + \frac{1}{2} \left[\left(\frac{\partial \phi}{\partial x} \right)^2 + \left(\frac{\partial \phi}{\partial z} \right)^2 \right] + gz = 0 \tag{D.34}$$

となり，水面波に対する力学的境界条件 (3.27b) で表面張力係数 $\tau = 0$ とした式が得られる．

表面張力の効果については，曲面の曲率まで言及すると話が厄介なので，ここでは本文中の扱い方に合わせて，水面波形は $z = \eta(x, t)$ で表され，y 依存性はないものとして話をする．図 D.1 に示すような水面の微小線素 ds に着目する．表面張力は ds の両端 A,B において，（奥行き y 方向の単位長さあたり）τ[N] の大きさでそれぞれの点における接線方向にはたらく．このとき，もし水面が図のように空気側に向かって凸の場合，点 A, B における表面張力の合力として水側に向かう力が発生し，それにつり合うために水側の圧力 p は大気圧 p_0 より高くなり，両者の間に圧力の跳び Δp が生じる．Δp は

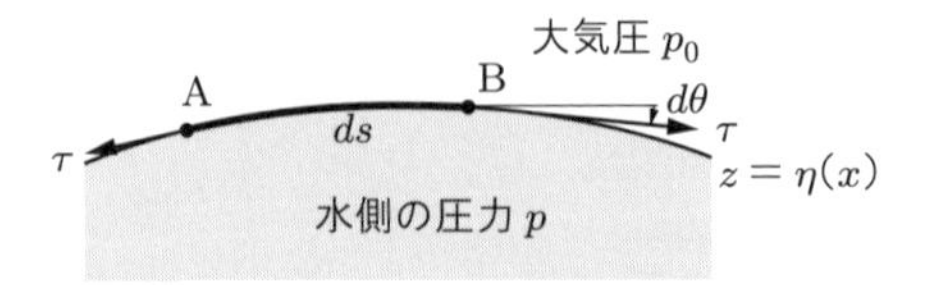

図 D.1　曲線の曲率

$$\Delta p\, ds = \tau \sin(d\theta) \approx \tau d\theta \quad \longrightarrow \quad \Delta p = \tau \frac{d\theta}{ds} \tag{D.35}$$

で与えられる．$\kappa = d\theta/ds$ は，水面に沿って移動する際に発生する単位長さあたりの接線方向の変化分を表し，**曲率** (curvature) とよばれる．また，κ の逆数は長さの次元をもち，**曲率半径** (radius of curvature) とよばれる．曲線が $z = \eta(x)$ と表されるとき，曲率 κ は

$$\kappa = -\frac{\eta_{xx}}{(1+\eta_x^2)^{3/2}} \tag{D.36}$$

で与えられる．ここでは，水面波形が空気側に対して凸，すなわち曲率の中心が水側にある場合に曲率が正になるように，曲率 κ に符号を付けている．以上のことから，式 (D.33) において任意関数 $F(t)$ を大気圧 p_0 にとり，水側の圧力 p を $p = p_0 + \tau\kappa$ とすると，表面張力を考慮した力学的境界条件 (3.27b) が得られる．

物体などの存在のために流体領域に境界があると，流体はそれを貫いて流れることはできない．境界（静止表面など）の移動速度が $\boldsymbol{v}_{\mathrm{w}}$ であるとき，その表面では流体の法線方向の速度は境界のそれに等しい，すなわち，$\boldsymbol{v}\cdot\boldsymbol{n} = \boldsymbol{v}_{\mathrm{w}}\cdot\boldsymbol{n}$ が成り立たなければならない．これは，境界にある流体は境界に沿う方向にのみ運動することを意味している．水面波の場合，水面自体が流体領域の境界であり，表面にある流体は表面に沿ってのみ移動し，したがって次の瞬間にもやはり表面に存在している．y 依存性がない場合，表面を $z = \eta(x,t)$ とし，スカラー関数 $F(x,z,t)$ を $F(x,z,t) = \eta(x,t) - z$ で定義するとき，表面にある流体粒子を見続けると常に $F(x,z,t) = 0$ で一定であり，したがって $DF/Dt = 0$ でなければならない．これより

$$\frac{DF}{Dt} = \frac{\partial F}{\partial t} + u\frac{\partial F}{\partial x} + w\frac{\partial F}{\partial z} = 0 \quad \longrightarrow \quad \frac{\partial \eta}{\partial t} + \frac{\partial \phi}{\partial x}\frac{\partial \eta}{\partial x} - \frac{\partial \phi}{\partial z} = 0 \tag{D.37}$$

となり，水面波に対する運動学的境界条件 (3.27c) が導かれる．同様に，境界条件 (3.27d) は，水底における水の鉛直速度成分 ϕ_z がゼロで，水が水底を突き抜けないことに対応している．

以上のようにして，第 3 章での水面波に対する基礎方程式系のすべての式が導出される．なお，流体力学や水面波に対するより系統的な取り扱いに関しては，文献 [11], [42], [72] などを参照されたい．

付録 E　次元解析入門

第 3 章では次元に基づく簡単な考察だけで，水面波の分散関係がほぼ導出できることを示した．また，第 5 章の KdV 方程式や第 6 章の NLS 方程式などの重要な非線形波動方程式の導出過程においては，基礎方程式系の無次元化やそれに基づく方程式中の各項の大きさの大雑把な見積もりが非常に重要な役割を果たす．この付録では，物理量の次元およびそれに基づく解析方法に関する基礎知識をまとめておく．

E.1　次元，国際単位系

現在世界でもっとも標準的とされる単位系である**国際単位系**（**SI**）では，**長さ**，**質量**，**時間**，**電流**，**熱力学温度**，**物質量**，**光度**の七つを，物理法則に現れるもっとも基本的な量としている（たとえば文献 [39] 参照）．ある量 a が長さを表すとき，a は「長さの次元をもつ」といい，$[a]=L$ と書くことにする．同様に，a の次元が質量，時間ならば，それぞれ $[a]=M$, $[a]=T$ のように書く．基本量以外の物理量については，それがどのような計算で基本量から出せるかを考えれば，たとえば次のようにその次元を知ることができる．

- 密度 ρ：密度＝質量/体積，[体積] $= L \times L \times L$．したがって $[\rho] = ML^{-3}$．
- 速度 v：速度＝距離/時間．したがって $[v] = LT^{-1}$．
- 力 F：ニュートンの運動法則 $F = ma$，すなわち，力 ＝ 質量 × 加速度．加速度 ＝ 速度の変化分/時間，したがって $[a] = LT^{-2}$．これより $[F] = MLT^{-2}$．
- 圧力 P: 圧力は単位面積あたりにはたらく力なので，[圧力] = [力/面積]．したがって $[P] = [F]L^{-2} = ML^{-1}T^{-2}$．

E.2　独立な次元をもつ物理量

k 個の物理量の組 $\{a_1, \ldots, a_k\}$ があるとする．どの一つをとっても，それ以外の $k-1$ 個の量の掛け算・割り算でそれと同じ次元の量がつくれないとき，$\{a_1, \ldots, a_k\}$ の次元は独立であるといい，そうでない場合は次元が従属であるという．言い換えれば，等式

$$[a_1]^{x_1}\cdots[a_k]^{x_k}=1 \tag{E.1}$$

が自明な解 $\{x_1,\ldots,x_k\}=\{0,\ldots,0\}$ 以外の解をもたなければ $\{a_1,\ldots,a_k\}$ の次元は独立，非自明な解をもてば従属である．

例として，密度 ρ，速度 v，力 F の次元が独立か従属か調べてみよう．

$$[\rho]=ML^{-3},\qquad [v]=LT^{-1},\qquad [F]=MLT^{-2} \tag{E.2}$$

$$[\rho]^x[v]^y[F]^z=1 \quad\longrightarrow\quad \begin{cases} M\colon x+z=0 \\ L\colon -3x+y+z=0 \\ T\colon -y-2z=0 \end{cases}$$

$$\longrightarrow\quad \begin{pmatrix} 1 & 0 & 1 \\ -3 & 1 & 1 \\ 0 & -1 & -2 \end{pmatrix}\begin{pmatrix} x \\ y \\ z \end{pmatrix}=\begin{pmatrix} 0 \\ 0 \\ 0 \end{pmatrix} \tag{E.3}$$

x, y, z に対するこの連立 1 次方程式は自明な解 $x=y=z=0$ 以外の解をもたず，したがって $\{\rho,v,F\}$ の次元は独立である．これは，たとえば ρ, v をどのように掛けたり割ったりしても F の次元をもつ量をつくれないことを意味する．

では，密度 ρ，速度 v，圧力 P ではどうだろうか．

$$[\rho]=ML^{-3},\qquad [v]=LT^{-1},\qquad [P]=ML^{-1}T^{-2} \tag{E.4}$$

$$[\rho]^x[v]^y[P]^z=1 \quad\longrightarrow\quad \begin{cases} M\colon x+z=0 \\ L\colon -3x+y-z=0 \\ T\colon -y-2z=0 \end{cases}$$

$$\longrightarrow\quad \begin{pmatrix} 1 & 0 & 1 \\ -3 & 1 & -1 \\ 0 & -1 & -2 \end{pmatrix}\begin{pmatrix} x \\ y \\ z \end{pmatrix}=\begin{pmatrix} 0 \\ 0 \\ 0 \end{pmatrix} \tag{E.5}$$

この場合は，非自明な解 $(x,y,z)=(-\alpha,-2\alpha,\alpha)$（$\alpha$ は任意）が存在する．この解は，ρv^2 が P と同じ次元であることを意味している．

上の計算例のように，最後に出てくる同次連立 1 次方程式が非自明な解をもつかどうかが，対象とした物理量の組の次元が独立であるかどうかを決定するわけである．上の二つの例の場合，いずれも係数行列が 3×3 正方行列になったが，列数が 3 になったのは，$\{\rho,v,F\}$ もしくは $\{\rho,v,P\}$ という三つの物理量の組を対象としたからであり，行数が 3 になったのは，関係する基本次元が M, L, T の三つだからである．たとえば，係数行列の第 1 列目は ρ の次元を M, L, T のベキ乗の掛け算で表現したときの各基本次元の指数になっている．

熱や電磁気現象などが関係しない純粋に力学的な物理量の次元は，M, L, T の三つの組み合わせで構成される．このような力学的な物理量 4 個以上からなる組に対して，式 (E.3) や式 (E.5) のようなことをすると，同次連立 1 次方程式の係数行列が横長になり，必ず非自明解が存在する．したがって，純粋に力学的な物理量 4 個以上からなる組は必ず次元的に従属であり，どれか一つの物理量と同じ次元の量をそれ以外の物理量の掛け算・割り算でつくることができる．

E.3　単位系の変換

基本量（長さ，質量，$\cdots$）の 1 単位を確定することにより，あらゆる物理量の大きさは，その単位量の何倍かという数字だけで表現することができるようになる．国際単位系 (SI) では，長さはメートル (m)，質量はキログラム (kg)，時間は秒 (s)，電流はアンペア (A)，熱力学温度はケルビン (K)，物質量はモル (mol)，光度はカンデラ (cd) を 1 単位とする．

もとの単位系に比べて，質量の 1 単位が $1/\mathcal{M}$，長さの 1 単位が $1/\mathcal{L}$, 時間の 1 単位が $1/\mathcal{T}$，$\cdots$ であるような新しい単位系に変換するとき，次元が

$$[a] = M^{\alpha} L^{\beta} T^{\gamma} \tag{E.6}$$

の物理量を表す数値は，もとの単位系における数値の $\mathcal{M}^{\alpha}\mathcal{L}^{\beta}\mathcal{T}^{\gamma}$ 倍になる．たとえば，力 F の次元は，上で見たように MLT^{-2} である．SI 単位系で $F = 3$ といえば $3\,\mathrm{N}$，すなわち $3\,\mathrm{kg \cdot m/s^2}$ である．これを質量，長さ，時間の単位として，それぞれ g, cm, s を使う CGS 単位系に移行すると，$\mathcal{M} = 1000$, $\mathcal{L} = 100$, $\mathcal{T} = 1$ より，$1000^1 \times 100^1 \times 1^{-2}$ 倍の $F = 300000\,\mathrm{dyne}$，すなわち $300000\,\mathrm{g \cdot cm/s^2}$ になる．

以下の事実は，今後の議論で大変重要である．

定理 1

$\{a_1, \ldots, a_k\}$ を独立な次元をもつ k 個の物理量，A を任意の実数とする．このとき，$\{a_1, \ldots, a_k\}$ のうち任意の一つの数値だけを A 倍に変え，その他の量の数値をすべて不変に保つような単位系の変換方法（すなわち新しい 1 単位量の決め方）が存在する．

ここでは証明は省略して†，代わりに上で次元の独立性を確認した $\{\rho, v, F\}$ について，ρ の

† 証明は線形代数の初歩的な知識があればできるので，各自で試みてほしい．

値だけが A 倍になるような単位系の変換を実際に求めてみよう．新しい質量，長さ，時間の 1 単位を，現在のそれらのそれぞれ $1/\mathcal{M}$, $1/\mathcal{L}$, $1/\mathcal{T}$ にすると，$\{\rho, v, F\}$ を表す数値はそれぞれ $\mathcal{M}\mathcal{L}^{-3}$ 倍，$\mathcal{L}\mathcal{T}^{-1}$ 倍，$\mathcal{M}\mathcal{L}\mathcal{T}^{-2}$ 倍に変わる．したがって，

$$\mathcal{M}\mathcal{L}^{-3} = A, \qquad \mathcal{L}\mathcal{T}^{-1} = 1, \qquad \mathcal{M}\mathcal{L}\mathcal{T}^{-2} = 1 \tag{E.7}$$

を満たすような $\mathcal{M}$, $\mathcal{L}$, $\mathcal{T}$ を求めることになる．これらの対数をとり，$X = \log\mathcal{M}$, $Y = \log\mathcal{L}$, $Z = \log\mathcal{T}$ とすると，

$$\begin{pmatrix} 1 & -3 & 0 \\ 0 & 1 & -1 \\ 1 & 1 & -2 \end{pmatrix} \begin{pmatrix} X \\ Y \\ Z \end{pmatrix} = \begin{pmatrix} \log A \\ 0 \\ 0 \end{pmatrix} \quad \longrightarrow \quad X = Y = Z = -\frac{1}{2}\log A$$

$$\longrightarrow \quad \mathcal{M} = \mathcal{L} = \mathcal{T} = A^{-1/2} \tag{E.8}$$

と解が見つかる．したがって，もし ρ を表す数値だけを 100 倍にしたければ（すなわち $A = 100$），質量，長さ，時間を測るときの単位量を，すべてもともとの 10 倍，すなわち質量は 10 kg，長さは 10 m，時間は 10 s をそれぞれ 1 単位として測るような単位系に変えればよい．なお，ここで現れた連立 1 次方程式の係数行列は，式 (E.3)において $\{\rho, v, F\}$ の次元の独立性を判断したときの同次連立 1 次方程式の係数行列の転置行列になっていることに注意する．したがって次元が独立な場合，式 (E.8) は必ず解をもつ．

E.4 パイ定理

理工学における多くの研究の目的は，対象とする系に含まれるさまざまな物理量の間の関係を明らかにすることである．例として，

$$a = f(a_1, a_2, a_3, b_1, b_2) \tag{E.9}$$

のような場合について考えよう．ここで，a_1, a_2, a_3, b_1, b_2 はこの現象に含まれる物理量のうち，自分が知る，もしくはコントロールすることができるもの（支配パラメータ，説明変数）を表し，一方 a はこれら支配パラメータの関数として表現したい目的の物理量（目的変数）を表す．支配パラメータのうち a_1, a_2, a_3 は独立な次元をもつ物理量，b_1, b_2 はその次元が a_1, a_2, a_3 の次元の組み合わせで表現できるような物理量，すなわち

$$[b_1] = [a_1]^{p_1}[a_2]^{q_1}[a_3]^{r_1}, \qquad [b_2] = [a_1]^{p_2}[a_2]^{q_2}[a_3]^{r_2} \tag{E.10}$$

のような表現が可能な物理量とする．

そもそも自然界には，長さを測る際に単位として使われるべき特別な長さがあるわけではない．1 m を長さの単位とするのは人間の勝手な都合である．質量にしても同様である．したがって，人間がいてもいなくても成立する自然界の法則は，単位系に依存することはない．たとえば，ニュートンの運動法則 $F = ma$（力 = 質量 × 加速度）は SI 単位系を使おうが，別の単位系を使おうが常に成立するのである．

もし，式 (E.9) のような物理法則が成り立つのであれば，目的変数 a の次元 $[a]$ は

$$[a] = [a_1]^p[a_2]^q[a_3]^r \tag{E.11}$$

のように，説明変数の中で独立な次元をもつ a_1, a_2, a_3 の次元の掛け算で必ず表現できる．なぜならば，もしそうでなければ $\{a, a_1, a_2, a_3\}$ は独立な次元をもつことになるが，このとき上述の定理 1 より，単位系を変えることによって，a_1, a_2, a_3 をすべて不変に保ったまま a の値を任意に変更することができる．しかし，これは a が a_1, a_2, a_3 の関数ではないことを意味することになり，仮定に矛盾してしまう．

式 (E.9) において変数

$$\Pi = \frac{a}{a_1^p a_2^q a_3^r}, \qquad \Pi_1 = \frac{b_1}{a_1^{p_1} a_2^{q_1} a_3^{r_1}}, \qquad \Pi_2 = \frac{b_2}{a_1^{p_2} a_2^{q_2} a_3^{r_2}} \tag{E.12}$$

を導入しよう．Π, Π_1, Π_2 はどれも分母と分子の次元が同じなので，すべて次元をもたない無次元量であり，単位系を変えてもその値は変化しない．式 (E.9) の中の a, b_1, b_2 をこれらの Π, Π_1, Π_2 を用いて書き直すと，

$$\Pi = \frac{1}{a_1^p a_2^q a_3^r} f(a_1, a_2, a_3, \Pi_1 a_1^{p_1} a_2^{q_1} a_3^{r_1}, \Pi_2 a_1^{p_2} a_2^{q_2} a_3^{r_2}) \tag{E.13}$$

となる．この式の右辺は $a_1, a_2, a_3, \Pi_1, \Pi_2$ の関数であり，それをまとめて $\mathcal{F}(a_1, a_2, a_3, \Pi_1, \Pi_2)$ と書けば，次のようになる．

$$\Pi = \mathcal{F}(a_1, a_2, a_3, \Pi_1, \Pi_2) \tag{E.14}$$

定理 1 で説明したように，独立な次元をもつ量は単位系の変換によって，そのうちの一つの値だけを自由に変更することができる．また，無次元量は単位系の変換では値が変化しない．式 (E.14) において，a_1, a_2, a_3 は独立な次元をもつ．したがって，単位系の変換によって，a_2, a_3 を不変に保ったまま a_1 の値を任意の値に変更することが可能である．しかし，左辺の Π は無次元量であり，この単位系の変換をしても値は変わらない．これは，Π が a_1 に依存しないことを意味する．同様の理由で，Π は a_2, a_3 にも依存することができない．

したがって，式 (E.14) の右辺は Π_1, Π_2 だけの関数であり，ある関数 Φ を使って

$$\Pi = \Phi(\Pi_1, \Pi_2) \tag{E.15}$$

のように書けるはずである．これをもともとの次元のある量の関係に戻せば，

$$a = a_1^p a_2^q a_3^r \, \Phi\left(\frac{b_1}{a_1^{p_1} a_2^{q_1} a_3^{r_1}}, \frac{b_2}{a_1^{p_2} a_2^{q_2} a_3^{r_2}}\right) \tag{E.16}$$

となる．この例の場合，目的変数と五つの支配パラメータの間の関係を表現するのに，5 変数関数を扱わなければならなかった最初の問題 (E.9) が，次元解析によって 2 変数関数を扱うというずっと簡単な問題 (E.15) に帰着できるのである．ここまでの結果は，以下の**パイ定理**にまとめられる†．

定理 2 ：パイ定理

次元をもつある目的変数 a と次元をもついくつかの支配パラメータ $a_1, \ldots, a_k$, $b_1, \ldots, b_m$ の間の関係式は，a を独立な次元をもつ支配パラメータ $a_1, \ldots, a_k$ で無次元化した無次元目的変数 Π と，支配パラメータのうち従属な次元をもつもの $b_1, \ldots, b_m$ を $a_1, \ldots, a_k$ で無次元化した無次元支配パラメータ $\Pi_1, \ldots, \Pi_m$ の間の関係式に書き直すことができる．

たとえば式 (E.9) の場合に，事前の次元解析をまったくやらずに，このままの形で目的変数と支配変数の間の関係を実験や観測で探るとしたらどういうことになるだろう．目的変数 a が支配変数 a_1 にどのように依存するかを調べるためには，a_1 以外の支配変数の値を固定したうえで，a_1 だけをいろいろな値に変化させて，そのつど a がどうなるかを測定することになる．a_1 の値は，たとえば 10 種類程度は変えないと傾向は見えないであろう．同様のことをほかの四つの支配パラメータについてもやるとなると，最低でも 10^5 回程度の実験や観測が必要となる．

しかし，事前に次元解析を行って式 (E.9) を式 (E.15) の関係に帰着させておけば，Π_1, Π_2 を変えながら実験をすればいいので，それぞれに 10 点程度欲しくても 10^2 回の実験で済むことになる．これだけでも，必要な実験の回数を 1/1000 に減らすことができる．

それに加えて，次元解析を活用することには次のような利点もある．支配パラメータの中には，値を変化させることが難しい量が含まれている場合もあるし，また，すべての支配パラメータを変化させられるような実験装置を構築するのは大変なことである．しかし式 (E.15) であれば，値を変化させにくい支配変数を無理に変化させなくても，変えやすい支配パラメータだけを変化させることで Π_1 と Π_2 を変えればいいので，実験もやりやすく，

† 次元解析の考え方を，このパイ定理という形でまとめたのはバッキンガム (Buckingham, E.) だといわれている．

また実験装置もよりシンプルなもので済むであろう．

このように，パイ定理のおかげで，物理量間の関係式を得るために必要な実験や観測（数値実験も含む）の量を大幅に減らすことができ，また実験自体もよりやりやすくすることができる．

例題 E.1 ：水面重力波の位相速度に対する次元解析

水面重力波の位相速度 c は，水の密度 ρ，重力加速度 g，波長 λ，水深 h の何らかの関数として

$$c = f(\rho, g, \lambda, h) \tag{E.17}$$

のように表現できると考えられる．この関係を，パイ定理を用いた次元解析によって考察せよ．

解答　説明変数の次元はそれぞれ $[\rho] = ML^{-3}$, $[g] = LT^{-2}$, $[\lambda] = L$, $[h] = L$ であり，このうち独立な次元をもつ変数の組を $\{\rho, g, \lambda\}$ とすると，h は次元的に従属である．また，目的変数 c の次元は $[c] = LT^{-1}$ であり，$\{\rho, g, \lambda\}$ の積で同じ次元をもつ量は $\sqrt{g\lambda}$ である．したがって，式 (E.16) に対応する無次元の関係式は

$$c = \sqrt{g\lambda}\,\Phi\left(\frac{h}{\lambda}\right) \tag{E.18}$$

という形になるはずである†．次元解析ではこれ以上決めることはできないが，後は h/λ の値が変わるように，h と λ の変えやすいほうをあれこれ変えて実験をして，1 変数関数 $\Phi(x)$ を決めることさえできれば，もともとの関係式 (E.17) の 4 変数関数 f を求めたことに匹敵する情報が得られる．

E.5　次元解析の応用例：物体が流体から受ける力

次元解析の応用例として，流体中を一定速度で運動する球体が受ける抵抗について考えてみよう．基礎方程式から真面目にアプローチしようと思えば，流体力学の運動方程式であるナヴィエ–ストークス方程式

$$\boldsymbol{v}_t + (\boldsymbol{v}\cdot\nabla)\boldsymbol{v} = -\frac{1}{\rho}\nabla p + \frac{\mu}{\rho}\nabla^2\boldsymbol{v} \tag{E.19}$$

の境界値問題を解くことになる．とくに球の速度が速い場合，まわりの流れは乱流状態のきわめて不規則かつ非定常な流れとなり，この方程式を解析的に解くことはまったく不可

† 第 3 章で水面波の基礎方程式から求めたように，正しい関係式は $c = \sqrt{g\lambda}\,\sqrt{(1/2\pi)\tanh(2\pi h/\lambda)}$ である．

能なうえに，最先端のコンピュータを駆使しても数値シミュレーションをすることすら容易ではない．

この問題に対する次元解析は，以下のようになる．球が受ける抵抗 F に影響を及ぼしそうな因子としては，球の直径 d，球の速度 U，球にあたる流体の密度 ρ および粘性係数 μ などが考えられる．したがって，

$$F = f(d, U, \rho, \mu) \tag{E.20}$$

のような関係を求めることが目標となる．これらの次元は，$[F] = MLT^{-2}$，$[d] = L$，$[U] = LT^{-1}$，$[\rho] = ML^{-3}$ である．

μ の次元については多少説明が必要であろう．流体力学においては，流体中ではたらく力は「応力」という量で表現される．応力 σ は単位面積あたりにはたらく力であり，したがってその次元は圧力と同じく $[\sigma] = ML^{-1}T^{-2}$ である．流体中では「粘性」という性質によって，速度に不均一があると速い流体は遅い流体を引きずって加速し，逆に遅い流体は速い流体を引き戻して減速させようという力がはたらく．通常の流体においては，この粘性によって生じる応力は速度勾配に正比例すると考えられており，その比例係数をその流体の**粘性係数** (coefficient of viscosity) とよび，μ で表す．同じ速度勾配でも粘性係数が大きいほど大きな粘性応力が発生し，流体の運動が粘っこく見える．速度勾配の次元は $[v]/L = T^{-1}$ であり，したがって μ の次元は $[\mu] = [\text{応力}]/[\text{速度勾配}] = ML^{-1}T^{-2}/T^{-1} = ML^{-1}T^{-1}$ である．μ がこのような次元をもつことは，式 (E.19) における各項の次元の整合性からも確認することができる．

式 (E.20) において，説明変数のうち $\{d, U, \rho\}$ は独立な次元をもち，μ の次元はこれらの次元で $[\mu] = [dU\rho]$ のように表される†．また，目的変数 F の次元 $[F]$ は，$[F] = [d^2U^2\rho]$ のように説明変数で表すことができる．このときパイ定理によると，無次元目的変数 $\Pi = F/(d^2U^2\rho)$ は無次元支配パラメータ $\Pi_1 = \mu/(dU\rho)$ のみの関数となり，したがって F は適当な 1 変数関数 Φ によって，

$$F = d^2U^2\rho\,\Phi\left(\frac{\mu}{dU\rho}\right) \tag{E.21}$$

のように表すことができる．

ちなみに，ここで現れた無次元支配パラメータ $\Pi_1 = \mu/(d\,U\rho)$ の逆数 $\mathrm{Re} = (\rho\,U\,d)/\mu$ は**レイノルズ数**とよばれ，流体力学においてもっとも重要な無次元パラメータである．レイノルズ数は物理的には，流体にはたらく「慣性力」と「粘性力」の比を表し，Re が小さくなるほど粘性効果が重要になる．同じ流体中なら物体が大きいほど，また運動が速いほ

---

† 式 (E.9) に即した言い方をすれば，$\{d, U, \rho\}$ が a_1, a_2, a_3 に対応し，μ が b_1 に対応する（b_2 に対応するものはない）．

どレイノルズ数は大きくなる．

例として，野球の速球がどの程度の Re になるか考えてみよう．ボールの直径 $d \approx 0.072\,\mathrm{m}$，球速は 150 km/h とすると $U \approx 42\,\mathrm{m/s}$ で，空気の場合 $\rho = 1.2\,\mathrm{kg/m^3}$，$\mu = 1.8 \times 10^{-5}\,\mathrm{kg/m\,s}$ である．これらより，$\mathrm{Re} \approx 2 \times 10^5$ とかなり大きな値になる．これは，このボールの運動に対する粘性の効果が，慣性の効果に比べて 10^{-5} 程度に小さいことを示している．Re が十分高い運動に対しては粘性の効果は無視できると考えられ，そのような状況で球が受ける抵抗は粘性係数 μ に依存しなくなるはずである．次元解析の結果 (E.21) を見ると，F が μ に依存しなくなるためには Φ が定数でなければならず，したがって高レイノルズ数においては抵抗 F は

$$F = \alpha\rho d^2 U^2 \quad (\alpha : \text{無次元定数}) \tag{E.22}$$

のように球の直径の 2 乗に，また球速の 2 乗に比例すると考えられる．これは**ニュートンの抵抗則** (Newton's law of resistance) とよばれる．

逆に Re が小さい例として，体長 100 μm の鞭毛虫が水中を秒速 100 μm で泳ぐときを考えてみよう．このとき，$d = 1 \times 10^{-4}\,\mathrm{m}$, $U = 1 \times 10^{-4}\,\mathrm{m/s}$ で，水では $\rho = 1 \times 10^3\,\mathrm{kg/m^3}$，$\mu = 1.0 \times 10^{-3}\,\mathrm{kg/m{\cdot}s}$ である．したがって $\mathrm{Re} \approx 10^{-2}$ であり，この場合，慣性の効果は粘性の効果に比べて 1/100 程度しかない．このような小さなレイノルズ数に対応する運動においては，流体の慣性の影響は粘性の影響に対して無視できると考えられる．慣性を表現する物理量は質量であり，いまの問題でそれを反映しているのは ρ である．式 (E.21) において慣性が影響しない，すなわち F に対する表現に ρ が入ってこないのは，Φ が正比例関数 $\Phi(x) = \beta x$ のときだけであり，このとき式 (E.21) は

$$F = \beta\,\mu\,U\,d \quad (\beta : \text{無次元定数}) \tag{E.23}$$

を与える．これは**ストークスの抵抗則** (Stokes' law of resistance) として知られている．[†]

図 E.1 は，実験で得られた球の抵抗係数 $C_D = F/[(1/2)\rho U^2 A]$ と Re の関係を両対数グラフで示したものである．ここで，A は球の断面積 $\pi d^2/4$ を表す．$\mathrm{Re} < 1$ の領域で C_D がほぼ 1/Re に比例している部分がストークスの抵抗則に対応し，$10^3 < \mathrm{Re} < 10^5$ あたりで C_D がほぼ横ばいになっている部分がニュートンの抵抗則に対応している．

高レイノルズ数におけるニュートンの抵抗則 (E.22)，低レイノルズ数におけるストークスの抵抗則 (E.23)，両者ともに重要な情報を与えてくれる大変有用な法則であるが，これ

---

† 1909 年にイギリスのミリカン (Millikan, R.A.) は，帯電させた油滴を使った実験で，電気素量（電子 1 個がもつ電荷）が約 1.6×10^{-19} クーロンであることを見出した．この実験において，彼はこのストークスの抵抗則を実験の本質的な部分で活用している．

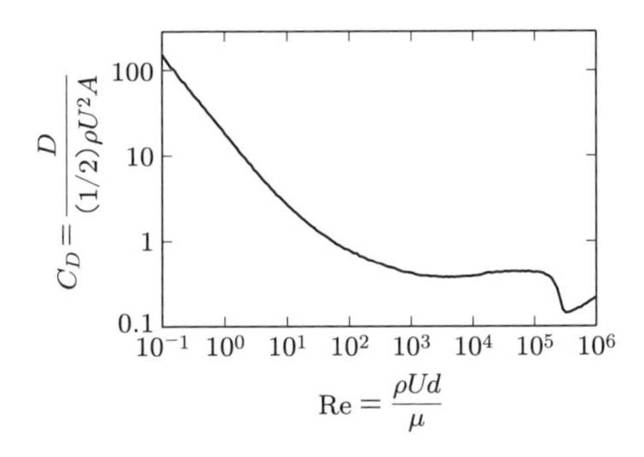

図 E.1　球に対する抵抗係数 C_D のレイノルズ数 Re による変化

らの法則を得るのに用いたものは単に次元的な考察のみであり，難解な流体運動の支配方程式 (E.19) はまったく用いていない．現象が複雑すぎてそれを支配している方程式すらわからないというときにでも使えるのが，次元解析の強みである．

なお，本章の執筆にあたっては，文献 [3], [42], [60] などを参考にした．

付録 F 水面波に対する KdV 方程式の導出

第 5 章では，非線形長波に対する簡単波理論が予言する非線形移流項 uu_x と，長波長の線形水面波がもつべき分散性を表現するための 3 回微分項 u_{xxx} をパッチワークのようにくっつけるという，直感的方法で KdV 方程式を導出した．この付録では，水面波の基礎方程式を出発点として，水深波長比 h/λ および振幅水深比 a/h を微小パラメータとする摂動法によって，KdV 方程式をより系統的に導出する．また，この導出の過程で，水面長波方程式 (B.3) も必然的に導き出されることになる．

F.1 基礎方程式の無次元化

ここでは，摂動展開を用いた系統的な方法で，水面波の基礎方程式系から水面長波方程式 (B.3)，および KdV 方程式 (5.5) を導出する方法を示す．水面波の基礎方程式系は，式 (3.27) に示したとおり，

$$\phi_{xx} + \phi_{zz} = 0, \qquad -h \le z \le \eta(x,t) \tag{F.1a}$$

$$\phi_t + gz + \frac{1}{2}\left(\phi_x^2 + \phi_z^2\right) = 0, \qquad z = \eta(x,t) \tag{F.1b}$$

$$\eta_t + \phi_x \eta_x = \phi_z, \qquad z = \eta(x,t) \tag{F.1c}$$

$$\phi_z = 0, \qquad z = -h \tag{F.1d}$$

で与えられる†．ただし，表面張力の効果はここでは無視する．

波長が水深に比べて非常に長いという状況では，基礎方程式中のさまざまな項のうち，大きくて重要なものと小さくて無視してもよいものができる．各項の大雑把な大小関係を知るために用いられる常套手段として，**無次元化** (nondimensionalization) という操作がある．

まず各変数に対して，それに対する「代表的な値」を導入する．具体的には，水平座標 x に対しては対象とする波の波長 λ を，鉛直座標 z に対しては波がない状態での水深 h を，時間 t に対しては代表的な伝播速度 $\sqrt{gh}$ で 1 波長 λ だけ伝播するのに要する時間 $\lambda/\sqrt{gh}$

† これらの導出については，付録 D を参照されたい．

を，η に対しては波の振幅 a を，それぞれ代表的な値として採用する．水粒子の運動速度は $\sqrt{gh} \times \eta/h$ 程度になることを考慮すると，速度ポテンシャル ϕ に対しては $\sqrt{gh}\, a\lambda/h$ を代表値とするのが合理的である．そして，各変数をこれらの代表値で割った無次元変数を，以下のように導入する．

$$\tilde{x} = \frac{x}{\lambda}, \qquad \tilde{z} = \frac{z}{h}, \qquad \tilde{t} = \frac{t}{\lambda/\sqrt{gh}} = \frac{\sqrt{gh}\, t}{\lambda} \tag{F.2a}$$

$$\tilde{\eta} = \frac{\eta}{a}, \qquad \tilde{\phi} = \frac{\phi}{\sqrt{gh} a\lambda/h} \tag{F.2b}$$

各変数をそれぞれがとりうる値の代表値で割り算をしているので，無次元化された変数（$\tilde{}$ が付いている）はすべて $O(1)$，すなわち 1 程度の大きさの量と考えられる．

これらの無次元変数を使って式 (3.27) を書き直すと，以下のようになる．

$$\mu\, \tilde{\phi}_{\tilde{x}\tilde{x}} + \tilde{\phi}_{\tilde{z}\tilde{z}} = 0, \qquad -1 \leq \tilde{z} \leq \epsilon\tilde{\eta} \tag{F.3a}$$

$$\mu \left(\tilde{\phi}_{\tilde{t}} + \tilde{\eta}\right) + \frac{\epsilon}{2}\left[\mu \left(\tilde{\phi}_{\tilde{x}}\right)^2 + \left(\tilde{\phi}_{\tilde{z}}\right)^2\right] = 0, \qquad \tilde{z} = \epsilon\tilde{\eta} \tag{F.3b}$$

$$\mu \left(\tilde{\eta}_{\tilde{t}} + \epsilon\tilde{\phi}_{\tilde{x}}\tilde{\eta}_{\tilde{x}}\right) = \tilde{\phi}_{\tilde{z}}, \qquad \tilde{z} = \epsilon\tilde{\eta} \tag{F.3c}$$

$$\tilde{\phi}_{\tilde{z}} = 0, \qquad \tilde{z} = -1 \tag{F.3d}$$

ここで，μ, ϵ は

$$\mu = \frac{h^2}{\lambda^2}, \qquad \epsilon = \frac{a}{h} \tag{F.4}$$

で定義される無次元パラメータである．波長が水深に比べて非常に長い長波（浅水波）の状況は $\mu \ll 1$ に，また振幅が水深に比べて非常に小さく線形に近い状況は $\epsilon \ll 1$ にそれぞれ対応する．この無次元化の操作のもっとも重要なポイントは，$\tilde{}$ の付いた量はすべて $O(1)$ なので，式中の各項の大きさの関係がすべてその係数に明示的に現れるという点である．長波の状況 ($\mu \ll 1$) においては，たとえばラプラス方程式 (F.1a) の左辺の二つの項のうち第 1 項が第 2 項に比べて格段に小さいことが，無次元版である式 (F.3a) を見れば一目でわかる．

F.2　長波方程式の導出

混乱のおそれもないので，今後は無次元量を示すチルダ ($\tilde{}$) は省略する．まず ϕ を z について，水底 $z = -1$ のまわりにテイラー展開で表現する†．

---

† 波長に比べて水深が浅いので，波にとっては，水面を含めすべての水領域は水底のすぐ近くにある．これが「水底まわりにテイラー展開する」という考えにつながる．

$$\phi(x,z,t) = \sum_{n=0}^{\infty} (z+1)^n \, \phi_n(x,t) \tag{F.5}$$

ただし，式 (F.3d) より $\phi_1(x,t) = 0$ である．式 (F.5) を項別に微分すると，

$$\phi_z = \sum_{n=1}^{\infty} n(z+1)^{n-1} \, \phi_n = \sum_{n=0}^{\infty} (n+1)(z+1)^n \, \phi_{n+1} \tag{F.6a}$$

$$\phi_{zz} = \sum_{n=1}^{\infty} n(n+1)(z+1)^{n-1} \, \phi_{n+1} = \sum_{n=0}^{\infty} (n+2)(n+1)(z+1)^n \, \phi_{n+2} \tag{F.6b}$$

$$\phi_x = \sum_{n=0}^{\infty} (z+1)^n \, \phi_{n,x} \tag{F.6c}$$

$$\phi_{xx} = \sum_{n=0}^{\infty} (z+1)^n \, \phi_{n,xx} \tag{F.6d}$$

などとなる．ここで，$\phi_{n,x}$ などの下付き添字 x は，x についての偏微分を表す．

式 (F.6b),(F.6d) を式 (F.3a) に代入すると，

$$\mu \sum_{n=0}^{\infty} (z+1)^n \, \phi_{n,xx} + \sum_{n=0}^{\infty} (n+2)(n+1)(z+1)^n \, \phi_{n+2} = 0 \tag{F.7}$$

したがって，

$$\phi_{n+2} = -\frac{\mu}{(n+2)(n+1)} \phi_{n,xx} \quad (n = 0, 1, \ldots) \tag{F.8}$$

となる．これと $\phi_1 = 0$ より，ただちに

$$\phi_3 = \phi_5 = \cdots = 0 \tag{F.9}$$

となる．式 (F.8) で $n = 0$ とすると，

$$\phi_2 = -\frac{\mu}{2} \phi_{0,xx} \tag{F.10}$$

また，$n = 2$ とすると

$$\phi_4 = -\frac{\mu}{4 \cdot 3} \phi_{2,xx} = \frac{\mu^2}{4!} \phi_{0,xxxx} \tag{F.11}$$

が得られ†，これより $O(\mu^2)$ まで正しい $\phi(x,z,t)$ の表現として，

$$\phi = \phi_0 - \frac{\mu}{2}(z+1)^2 \phi_{0,xx} + \frac{\mu^2}{4!}(z+1)^4 \phi_{0,xxxx} + O(\mu^3) \tag{F.12}$$

が得られる．

---

† 式 (F.8) より，一般に $\phi_{2m} = O(\mu^m)$ となる．

この結果を境界条件 (F.3c), (F.3b) に代入すると，

$$\eta_t + \epsilon\phi_{0,x}\eta_x + (1+\epsilon\eta)\phi_{0,xx} = \frac{1}{2}\epsilon\mu(1+\epsilon\eta)^2\phi_{0,xxx}\eta_x + \frac{1}{6}\mu(1+\epsilon\eta)^3\phi_{0,xxxx} + O(\mu^2) \tag{F.13a}$$

$$\phi_{0,t} + \eta + \frac{\epsilon}{2}(\phi_{0,x})^2 = \frac{1}{2}\mu(1+\epsilon\eta)^2\left(\phi_{0,xxt} + \epsilon\phi_{0,x}\phi_{0,xxx} - \epsilon(\phi_{0,xx})^2\right) + O(\mu^2) \tag{F.13b}$$

が得られる．ここで長波極限 $\mu \to 0$ を考え，μ が掛かっている項をすべて無視すれば，

$$\eta_t + \epsilon\phi_{0,x}\eta_x + (1+\epsilon\eta)\phi_{0,xx} = 0 \tag{F.14a}$$

$$\phi_{0,t} + \eta + \frac{\epsilon}{2}(\phi_{0,x})^2 = 0 \tag{F.14b}$$

となる．さらに，$\phi_{0,x}(x,t)$（すなわち水底における流速）をあらためて $u(x,t)$ と書き，もともとの有次元変数に戻せば

$$\eta_t + u\eta_x + (h+\eta)u_x = 0 \tag{F.15a}$$

$$u_t + uu_x + g\eta_x = 0 \tag{F.15b}$$

となり，水面長波方程式 (B.3) が導かれる．このように水面長波方程式の導出には，水深が波長に比べて非常に小さいこと ($\mu = \sqrt{h/\lambda} \to 0$) が仮定されている一方，振幅と水深の比である ϵ については何も仮定されていないので，この式は線形に近い状況でなくても成立する．なお，このような枠組み ($\mu \to 0, \epsilon = O(1)$) は**エアリー理論** (Airy theory) とよばれている．エアリー理論においては，水面波の分散性は反映されない．

F.3 KdV 方程式の導出

式 (F.13a), (F.13b) において，μ の項を無視しないことが分散性の考慮につながり，ϵ の項を無視しないことが非線形性の考慮につながる．どちらも完全に取り込むのは困難なので，ともに最低限の部分だけを取り込むことを考える．具体的には μ も ϵ も同程度の微小量と考え，式 (F.13a), (F.13b) において，μ か ϵ に関して 1 乗の項までを残すと，

$$\eta_t + \epsilon\phi_{0,x}\eta_x + (1+\epsilon\eta)\phi_{0,xx} = \frac{\mu}{6}\phi_{0,xxxx} \tag{F.16a}$$

$$\phi_{0,t} + \eta + \frac{\epsilon}{2}(\phi_{0,x})^2 = \frac{\mu}{2}\phi_{0,xxt} \tag{F.16b}$$

となる．ここで前と同様，$\phi_{0,x}(x,t)$ を $u(x,t)$ と書けば，

$$\eta_t + \epsilon u \eta_x + (1+\epsilon\eta) u_x - \frac{\mu}{6} u_{xxx} = 0 \tag{F.17a}$$

$$u_t + \eta_x + \epsilon u u_x - \frac{\mu}{2} u_{xxt} = 0 \tag{F.17b}$$

が得られる．このようにして，分散性と非線形性の最低次の効果を取り込む理論は**ブシネスク理論** (Boussinesq theory) とよばれる．

ブシネスク理論においては水平流速の z 依存性が考慮されるため，代表的な速度として水底での流速 u に代えて，平均流速 U が用いられることも多い．式 (F.12) を x で微分すると，

$$\phi_x = \phi_{0,x} - \frac{\mu}{2}(z+1)^2 \phi_{0,xxx} + O(\mu^2) = u - \frac{\mu}{2}(z+1)^2 u_{xx} + O(\mu^2) \tag{F.18}$$

が得られる．これより，平均流速 U は

$$U := \frac{1}{1+\epsilon\eta}\int_{-1}^{\epsilon\eta} \phi_x \, dz = u - \frac{\mu}{6}(1+\epsilon\eta)^2 u_{xx} + O(\mu^2) \tag{F.19}$$

となり，これを逆に解けば，

$$u = U + \frac{\mu}{6}(1+\epsilon\eta)^2 U_{xx} + O(\mu^2) \tag{F.20}$$

となる．u に対するこの表現を式 (F.17a),(F.17b) に代入すると

$$\eta_t + U_x + \epsilon U \eta_x + \epsilon \eta U_x = 0 \tag{F.21a}$$

$$U_t + \eta_x + \epsilon U U_x - \frac{\mu}{3} U_{xxt} = 0 \tag{F.21b}$$

となり，これを次元のある量で表せば，

$$\eta_t + h U_x + U \eta_x + \eta U_x = 0 \tag{F.22a}$$

$$U_t + g\eta_x + U U_x - \frac{h^2}{3} U_{xxt} = 0 \tag{F.22b}$$

が得られる．これらは**ブシネスク方程式** (Boussinesq equation) とよばれる．

1 方向に伝播する波に着目して，このブシネスク方程式を簡単化することにより，以下に示すように KdV 方程式を導出することができる．式 (F.21) は，μ, ϵ を 0 とする最低次の近似においては，

$$\eta_t + U_x = 0, \qquad U_t + \eta_x = 0 \tag{F.23}$$

となる．これの第 1 式を t で，第 2 式を x でそれぞれ微分し，差をとれば，

$$\eta_{tt} - \eta_{xx} = 0, \qquad U_{tt} - U_{xx} = 0 \tag{F.24}$$

となる．すなわち，この近似では，$\eta(x,t), U(x,t)$ はよく知られた波動方程式 (F.24) を満たし，したがって，ダランベールの解として知られるように，左右に ± 1 の速さで平行移動する波の和で表現できる．ここで，x の正方向に進む波だけに着目すれば，$\eta(x,t), U(x,t)$ は

$$\eta_t + \eta_x = 0, \qquad U_t + U_x = 0 \tag{F.25}$$

を満たし，これと式 (F.23) を見比べると，μ, ϵ を 0 とする最低次においては，$\eta = U$ が成り立つことがわかる．

式 (F.21) の $O(\epsilon)$ や $O(\mu)$ の項の存在は，この平行移動からのずれをもたらす．ずれを発生させる要因が $O(\epsilon)$ や $O(\mu)$ の微小項であり，このずれが発現するための時間スケールは $O(1/\epsilon)$ 程度と予想されるので，そのような長時間を対象とする新たな時間変数 $\tau = \epsilon t$ を導入する．また，速さ 1 の平行移動に近いことから，新しい空間変数として $\xi = x - t$ も併せて導入する．偏微分の連鎖の法則から得られる関係

$$\frac{\partial}{\partial t} = \frac{\partial}{\partial \xi}\frac{\partial \xi}{\partial t} + \frac{\partial}{\partial \tau}\frac{\partial \tau}{\partial t} = -\frac{\partial}{\partial \xi} + \epsilon\frac{\partial}{\partial \tau}, \qquad \frac{\partial}{\partial x} = \frac{\partial}{\partial \xi}\frac{\partial \xi}{\partial x} + \frac{\partial}{\partial \tau}\frac{\partial \tau}{\partial x} = \frac{\partial}{\partial \xi} \tag{F.26}$$

を用いて式 (F.21) を書き直すと，

$$-\eta_\xi + \epsilon\eta_\tau + U_\xi + \epsilon U\eta_\xi + \epsilon\eta U_\xi = 0 \tag{F.27a}$$

$$-U_\xi + \epsilon U_\tau + \eta_\xi + \epsilon U U_\xi + \frac{\mu}{3}U_{\xi\xi\xi} - \frac{\epsilon\mu}{3}U_{\xi\xi\tau} = 0 \tag{F.27b}$$

となる．ここで $O(\epsilon\mu)$ を無視し，また $O(\epsilon,\mu)$ の項においては最低次の関係 $U = \eta$ を用いてもよいことを考慮すると，2 式の和より

$$\epsilon\eta_\tau + \frac{3}{2}\epsilon\eta\eta_\xi + \frac{\mu}{6}\eta_{\xi\xi\xi} = 0 \tag{F.28}$$

が得られる．これを

$$\frac{\partial}{\partial \tau} = \frac{1}{\epsilon}\left(\frac{\partial}{\partial t} + \frac{\partial}{\partial x}\right), \qquad \frac{\partial}{\partial \xi} = \frac{\partial}{\partial x} \tag{F.29}$$

で x, t に戻せば，最終的に無次元版の KdV 方程式

$$\eta_t + \eta_x + \frac{3}{2}\epsilon\eta\eta_x + \frac{\mu}{6}\eta_{xxx} = 0 \tag{F.30}$$

が導かれる．

水面波の脈絡での長波方程式や KdV 方程式の導出については，文献 [50], [58]（第 3 章），[77] なども参考になる．

付録 G　FPU 再帰現象と KdV 方程式

5.3.1 項の脚注で触れたように，ザブスキーとクラスカルが KdV 方程式の数値計算を行った背景には，水面波現象に対する興味以上の，もっと大きな非線形科学の根本問題に関連する問題意識があった．ここでは，線形振動系の一般的性質，1 次元非線形格子系の数値シミュレーションに現れる「フェルミ－パスタ－ウラム回帰」とよばれる意外な現象，1 次元非線形格子系と KdV 方程式の関係などを取り上げながら，ザブスキーとクラスカルの数値計算の背景にあった問題意識を紹介する．

G.1　規準振動

図 G.1 のように，質量 m の二つの質点がばね定数 k をもつ三つのばねでつながっている系の運動を考えよう．ばねは通常のフックの法則が成り立つ線形ばねで，x だけ伸びたときの位置エネルギーが $(1/2)kx^2$ で与えられるものとする．時刻 t における質点 1, 2 の平衡位置からのずれをそれぞれ $x_1(t)$, $x_2(t)$ とすると，運動エネルギー T，位置エネルギー V は，それぞれ

$$T = \frac{1}{2}m\dot{x}_1^2 + \frac{1}{2}m\dot{x}_2^2, \qquad V = \frac{1}{2}kx_1^2 + \frac{1}{2}k(x_2 - x_1)^2 + \frac{1}{2}kx_2^2 \tag{G.1}$$

で与えられる．ラグランジアン L は $L = T - V$ で定義され，これに対応するオイラーの運動方程式は，x_1, x_2 に対して，それぞれ

$$x_1: \quad \frac{d}{dt}\left(\frac{\partial L}{\partial \dot{x}_1}\right) - \frac{\partial L}{\partial x_1} = 0 \quad \longrightarrow \quad m\ddot{x}_1 = -2kx_1 + kx_2 \tag{G.2a}$$

$$x_2: \quad \frac{d}{dt}\left(\frac{\partial L}{\partial \dot{x}_2}\right) - \frac{\partial L}{\partial x_2} = 0 \quad \longrightarrow \quad m\ddot{x}_2 = -kx_1 - 2kx_2 \tag{G.2b}$$

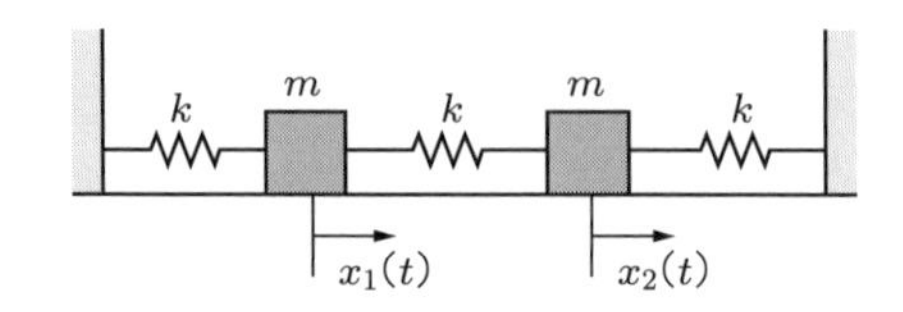

図 G.1　質点とばねの連成系

となる．x_1 と x_2 が分離されていないため，連立の微分方程式を解く必要がある．

ここでやや天下り的ではあるが，変数変換

$$\zeta_1 = \sqrt{\frac{m}{2}}(x_1 + x_2), \qquad \zeta_2 = \sqrt{\frac{m}{2}}(x_1 - x_2) \tag{G.3}$$

すなわち，

$$x_1 = \frac{1}{\sqrt{2m}}(\zeta_1 + \zeta_2) \qquad x_2 = \frac{1}{\sqrt{2m}}(\zeta_1 - \zeta_2) \tag{G.4}$$

を導入し，T, V を ζ_1, ζ_2 を用いて表すと，

$$T = \frac{1}{2}\left(\dot{\zeta}_1^2 + \dot{\zeta}_2^2\right), \qquad V = \frac{1}{2}\left(\frac{k}{m}\zeta_1^2 + \frac{3k}{m}\zeta_2^2\right) \tag{G.5}$$

のように，T も V も 2 乗の和の形で表現することができる．この結果，オイラーの運動方程式も

$$\zeta_1 : \quad \frac{d}{dt}\left(\frac{\partial L}{\partial \dot{\zeta}_1}\right) - \frac{\partial L}{\partial \zeta_1} = 0 \quad \longrightarrow \quad \ddot{\zeta}_1 + \omega_1^2 \zeta_1 = 0, \quad \omega_1 = \sqrt{\frac{k}{m}} \tag{G.6a}$$

$$\zeta_2 : \quad \frac{d}{dt}\left(\frac{\partial L}{\partial \dot{\zeta}_2}\right) - \frac{\partial L}{\partial \zeta_2} = 0 \quad \longrightarrow \quad \ddot{\zeta}_2 + \omega_2^2 \zeta_2 = 0, \quad \omega_2 = \sqrt{\frac{3k}{m}} \tag{G.6b}$$

となる．すなわち，この質点とばねの連成系の運動は，直感的な座標である (x_1, x_2) を用いて記述すると，全体が絡み合う複雑な運動に見えるが，(ζ_1, ζ_2) という座標を用いて記述することで，振動数が ω_1, ω_2 の二つの独立な単振動の和に分離することができる．

式 (G.6) のように，系全体が単一の振動数で振動する運動形態を，この系の**規準振動**（もしくは基準振動）(normal mode) とよび，規準振動に分離するために使われる (ζ_1, ζ_2) を**規準座標** (normal coordinate) とよぶ．この例の場合，ζ_1 が表現する規準振動（すなわち $\zeta_2 = 0$）は $x_1(t) = x_2(t)$，すなわち図 G.2(a) のような，質点 1 と質点 2 の変位が常に等しく，中央のばねが伸び縮みしない運動を表す．一方，ζ_2 が表現する規準振動 ($\zeta_1 = 0$) は

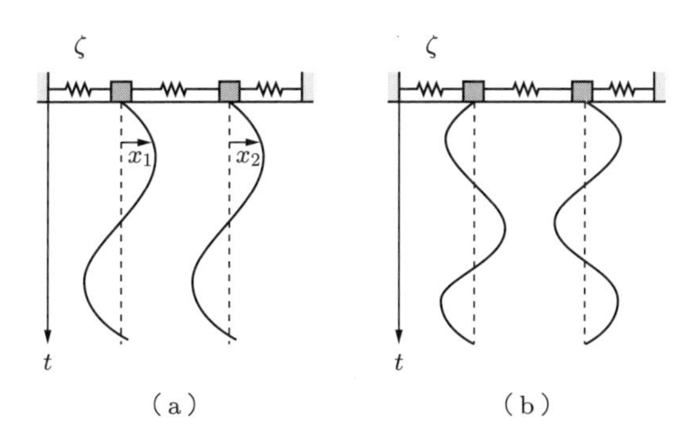

図 G.2　2 自由度連成系の二つの規準振動

$x_1(t) = -x_2(t)$，すなわち図 G.2(b) のような，質点 1 と質点 2 の変位が反対称で，中央のばねが両側のばねの 2 倍伸び縮みし，そのため変位に対する復元力が実質的に 3 倍になる（したがって $\omega_2 = \sqrt{3}\omega_1$）ような運動を表している．ばねが線形ばねであれば，質点の数が N 個の場合も本質的には同様に，振動数およびおのおのの質点の変位の相互関係が異なる N 個の規準振動が存在し，一般の運動はこれら規準振動の 1 次結合で表現される．

微小振動（線形）に対する一般論によると，平衡点まわりの微小振動においては，$x_i\,(i = 1, \ldots, n)$ を平衡点からのずれを表す一般化座標とすると，運動エネルギー T，および位置エネルギー V は

$$T = \frac{1}{2}\sum_{i=1}^{n}\sum_{j=1}^{n} m_{ij}\dot{x}_i\dot{x}_j = \frac{1}{2}(\dot{\boldsymbol{x}}, M\dot{\boldsymbol{x}}), \qquad V = \frac{1}{2}\sum_{i=1}^{n}\sum_{j=1}^{n} w_{ij}x_i x_j = \frac{1}{2}(\boldsymbol{x}, W\boldsymbol{x}) \tag{G.7}$$

のように，それぞれ $\dot{\boldsymbol{x}}, \boldsymbol{x}$ の 2 次形式で表すことができる†．ここで，$M = m_{ij}$ は**慣性行列** (inertia matrix) とよばれる正定値実対称行列，$W = w_{ij}$ は**剛性行列** (stiffness matrix) とよばれる非負実対称行列である．ここで，M, W がともに対角行列でない限り，上の式 (G.2) のように，運動方程式においてすべての変数が絡み合うことになる．

しかし，x_i から適当な線形変換によって得られる規準座標 ζ_i を用いることで，常に M, W を同時に対角化することができ，その結果，ラグランジアン L を

$$L = T - V = \frac{1}{2}\sum_{i=1}^{n}\dot{\zeta_i}^2 - \frac{1}{2}\sum_{i=1}^{n}\omega_i^2{\zeta_i}^2 \tag{G.8}$$

のように，2 乗の和で表すことができることが知られている．このときオイラーの運動方程式は

$$\frac{d}{dt}\left(\frac{\partial L}{\partial \dot{\zeta_i}}\right) - \frac{\partial L}{\partial \zeta_i} = 0 \quad \longrightarrow \quad \ddot{\zeta_i} + \omega_i^2\,\zeta_i = 0 \quad (i = 1, \ldots, n) \tag{G.9}$$

のように，一つの座標 ζ_i のみを含む独立した n 個の式に分離した形になる．このように，線形の力学系には規準振動が存在し，一般の運動はこれら規準振動の単なる重ね合わせで与えられる．式 (G.9) が示すように，各規準振動の間には相互作用がなく，したがって初期にある規準振動のみを励起すれば永久にその規準振動が続き，ほかの規準振動は生じてこない．

G.2　FPU 再帰現象

熱力学や統計力学が主に対象とするのは，その系のすべての規準振動が同等に励起され，

† 微小振動の一般論については，たとえば文献 [20]（第 6 章）参照．

エネルギーが平等に分配された熱平衡状態である．たとえば，結晶の一部分の温度を上げたり，ある規準振動のみを励起したりしたとしても，時間が経てばこのような熱平衡状態に落ち着くのは経験的な事実である．しかし上述のように，線形振動系において各規準振動はそれぞれ独立にふるまうため，いくら時間が経過しても熱平衡状態には移行しない．したがって，規準振動間の相互作用（エネルギーのやりとり）を許し，系全体を熱平衡状態に向けて駆動する原動力は，系のもつ何らかの非線形性であることが推測される．たとえば，最初に挙げた二つの質点を三つのばねでつないだ連成系の場合，もしばねがフックの法則を満たす線形ばねではなく，ばねの伸び x に対する位置エネルギーが $(1/2)kx^2 - \alpha x^3$ となるような非線形性をもったばねの場合，規準座標 ζ_1, ζ_2 で表したラグランジアン L は

$$L = \frac{1}{2}\left(\dot{\zeta}_1^2 + \dot{\zeta}_2^2\right) - \frac{1}{2}\left(\omega_1^2\zeta_1^2 + \omega_2^2\zeta_2^2\right) + \frac{3\alpha}{\sqrt{2m^3}}(\zeta_1^2\zeta_2 - \zeta_2^3) \tag{G.10}$$

となる．したがって，オイラーの運動方程式は，線形ばねのときの式 (G.6) から

$$\ddot{\zeta}_1 + \omega_1^2\zeta_1 = \frac{6\alpha}{\sqrt{2m^3}}\zeta_1\zeta_2, \qquad \ddot{\zeta}_2 + \omega_2^2\zeta_1 = \frac{3\alpha}{\sqrt{2m^3}}(\zeta_1^2 - 3\zeta_2^2) \tag{G.11}$$

のようになり，二つの規準振動の間に相互作用が発生する．

このような問題意識を背景にして，フェルミらは当時つくられたばかりの MANIAC I という電子計算機を使って，1 次元非線形格子の数値シミュレーションを行った [14]．彼らは 64 個の質点を，伸びの 1 乗に加え 2 乗もしくは 3 乗に比例する復元力をもつような非線形ばねでつなぎ，初期時刻においてはもっとも振動数の低い規準振動（**図 G.3** 中のモード No.1）のみにエネルギーを与え，系の時間発展を追跡した．図 G.3 は彼らが行ったのと同様の数値シミュレーションの結果で，横軸は時間，縦軸は各規準振動のエネルギーを表している．これによると，最初は確かに彼らの期待どおり，規準振動間の相互作用のために No.1 以外の規準振動も励起される．しかし，ある程度時間が経過すればすべての規準振動

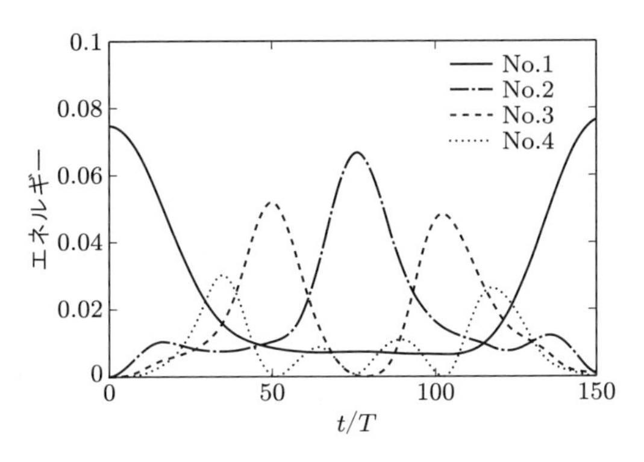

図 G.3 FPU 再帰現象

が同等に励起された熱力学的平衡状態へ向かうであろうという彼らの期待に反して，エネルギー再配分に関与してくるのは比較的振動数の低い少数の規準振動に限られ，しかもある時間の後には，ほとんどすべてのエネルギーが初期に励起した規準振動 No.1 に再び戻ってしまうという，まったく予期せぬ現象が起こったのである．この現象は**フェルミ–パスタ–ウラムの再帰現象** (Fermi–Pasta–Ulam recurrence phenomenon)，略して FPU 再帰現象とよばれている†．「系に非線形性があっても必ずしも熱平衡化は起こらない」という，この予想外の現象の解明に向けた研究の過程で，以下に示す非線形格子と KdV 方程式の対応関係に注目したザブスキーとクラスカルが，KdV 方程式の数値計算に取り組んだのである．

G.3　非線形格子に対する KdV 方程式の導出

フェルミ–パスタ–ウラムの再帰現象で主に励起されるのは，モード番号の小さなモード，すなわち格子間隔 δ に比べて波長（空間スケール）が長い振動ばかりである．これらのモードに対しては，以下に示すように，n 元連立常微分方程式であるもともとの運動方程式を，一つの偏微分方程式で近似することができる．

時刻 t における i 番目の粒子の，つり合いの位置からのずれを $y_i(t)$ とする．ばねは弱い非線形性をもち，y 伸びたときの復元力 F が $F=-k(y+\gamma y^2)$ で与えられるものとする．ここで，k はばね定数である．また，非線形性の影響は弱く，したがって $\gamma y \ll 1$ と仮定する．このとき，i 番目の粒子の運動方程式は

$$m\ddot{y}_i = k\left[(y_{i+1}-y_i)+\gamma(y_{i+1}-y_i)^2\right] - k\left[(y_i-y_{i-1})+\gamma(y_i-y_{i-1})^2\right] \qquad \text{(G.12)}$$

で与えられる．ここで，水平座標 $x=i\delta$ を連続変数とみなす．また，ずれ y を連続変数 x の関数とみなして，i 番目の粒子のつり合いの位置 $x=i\delta$ のまわりに $y(x)$ をテイラー展開すると，

$$y_{i\pm 1} = y_i \pm \left(\frac{\partial y}{\partial x}\right)_i \delta + \frac{1}{2}\left(\frac{\partial^2 y}{\partial x^2}\right)_i \delta^2 \pm \frac{1}{3!}\left(\frac{\partial^3 y}{\partial x^3}\right)_i \delta^3 + \frac{1}{4!}\left(\frac{\partial^4 y}{\partial x^4}\right)_i \delta^4 + \cdots \qquad \text{(G.13)}$$

となる．式 (G.13) を式 (G.12) に代入すると

† この研究結果を報告した論文の著者はフェルミ，パスタ，ウラムの 3 名であった．しかしこの研究の実現には，数値計算のアルゴリズムを開発し，初期の電子計算機を駆使して数値シミュレーションを実行した女性研究者メアリー・ツィンゴウ (Mary Tsingou) の貢献も大きかったようである．このため近年では，彼女の名前も加えて「フェルミ–パスタ–ウラム–ツィンゴウの再帰現象」とよぶべきとの声もある [12]．

$$
\begin{aligned}
y_{tt} = \frac{k}{m} & \left[\left(y_x\delta + \frac{1}{2} y_{xx}\delta^2 + \frac{1}{3!} y_{xxx}\delta^3 + \frac{1}{4!} y_{xxxx}\delta^4 + \cdots \right) \right. \\
& \left. + \gamma \left(y_x\delta + \frac{1}{2} y_{xx}\delta^2 + \cdots \right)^2 \right] \\
& - \frac{k}{m} \left[\left(y_x\delta - \frac{1}{2} y_{xx}\delta^2 + \frac{1}{3!} y_{xxx}\delta^3 - \frac{1}{4!} y_{xxxx}\delta^4 + \cdots \right) \right. \\
& \left. + \gamma \left(y_x\delta - \frac{1}{2} y_{xx}\delta^2 + \cdots \right)^2 \right] \\
= \frac{k}{m} & \left[\left(y_{xx}\delta^2 + \frac{1}{12} y_{xxxx}\delta^4 + \cdots \right) + 2\gamma y_x y_{xx}\delta^3 + \cdots \right]
\end{aligned} \tag{G.14}
$$

となり，近似式として

$$
y_{tt} = c_0^2 \left(y_{xx} + 2\gamma\delta y_x y_{xx} + \frac{\delta^2}{12} y_{xxxx} \right), \qquad c_0^2 = \frac{k}{m}\delta^2 \tag{G.15}
$$

が得られる．c_0 は非線形効果を無視した場合の，この格子系を伝わる長波長の縦波の伝播速度を与える．変位 y を振幅 a で，x を波長 λ で，時間 t を λ/c_0 でそれぞれ無次元化することで，式 (G.15) の左辺に対する右辺各項の相対的な大きさを評価すると，第 1 項から順に $O(1)$, $O((\gamma a)(\delta/\lambda))$, $O((\delta/\lambda)^2)$ である．弱非線形の仮定より $\gamma a \ll 1$，長波の近似より $\delta/\lambda \ll 1$ のため，$\gamma a \sim \delta/\lambda \sim \epsilon$ とすると，右辺の後ろ 2 項が $O(\epsilon^2)$ の高次項となっている．

式 (G.15) は高次項を無視すれば波動方程式 $y_{tt} = c_0^2 y_{xx}$ であり，これの一般解は $y(x,t) = f(x - c_0 t) + g(x + c_0 t)$ で与えられる（**ダランベールの解**）．ここで，f，g は任意関数である．右に進む波の部分だけに注目すれば，式 (G.15) をもっと簡単化することができる．式 (G.15) の解は，最低次では速度 c_0 の平行移動をしつつ，$O(\epsilon^2)$ の項の存在のために ϵ^{-2} 程度の時間スケールでゆっくりと変形すると予想されるので，これを反映して新たな変数 $\xi = x - c_0 t$, $\tau = \epsilon^2 t$ を導入する．このとき，

$$
\frac{\partial}{\partial t} = \frac{\partial}{\partial \xi}\frac{\partial \xi}{\partial t} + \frac{\partial}{\partial \tau}\frac{\partial \tau}{\partial t} = -c_0 \frac{\partial}{\partial \xi} + \epsilon^2 \frac{\partial}{\partial \tau}, \qquad \frac{\partial}{\partial x} = \frac{\partial}{\partial \xi}\frac{\partial \xi}{\partial x} + \frac{\partial}{\partial \tau}\frac{\partial \tau}{\partial x} = \frac{\partial}{\partial \xi} \tag{G.16}
$$

となるので，これを式 (G.15) に代入すると，

$$
\epsilon^4 y_{\tau\tau} - 2\epsilon^2 c_0 y_{\tau\xi} + c_0^2 y_{\xi\xi} = c_0^2 \left(y_{\xi\xi} + 2\gamma\delta y_\xi y_{\xi\xi} + \frac{\delta^2}{12} y_{\xi\xi\xi\xi} \right) \tag{G.17}
$$

が得られる．ここで $O(\epsilon^4)$ を無視し，y_ξ を新たに u と書けば

$$
\epsilon^2 \, u_\tau + c_0\gamma\delta u u_\xi + \frac{c_0\delta^2}{24} u_{\xi\xi\xi} = 0 \tag{G.18}
$$

となり，これをもともとの x, t で書けば，KdV 方程式

$$u_t + c_0 u_x + \alpha u u_x + \beta u_{xxx} = 0, \qquad \alpha = c_0 \gamma \delta, \qquad \beta = \frac{c_0 \delta^2}{24} \tag{G.19}$$

が得られる．このようにして，非線形格子振動の基礎方程式系 (G.12) は，格子間隔 δ に対して波長の長い運動に関しては，KdV 方程式で近似できることがわかる．

参考文献

[1] M.J. アブロビッツ& H. シーガー（訳：薩摩順吉，及川正行）：ソリトンと逆散乱変換（日本評論社，1991）

[2] Akhmediev, N., Soto-Crespo, J.M. & Ankiewicz, A.: Could rogue waves be used as efficient weapons agains enemy ships?, *Euro. Phys. J. Special Topics* 185 (2010), 259–266.

[3] Barenblatt, G.I.: *Scaling, Self-Similarity, and Intermediate Asymptotics: Dimensional Analysis and Intermediate Asymptotics* (Cambridge U.P., 1996).

[4] Bender, C.M. & Orszag, S.A.: *Advanced Mathematical Methods for Scientists and Engineers* (Springer, 1999)

[5] Benjamin, T.B., Bona, J.L. & Mahony, J.J.: Model equations for long waves in nonlinear dispersive systems, *Phil. Trans. Roy. Soc.* A227(1972), 47–78.

[6] Benjamin, B. & Feir, J.E.: The disintegration of wave trains on deep water Part 1. Theory, *J. Fluid Mech.* 27 (1967), 417–430.

[7] Benney, D.J.: Non-linear gravity wave interactions, *J. Fluid Mech.* 14(1962), 577–584.

[8] Cairns, R.A.: The role of negative energy waves in some instabilities of parallel flows, *J. Fluid Mech.* 92 (1972), 1–14.

[9] Chabchoub, A.: Tracking breather dynamcis in irregular sea state conditions, arXiv:1604.06019.

[10] Craik, A.D.D.: *Wave interactions and fluid flows* (Cambridge U.P., 1985)

[11] Crapper, G.D.: *Introduction to water waves* (Ellis Horwood, 1984)

[12] Dauxois, T.: Fermi, Pasta, Ulam, and a mysterious lady, *Physics Today* 61 (2008), 55–57.

[13] Dysthe & Trulsen: Note on breather type solutions of the NLS as models for freak waves, *Physica Scripta* T82(1999), 48–52.

[14] Fermi, E., Pasta, J. & Ulam, U.: Studies of non linear problems, *Collected papers of Enrico Fermi* Vol.2 (1965).

[15] Filippov, A.T.: *The Versatile Soliton* (Birkhäuser, 2000)

[16] R.P. ファインマン（訳：大貫昌子）：ご冗談でしょう、ファインマンさん 上・下（岩波書店，2000）

[17] R.P. ファインマン，R.B. レイトン，M. サンズ（訳：富山小太郎）：ファインマン物理学 II 光・熱・波動（岩波書店，1986）

[18] Fornberg, B. & Whitham, G.B.: A numerical and theoretical study of certain

nonlinear wave phenomena, *Phil. Trans. R. Soc. Lond.* 289 (1978), 373–404.

[19] 合田良實：港湾構造物の耐波設計（鹿島出版会，1997）

[20] ゴールドスタイン（訳：瀬川富士，矢野忠，江沢康生）：新版 古典力学（吉岡書店，1983）

[21] Gaponuv-Grekhov, A.V. & Robinovich, M.I.: *Nonlinearities in Action* (Springer, 1992)

[22] Gardner, C.S., Greene, J.M., Kruskal, M.D. & Miura, R.M.: Method for solving the Korteweg-de Vries equation. *Phys. Rev. Lett.* 19(1967), 1095–1097.

[23] Gardner, C.S., Greene, J.M., Kruskal, M.D. & Miura, R.M.: Korteweg-de Vries equation and generalizations. VI. Methods for exact solution, *Commun. Pure Appl. Math.* 27(1974), 97–133.

[24] Hammack, J.L. & Segur, H.: The Korteweg-de Vries equation and water waves. Part2. Comparison with experiments, *J. Fluid Mech.* 65(1974), 289–314.

[25] Hasimoto, H.: A soliton on a vortex filament, *J. Fluid Mech.* 51 (1972), 477–485.

[26] Hasimoto, H. & Ono, H.: Nonlinear modulation of gravity waves, *J. Phys. Soc. Jpn.* 33 (1972), 805–811.

[27] Hasselmann, K.: On the non-linear energy transfer in a gravity-wave spectrum. Part 1. General theory, *J. Fluid Mech.* 12 (1962), 481–500.

[28] Haver, S.K.: A possible freak wave event measured at the Draupner Jacket January 1 1995, http://ifremer.fr/web-com/stw2004/rw/fullpapers/walk_on_haver.pdf

[29] 広田良吾：直接法によるソリトンの数理（岩波書店，1992）

[30] Holthuijsen, L.H.: *Waves in Oceanic and Coastal Waters* (Cambridge U.P., 2007)

[31] 磯崎一郎，鈴木靖：波浪の解析と予測（東海大学出版会，1999）

[32] Johnson, R.S.：*A modern introduction to the mathematical theory of water waves* (Cambridge U.P., 1997)

[33] Kadomtsev, B.B. & Petviashvili, V.I.: On the stability of solitary waves in weakly dispersing media, *Sov. Phys. Dokl.* 15 (1970) 539–541.

[34] 角谷典彦，川原琢治：Multiple scale method と非線形波動変調, 日本物理学会誌, 31 (1976), 287–297.

[35] 金谷健一：これなら分かる応用数学教室—最小二乗法からウェーブレットまで—（共立出版，2002）

[36] Kharif, C. & Pelinovsky, E.: Physical Mechanisms of the Rogue Wave Phenomenon, *Eur. J. Mech. B Fluid* 22 (2003), 603–634.

[37] 木田重雄，柳瀬眞一郎：乱流力学（朝倉書店，1999）

[38] Kitaigorodskii, S.A.：On the theory of the equilibrium range in the spectrum of wind-generated gravity waves, *J. Phys. Oceanogr.* 13 (1983), 816–827.

[39] 国立天文台（編）：理科年表（丸善）の物理/化学部,「単位」の項.

[40] Komen, G.J., Cavaleri, L., Hasselmann, K., Hasselmann, S. and Janssen,

P.A.E.M.: *Dynamics and Modelling of ocean waves* (Cambridge U.P., 1994)

[41] Korteweg, D.J. & de Vries, G.: On the change of form of long waves advancing in a rectangular canal and on a new type of long stationary waves, *Phil. Mag.* 39(1895), 422–443.

[42] Kundu, P.K. & Cohen, I.M.: *Fluid Mechanics 3rd ed.* (Elsevier, 2004)

[43] Lam, L.: *Nonlinear Physics for Beginners* (World Scientific, 1998)

[44] Lighthill, M.J.: *Waves in Fluids* (Cambridge U.P., 1978)

[45] Lighthill, M.J.: Viscosity effects in sound waves of finite amplitude, *Surveys in Mechanics* (eds. Batchelor, G.K. and Davies, R.M., Cambridge U.P., 1956), 250–351.

[46] Longuet-Higgins, M.S. & Smith, N.D.: An experiment on third-order resonant wave interactions, *J. Fluid Mech.* 25 (1966), 417–435.

[47] Maxworthy, T. & Redekopp, L.G.: A solitary wave theory of the great red spot and other observed features in the Jovian atmosphere, *Icarus* 29 (1976), 261–271.

[48] McGoldrick, L.F.: On Wilton's ripples: a special case of resonant interactions, *J. Fluid Mech.* 42 (1970), 193–200.

[49] McGoldric, L.F., Phillips, O.M., Huang, N.E. & Hodgson, T.H.: Measurements of third-order resonant wave interactions, *J. Fluid Mech.* 25 (1966), 437–456.

[50] Mei, C.C.: *The Applied Dynamics of Ocean Surface Waves* (John Wiley & Sons, 1983)

[51] 光易恒：海洋波の物理（岩波書店, 1995）

[52] ロバート・ミウラ：ソリトンと逆散乱法：歴史的視点から (1),(2)，数学セミナー 8 月号 (2008) 32–38，9 月号 (2008) 44–49.

[53] Miura, R.M., Gardner, C.S., & Kruskal, M.D.: Korteweg-de Vries equation and generalizations. II. Existence of conservation laws and constants of motion, *J. Math. Phys.* 9 (1968), 1204–1209.

[54] 永田豊：ハワイの波は南極から—海の波の不思議—（丸善，1990）

[55] Nazarenko, S.：*Wave Turbulence* (Springer, 2011)

[56] Newell, A.C. & Rumpf, B.: Wave turbulence: A story far from over, *Advances in wave turbulence* (eds. V. Shrira and S. Nazarenko, World Scientific, 2013)

[57] 日本流体力学会（編）：流体における波動（朝倉書店，1989）

[58] 及川正行：[連載]　非線形波動—ソリトンを中心として—，日本流体力学会誌　ながれ　31(2012)　第 2 号から 32(2013)　第 3 号にわたって 8 回連載，http://www.nagare.or.jp/publication/nagare.html

[59] Ono, H.: Algebraic solitary waves in stratified fluids, *J. Phy. Soc. Jpn.* 39(1975), 1082–1091.

[60] Palmer, A.C.: *Dimensional Analysis and Intelligent Experimentation* (World Scientific, 2008)

[61] Phillips, O.M.: On the dynamics of unsteady gravity waves of finite amplitude.

Part1. The elementary interactions, *J. Fluid Mech.* 9 (1960), 193–217.

[62] Phillips, O.M.: *The Dynamics of the Upper Ocean* (Cambridge U.P., 1966)

[63] Roberts, A.J.: *A One-Dimensional Introduction to Continuum Mechanics*, (World Scientific, 1994)

[64] Seliger, R.L.: A note on the breaking of waves, *Proc. Roy. Soc.* A303(1968), 493–496.

[65] Shahrill, M., Chong, M.S.F. & Nor, H.N.H.M.: Applying explicit schemes to the Korteweg-de Vries equation, *Modern Appl. Sci.* 9 (2015), 200–224.

[66] 柴田正和：漸近級数と特異摂動法（森北出版，2009）

[67] R. スナイダー（訳：井川俊彦）：独習読解 物理で使う数学—完全版—（共立出版，2012）

[68] Snodgrass et al.: *Philos. Trans. Roy. Soc. Lon.* A259(1966), 431–497.

[69] スミルノフ：高等数学教程 3 II 巻（第一分冊）（共立出版，1964）

[70] 田中光宏：基礎数値解析—偏微分方程式の数値シミュレーション技法入門—, http://www1.gifu-u.ac.jp/ntanaka/numerical_analysis.pdf

[71] 谷内俊弥，西原功修：非線形波動（岩波書店，1977）

[72] 巽友正：流体力学（培風館，1982）

[73] H. テネクス & J.L. ラムリー（訳：藤原仁志，荒川忠一）：乱流入門（東海大学出版会，1998）

[74] 牛島省：数値計算のための Fortran90/95 プログラミング入門（森北出版，2008）

[75] The U.S. Naval Oceanographic Office: Ocean Wave Spectra, *Proceedings of a conference* (Prentice-Hall Inc., 1963).

[76] Wehausen, J.V. & Laitone, E.V.：Surface Wave, *Encyclopedia of Physics* 6 (ed. S. Flügge, Springer, 1960)

[77] Whitham, G.B.: *Linear and Nonlinear Waves* (John Wiley & Sons, 1974)

[78] Yuen & Lake: Nonlinear dynamics of deep-water gravity waves, *Adv. Appl. Mech.* 22 (1982), 67–229.

[79] Zabusky, N.J. & Kruskal, M.D.: Interactions of "solitons" in a collisionless plasma and the recurrence of initial states, *Phys. Rev. Lett.* 15(1965), 240–243.

[80] Zakharov, V.E.: Stability of periodic waves of finite amplitude on the surface of a deep fluid, *J. Appl. Mech. Phys.* 2 (1968), 190–194.

[81] Zakharov, V.E., L'vov, V.S. & Falkovich, G.：*Kolmogorov Speacta of Turbulence I -Wave Turbulence* (Springer, 1992)

[82] Zakharov, V.E. & Shabat, A.B.: Exact theory of two-dimensional self-focusing and one-dimensional self-modulation of waves in nonlinear media, *Sov. Phys. -JETP* 34(1972), 62–69.

[83] Soliton wave receives crowd of admirers, *NATURE* 376(1995), 373.

索　引

ま 行

や 行

ら 行

著 者 略 歴

田中　光宏（たなか・みつひろ）

1976 年　京都大学理学部卒業
1983 年　京都大学大学院理学研究科物理学第一専攻博士後期課程修了
　　　　岐阜大学工学部共通講座助手
1998 年　岐阜大学工学部土木工学科助教授
2003 年　岐阜大学工学部数理デザイン工学科教授
2013 年　岐阜大学工学部電気電子・情報工学科応用物理コース教授
　　　　（学科改編による変更）
　　　　現在に至る
　　　　理学博士

【著書】
流体力学ハンドブック第 2 版（共著，丸善，1998）
ながれの事典（共著，丸善，2004）

編集担当　福島崇史（森北出版）
編集責任　上村紗帆・富井晃（森北出版）
組　　版　藤原印刷
印　　刷　　同
製　　本　　同

非線形波動の物理

2017 年 1 月 20 日　第 1 版第 1 刷発行

著　　者　田中光宏
発 行 者　森北博巳
発 行 所　**森北出版株式会社**
東京都千代田区富士見 1-4-11（〒102-0071）
電話 03-3265-8341 ／ FAX 03-3264-8709
http://www.morikita.co.jp/
日本書籍出版協会・自然科学書協会　会員
JCOPY ＜（社）出版者著作権管理機構 委託出版物＞

落丁・乱丁本はお取替えいたします.

Printed in Japan ／ ISBN978-4-627-15591-6